切换线性系统的事件触发控制

齐义文 著

科学出版社

北京

内 容 简 介

本书主要阐述基于网络的切换线性系统事件触发控制问题的基本内容与方法，介绍国内外相关领域的最新研究成果。本书主要内容如下：平均驻留时间切换策略下切换线性系统保性能事件触发控制；基于自触发和事件触发、性能依赖自适应事件触发的切换线性系统鲁棒控制；受丢包、网络攻击影响的切换线性系统鲁棒事件触发滤波；状态依赖切换策略下切换线性系统受限事件触发控制；基于新平均驻留时间切换条件的切换线性系统异步事件触发控制；切换线性系统基于数据缓冲器的分散事件触发控制。

本书适合切换系统事件触发控制领域以及以此为工具的研究人员和工程人员阅读，也可作为高等院校控制科学与工程等相关专业的研究生及高年级本科生的参考书。

图书在版编目(CIP)数据

切换线性系统的事件触发控制/齐义文著. —北京：科学出版社，2022.3

ISBN 978-7-03-068133-1

Ⅰ. ①切…　Ⅱ. ①齐…　Ⅲ. ①自动控制系统　Ⅳ. ①TP273

中国版本图书馆 CIP 数据核字（2021）第 032241 号

责任编辑：姜　红　常友丽 / 责任校对：王萌萌

责任印制：赵　博 / 封面设计：无极书装

科学出版社出版

北京东黄城根北街 16 号

邮政编码：100717

http://www.sciencep.com

北京科印技术咨询服务有限公司数码印刷分部印刷

科学出版社发行　　各地新华书店经销

*

2022 年 3 月第　一　版　　开本：720×1000　1/16

2025 年 1 月第三次印刷　　印张：11 1/2

字数：232 000

定价：99.00 元

（如有印装质量问题，我社负责调换）

前　言

在自动控制领域，被控系统的结构日益多样化和综合化，被控过程愈加复杂，为了满足多功能和高水平性能需求，控制目标及被控参数要在多个模式间转换，能描述和处理多任务及多目标的切换系统与控制方法应运而生。一方面，切换系统的理论研究一直是控制领域的热点之一，极大地推动了其在各行业的应用，如电力电子控制、飞行器控制、船舶控制、新能源汽车控制、交通控制、机器人控制等。另一方面，切换系统理论仍不完备，还处于发展状态，亟须纳入控制领域的前沿进展并解决所产生的新问题和新挑战。

在控制系统中，通信和计算资源受限是客观存在的，制约了控制性能。近几年，事件触发控制引起人们的广泛关注，它能够在保证系统性能的同时科学地配置控制系统资源，合理地平衡两者间的关系。同时，事件触发控制通过减少不必要的数据传输也降低了通信网络被攻击的概率，有主动安全防御的效用。

本书对切换线性系统的事件触发控制进行研究，涵盖保性能控制、鲁棒控制、鲁棒滤波、受限控制、异步控制、分散控制等内容。本书的研究结果主要基于多 Lyapunov 函数方法，经过严密的数学推导给出证明，并结合 MATLAB/Simulink 工具进行相应的仿真验证。同时，本书提出一套切换线性系统事件触发控制问题的分析和解决框架，所做工作可为进一步拓展切换系统控制研究打下良好基础。本书的研究对丰富和发展切换线性系统理论体系具有积极作用。

对国家自然科学基金项目“性能驱动下的切换系统事件触发控制及其应用”（项目编号：61873172）、“基于事件触发的高超声速飞行器切换协同控制研究”（项目编号：61811530036）、“高超声速飞行器的变阶无扰切换容错控制研究”（项目编号：61403261），辽宁省“兴辽英才计划”项目“网络化环境下先进切换控制理论及应用技术研究”（项目编号：XLYC1807101）的资助，作者在此表示感谢。

值此机会，由衷地感谢在科研探索路上不断关心、指导和帮助我的各位恩师：哈尔滨工业大学的于达仁教授和鲍文教授、东北大学的赵军教授、黑龙江大学的张显教授。他们的谆谆教诲和严谨求真的学术风范一直深刻地影响着我，使我受益匪浅。研究生赵秀娟、邢宁、于文科、张弛、唐意雯等做了大量资料收集和整理工作，他们的热心支持使本书得以顺利出版，在此表示感谢。

本书撰写时还参阅和引用了国内外许多同行的论著等相关文献，已列于书后，在此对他们表示诚挚的谢意。

由于作者学识、水平有限，书中难免有疏漏和不足之处，敬请读者批评指正。

作 者

2021 年 2 月

目　录

符号说明

符号	代表意义
$\mathbb{R}^{n_\chi}$	n_χ 维欧几里得空间
$\\|\cdot\\|$	欧几里得范数
$\underline{N}$	集合 $\{1,2,\cdots,N\}$
$\mathbb{N}$	自然数集
$\mathbb{N}^+$	正自然数集
A^{T}	矩阵 A 的转置
A^{-1}	矩阵 A 的逆矩阵
I	单位矩阵
0	零矩阵
α^-	参数 α 的左极限
$\varnothing$	空集
$*$	分块矩阵中对称块
L_∞	有界的函数空间
H_∞	有界的 Hardy 空间
$L_2[0,\infty)$	平方可积函数空间
$\lambda_{\min}(A)$	矩阵 A 的最小特征值
$\lambda_{\max}(A)$	矩阵 A 的最大特征值
$\mathrm{tr}(A)$	矩阵 A 的迹
$\mathrm{diag}\{\cdots\}$	分块对角矩阵
$\max\{\cdots\}$	取最大值
$\min\{\cdots\}$	取最小值
$\mathrm{col}\{\cdots\}$	列矩阵
$\mathrm{sym}\{Y\}$	$Y+Y^{\mathrm{T}}$
$\sup\{\cdot\}$	上确界
$\inf\{\cdot\}$	下确界
$\mathrm{argmax}\{\cdot\}$	使目标函数最大时的变量值
$\mathrm{argmin}\{\cdot\}$	使目标函数最小时的变量值
$\mathrm{sat}(\cdot)$	饱和函数
$\mathrm{E}\{\cdot\}$	取期望
$\mathrm{co}(\cdot)$	凸包集合

1 绪　论

1.1 概　述

切换系统是一类重要的混杂系统，通常由有限个连续（或离散）子系统与一个组织切换的规律组成。近二十年，在自动控制领域切换系统受到了越来越多的关注，已成为一个重要的研究方向。主要原因在于：首先，切换系统已广泛存在于实际工业过程中，甚至很多控制系统本身就是多系统或多模态的，比如，电力系统、车辆控制、机器人、先进制造和飞行控制系统等。另外，从控制策略角度，任何一个控制器（回路）不可能兼顾系统全面的性能需求而起到“万能”作用，尤其对现代工业中愈加复杂的对象特征（如运行环境变化、大的未建模动态和参数衍变）、多控制任务和高控制精度要求等更是如此。因此，利用切换系统的理论和方法来解决传统控制局限不失为一个可行的选择，即通过在不同模式间切换，获得比单一模式更好的控制性能，最终实现系统整体性能的提升。

对于包含切换特性的实际系统，如交直流微电网系统明显呈现出双模态交替运行的典型切换特征，利用切换系统理论建立微电网系统各单元的模型，可以更好地分析与研究该系统的动态特性和控制综合。又如，航空发动机在多模式、多参数的复杂工况下工作，其高性能推力调节与安全边界限制保护两者间本质上是“相互矛盾”的，要么牺牲性能，要么牺牲安全，若不折中，切换控制方法是必然选择。此外，飞行器多作战任务系统、继电器开关系统和汽车变速系统等也都通过切换思想来实现控制目标。

近年来，传感器、通信和信息技术的快速发展为控制系统与计算机网络相互融合创造了条件。网络控制系统也为控制科学向网络化、分布化和智能化发展提供了空前的机遇，并被广泛应用于众多领域。网络控制系统大都采用定周期的时间触发采样机制，但是：①该机制不考虑对象状态的变化，实为“开环采样”；②当选定采样周期时，需保证在最差情况下（如存在外部干扰、网络时滞和丢包等）满足系统性能要求，而针对最差情况所给定的采样周期过于保守，高采样频率导致的“冗余”会浪费有限的带宽资源；③当系统处于稳态且无扰动时，周期采样也势必造成资源浪费。为克服周期“开环采样”的局限，更合理地配置系统的网络带宽、计算和能耗等资源，一些学者提出了事件触发的“闭环采样”机制，即根据系统当前性能需求来决定是否执行采样、传输和更新。

经过近二十年的发展，事件触发控制在单模态系统领域已较为完备和成熟，成为线性控制系统、网络控制系统和多智能体系统等研究中的热点方向之一。同时，多种事件触发机制和控制方法也大量应用于实际系统中。

虽然事件触发控制有着显著优点，但目前有关切换系统事件触发控制的研究和应用还很少，许多问题亟须解决。特别是，连续动态、离散切换规则和事件触发机制三者间相互作用导致事件触发切换系统的复杂性和特殊性，是传统切换系统中所没有的问题，缺乏有效的理论和方法来解决。此外，控制过程中系统存在外部扰动，模型的参数存在不确定性，这都对控制系统的稳定性和鲁棒性有重要影响，分析和设计时应予以考虑。系统反馈信号在仪器测量和通信传输时会受到干扰，进行滤波设计来还原和获得真实的反馈信号尤为重要。由于执行器自身物理特性的限制，系统输入受限会对控制性能产生重要影响。事件触发和传输延迟的存在，使子系统和子控制器无法同时获知切换信息，产生的异步现象对控制系统分析和综合提出很大挑战。传统集中式的传感器排列存在一定局限性，降低了系统设计灵活性。另外，当网络延迟、网络丢包、网络攻击、切换信号被触发等问题与切换系统事件触发控制一同考虑时，相关研究将变得更加棘手。

因此，本书针对以上问题，结合多 Lyapunov 函数方法研究了连续、离散、性能依赖、基于等待时间、自适应等类型的事件触发机制和自触发机制，较深入地研究了切换线性系统的事件触发控制问题。

1.2 切换线性系统概述

切换线性系统由若干连续（或离散）线性子系统和协调其切换的逻辑规则组成，通常是一个依赖于状态或（和）时间的分段常值函数。在控制领域研究中，一般是寻找统一的数学表达式来描述受控系统，并在此基础上进行控制系统的分析与综合。由于理论基础好、表达简洁和方便，基于单一系统描述的研究方式在控制领域有着长期、广泛的影响力，例如，对于线性系统，常将被控对象和控制器描述为单一的传递函数，再运用对应的时间响应、根轨迹、伯德图和奈奎斯特等方法进行时域和频域分析。然而，在实际工程中，复杂的工业过程及多目标的控制系统性能需求，使得仅用单一系统来准确描述并获得满意的控制效果变得愈加困难。而切换系统理论可以很好地解决这些难题，它将系统动态分为有限个过程并分别对其进行建模和分析，大大提高了建模精度和控制性能，已成为控制领域一个重要的研究分支[1-6]。

1.2.1 切换线性系统的模型

切换线性系统是由多个线性子系统按某一切换规则组成的复杂系统，其稳定性由多方面因素综合决定。即便所有子系统均是稳定的，当采用不适合的切换规则时，整个切换系统的轨线也有可能发散；而即便个别子系统是不稳定的，通过采用合适的切换规则，也可能将整个切换系统镇定。因此，切换系统的稳定性不仅与各子系统自身的稳定性有关，同时也受切换规则的影响。切换系统的结构相对简单，具有能准确描述复杂系统的突出优点，但子系统动态和离散的切换规则间相互作用使系统表现出很强的非线性特征，一直受到控制理论界的广泛关注[7-8]。

一般地，由多个连续子系统构成的切换系统可数学描述为

$$\begin{aligned}&\dot{x}(t)=f_{\sigma}(x(t),u(t),d(t)),\ \ x(t_0)=x_0\\&y(t)=g_{\sigma}(x(t),\omega(t))\end{aligned}\tag{1.1}$$

式中，$x(t)\in\mathbb{R}^{n_x}$ 为系统状态；$u(t)\in\mathbb{R}^{n_u}$ 为系统控制输入；$y(t)\in\mathbb{R}^{n_y}$ 为系统测量输出；$d(t)$ 和 $\omega(t)$ 为外部扰动信号；所采用的切换信号取值范围为 $\sigma(t):[0,\infty)\to\underline{N}=\{1,2,\cdots,N\}$，当 $\sigma(t)=i$ 时，表示第 i 个子系统被激活；$f_i(\cdot),\ i\in\underline{N}$ 和 $g_i(\cdot),\ i\in\underline{N}$ 是光滑函数。

对于切换线性系统，其一般数学模型为

$$\begin{aligned}&\dot{x}(t)=A_{\sigma}x(t)+B_{\sigma}u(t)+E_{\sigma}d(t)\\&y(t)=C_{\sigma}x(t)+D_{\sigma}\omega(t)\end{aligned}\tag{1.2}$$

式中，$A_{\sigma},B_{\sigma},E_{\sigma},C_{\sigma},D_{\sigma}$ 为适当维数的常值矩阵。

简单的切换系统结构示意图如图 1.1 所示。

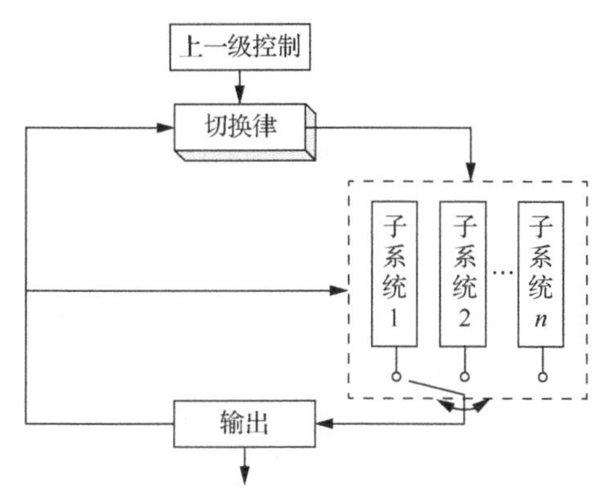

图 1.1 切换系统结构示意图

其中，切换律可根据时间或系统的状态变量、输出变量、外部扰动信号以及其本身的历史值等进行设计，一般表达形式为

$$\sigma(t^+) = \varphi(t, \sigma(t), x(t), y(t), d(t))$$

式中，$\sigma(t^+) = \lim_{h\to 0}\sigma(t+h)$；$\sigma(t) = \lim_{h\to 0}\sigma(t-h)$。每一时刻有且仅有一个子系统被激活。此外，切换律$\sigma(t)$在有限时间内切换次数是有限的。由于切换信号的存在，切换系统与一般系统相比具有特殊性，如例 1.1。

例 1.1 考虑如下切换线性系统：

$$\dot{x}(t) = A_\sigma x(t),\ \sigma(t) \in \{1,2\} \tag{1.3}$$

$$A_1 = \begin{bmatrix} -0.5 & -0.4 \\ 3 & -0.5 \end{bmatrix}, A_2 = \begin{bmatrix} -0.5 & -3 \\ 0.4 & -0.5 \end{bmatrix}$$

求解切换系统的两个子系统矩阵A_1和A_2的极点均为-0.5±1.0954i，在复平面的左半边平面，由经典控制理论可知，子系统 1 和 2 均为稳定的。然而，不同的切换策略却会给稳定性带来不同的影响。例如，当$x_1(t)x_2(t) \geqslant 0$时，切换到子系统 2；当$x_1(t)x_2(t) < 0$时，切换到子系统 1。按此切换策略，从任意初始状态出发，切换系统（1.3）均可被镇定。但如果选择切换策略为，当$x_1(t)x_2(t) \geqslant 0$时，切换到子系统 1，当$x_1(t)x_2(t) < 0$时，切换到子系统 2，则会产生截然不同的效果，此时从任意初始状态出发，切换系统（1.3）均不稳定。

1.2.2 切换线性系统的研究背景

切换线性系统可有效地描述很多工业过程，广泛存在于实际系统中，下面给出三个切换系统的实际例子。

例 1.2 航空发动机控制系统[9]。

对于航空发动机控制系统，考虑发动机在大飞行包线下的高性能需求，使用传统方法进行控制设计常留有较大安全裕度，限制了发动机的性能发挥，具有一定保守性。针对此，一个有效的解决途径是使用切换控制，来进一步挖掘发动机潜能，降低控制设计的保守性。运用切换控制，发动机可贴近临界状态工作，当出现超限危险时，能迅速切换到保护控制回路确保安全。刘晓锋的博士论文[9]中给出了以下航空发动机切换控制结构并对其数学模型进行了详细描述。

根据图 1.2，可将航空发动机的非线性模型描述为

$$\begin{aligned} \dot{x}(t) &= f(x(t), u(t), d(t)) \\ y_i(t) &= g_i(x(t), u(t), \omega(t)) \end{aligned} \tag{1.4}$$

式中，$x(t) \in \mathbb{R}^{n_x}$为系统状态；$u(t) \in \mathbb{R}^{n_u}$为系统控制输入；$y_i(t) \in \mathbb{R}^{n_y}\,(i \in \underline{N})$为系统测量输出；$d(t)$和$\omega(t)$为外部扰动信号。就某型涡扇发动机而言，选取

$x=[n_H \quad n_L]$，$u=Q_{mf}$，n_H 和 n_L 为高压及低压转子转速，Q_{mf} 为主燃油流量。

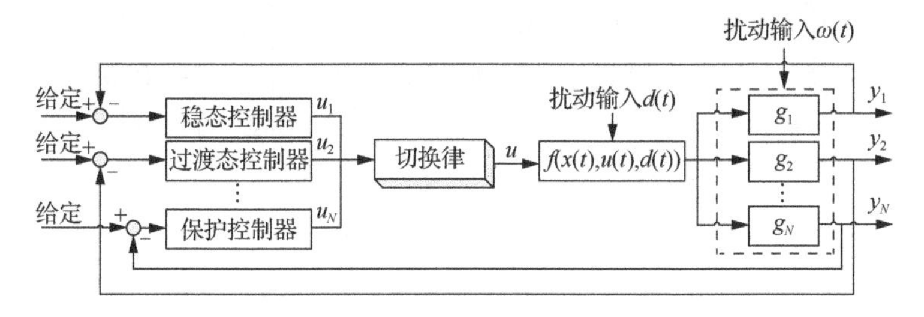

图 1.2　航空发动机切换控制结构

针对不同回路，发动机系统输出可为高压转子转速 n_H、高压涡轮前燃气温度 T_3^* 等。根据航空发动机实际运行安全性要求，需对发动机输出进行限制，即

$$T_3^* < T_{3\mathrm{MAX}}^*,\ \mathrm{SMC} > \mathrm{SMC}_{\mathrm{MIN}}$$

式中，SMC 为压气机喘振裕度。

建立发动机在某工作点（n_H=46000r / min，n_L = 27443r / min，Q_{mf} = 236L / h）的多回路切换控制模型如下。

（1）转速回路：

$$\begin{cases}\begin{bmatrix}\dot{n}_H\\ \dot{n}_L\\ \dot{Q}_{mf}\end{bmatrix}=\begin{bmatrix}-2.1022 & -0.5281 & 92.4704\\ 1.9240 & -6.2069 & 109.2637\\ 0 & 0 & -5\end{bmatrix}\begin{bmatrix}n_H\\ n_L\\ Q_{mf}\end{bmatrix}+\begin{bmatrix}0\\ 0\\ 5\end{bmatrix}u\\ n_H=\begin{bmatrix}1 & 0 & 0\end{bmatrix}\begin{bmatrix}n_H\\ n_L\\ Q_{mf}\end{bmatrix}\end{cases}\tag{1.5}$$

（2）喘振保护回路：

$$\begin{cases}\begin{bmatrix}\dot{n}_H\\ \dot{n}_L\\ \dot{Q}_{mf}\end{bmatrix}=\begin{bmatrix}-2.1022 & -0.5281 & 92.4704\\ 1.9240 & -6.2069 & 109.2637\\ 0 & 0 & -5\end{bmatrix}\begin{bmatrix}n_H\\ n_L\\ Q_{mf}\end{bmatrix}+\begin{bmatrix}0\\ 0\\ 5\end{bmatrix}u\\ \mathrm{SMC}=\begin{bmatrix}0.0015 & 0.0017 & -0.1655\end{bmatrix}\begin{bmatrix}n_H\\ n_L\\ Q_{mf}\end{bmatrix}\end{cases}\tag{1.6}$$

（3）温度保护回路：

$$
\begin{cases}
\begin{bmatrix} \dot{n}_H \\ \dot{n}_L \\ \dot{Q}_{mf} \end{bmatrix} = \begin{bmatrix} -2.1022 & -0.5281 & 92.4704 \\ 1.9240 & -6.2069 & 109.2637 \\ 0 & 0 & -5 \end{bmatrix} \begin{bmatrix} n_H \\ n_L \\ Q_{mf} \end{bmatrix} + \begin{bmatrix} 0 \\ 0 \\ 5 \end{bmatrix} u \\
T_3^* = \begin{bmatrix} -0.0097 & -0.01730 & 2.5657 \end{bmatrix} \begin{bmatrix} n_H \\ n_L \\ Q_{mf} \end{bmatrix}
\end{cases}
\tag{1.7}
$$

例 1.3 切换 RLC 电路（图 1.3）[10]。

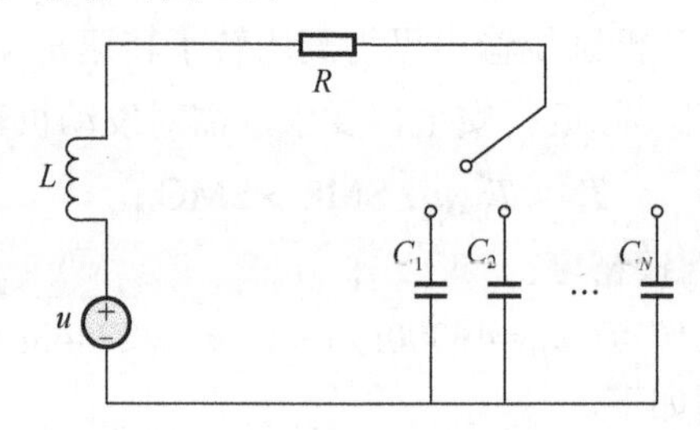

图 1.3 切换 RLC 电路

如图 1.3 所示，该切换系统由多个并联的 RLC 电路组成，通过一个等价于切换规则的单刀多选开关进行回路切换。该结构应用于集成电路中的低频信号处理，可描述为

$$\dot{x}_1 = \frac{1}{L} x_2$$

$$\dot{x}_2 = -\frac{1}{C_i} x_1 - \frac{R}{L} x_2 + u$$

$$y = \frac{1}{L} x_2,\ i = 1, 2, \cdots, N$$

式中，$x_1 = q_c$，q_c 为电容中的电荷；$x_2 = \phi_L$，ϕ_L 为电感中的磁通；u 为输入电源电压；C_i 为电容器容量；R 为电阻阻值；L 为电感线圈电感值。可得对应的状态空间表达式为

$$
\begin{aligned}
\dot{x}(t) &= A_i x(t) + B_i u(t) \\
y(t) &= F_i x(t)
\end{aligned}
\tag{1.8}
$$

式中，$x = [x_1 \quad x_2]^{\mathrm{T}}$，并有

$$A_i = \begin{bmatrix} 0 & 1/L \\ -1/C_i & -R/L \end{bmatrix}, B_i = [0 \quad 1]^{\mathrm{T}}, F_i = [0 \quad 1/L]$$

文献[10]中给出了三组切换 RLC 参数（N=3），电路参数取值为 C_1=50μF，

C_2=100μF， C_3=20μF， R=1Ω， L=0.1H。

例 1.4 污水处理系统[11]。

在文献[11]中，使用切换时滞模型对某污水处理系统进行建模，可描述为

$$\begin{aligned}&\dot{x}(t)=(A_i+\Delta A_i)x(t)+E_ix(t-h)+(B_i+\Delta B_i)u_i(t)\\&x(\theta)=\phi(\theta),\theta\in[-h,0),i=1,2,\cdots,N\end{aligned}\tag{1.9}$$

式中，$x(t)=[z(t)-z^*\quad q(t)-q^*]^{\mathrm{T}}$，$z(t)$ 和 $q(t)$ 分别表示每升水中生物需氧量和溶解氧量，z^* 和 q^* 分别表示预期稳态时的生物需氧量和溶解氧量；$u(t)=[u_1(t)\quad u_2(t)]^{\mathrm{T}}$，$u_1(t)$ 和 $u_2(t)$ 分别表示生物需氧量浓度和河段内通气速率；

$$A_1=\begin{bmatrix}-k_{10}-\gamma_1^1-\gamma_2^1 & 0\\ -k_{30} & -k_{20}-\gamma_1^1-\gamma_2^1\end{bmatrix},A_2=\begin{bmatrix}-k_{10}-\gamma_1^2-\gamma_2^2 & 0\\ -k_{30} & -k_{20}-\gamma_1^2-\gamma_2^2\end{bmatrix}$$

$$E_1=\begin{bmatrix}\gamma_2^1 & 0\\ 0 & \gamma_2^1\end{bmatrix},E_2=\begin{bmatrix}\gamma_2^2 & 0\\ 0 & \gamma_2^2\end{bmatrix},B_1=\begin{bmatrix}\gamma_1^1 & 0\\ 0 & 1\end{bmatrix},B_2=\begin{bmatrix}\gamma_1^2 & 0\\ 0 & 1\end{bmatrix}$$

$$\Delta A_1=\Delta A_2=\begin{bmatrix}-\Delta k_1(t) & 0\\ -\Delta k_3(t) & -\Delta k_2(t)\end{bmatrix},\Delta B_1=\Delta B_2=0$$

其中，γ_1^1,γ_2^1 和 γ_1^2,γ_2^2 分别表示不同水流量时的切换时滞系统系数，取值分别为 0.1, 0.9 和 0.2, 0.8，k_{10},k_{20},k_{30} 分别表示系统的三个固有参数，$\Delta k_1(t),\Delta k_2(t),\Delta k_3(t)$ 分别表示系统三个固有参数的不确定性，$\gamma_1^i=\dfrac{Q_E}{v},\gamma_2^i=\dfrac{Q}{v}$，其中 Q_E 和 Q 分别为污水流量和给水流量，v 为水的恒定体积。通过设定不同参数，可实现对不同污水处理过程的描述。

实际上，除上述三例外，切换系统还广泛应用于其他领域。例如，文献[12]对电力电子系统的切换模型及稳定性进行了分析，将三相正弦波脉宽调制逆变器和有源电力滤波器特殊的工作原理视为一种周期性切换规则。文献[13]研究了基于阈值的故障检测方法，采用切换系统描述不同的 Chua 氏电路回路模型。文献[14]研究了切换系统的异步控制问题及在飞行器模型中的应用。文献[15]研究了某功率转换器的切换变结构控制。文献[16]研究了连续搅拌釜反应器的模式切换稳定问题。文献[17]研究了二自由度电车模型的切换建模与控制设计。文献[18]研究了船舶操纵系统的异步切换跟踪控制方法。文献[19]针对高速公路交通状态估计、状态预测和拥塞识别等问题，研究了交通场景重构切换观测器的设计方法。

1.2.3 切换线性系统的研究现状

切换系统理论为实际工程应用提供重要的技术指导和支撑。然而，这类系统由连续动态行为和离散切换信号共同作用，其性能分析和设计具有很大的难度与挑战。控制领域对切换系统的研究主要聚焦在两个方面。其一，针对不同限制下

的切换信号研究。前面提到，切换信号的选择会严重影响系统稳定性，这方面的典型研究包括：任意切换信号[20]、驻留时间切换信号[21]、平均驻留切换信号[22]、基于模型的平均驻留切换信号[23]和持续驻留切换信号[24]等。其二，针对系统稳定性的研究。切换系统研究的最基本要求是保证稳定性，Liberzon 等在文献[25]中对切换系统的稳定性概括为三个基本问题：①在任意切换信号下，如何保证切换系统稳定性的充分条件；②对于受约束的切换信号，如何保证切换系统稳定性的充分条件；③如何设计出能使切换系统镇定的切换信号。对于问题①，有学者提出一种使切换线性系统渐近稳定的充分条件，即所有子系统均存在公共 Lyapunov 函数。但其实现是很困难的，也具有较大的保守性。针对此，有学者提出切换的 Lyapunov 函数，允许每个子系统有不同的参数矩阵。在此基础上，Akar 等使用凸组合方法，证明了若二阶切换系统的任意两个子系统矩阵的凸组合为 Hurwitz 阵，则二次型公共 Lyapunov 函数存在[26]。对于问题②，一个可解的充分条件是，若每个子系统均稳定，只要切换充分慢，便可保证切换系统的稳定性。这就是 Morse 在文献[27]、Hespanha 等在文献[28]中介绍的驻留时间和平均驻留时间方法的核心内涵。

此外，每个子系统之间的性能差异对驻留时间的要求也有所不同，收敛慢的子系统要求长驻留，反之则短。基于此，有学者提出模型依赖的平均驻留时间方法，根据性能设定不同子系统的驻留时间下界保证系统稳定。针对包含稳定和不稳定子系统的切换系统，Lee 等在文献[29]中设计了稳定子系统和不稳定子系统各自驻留时间的取值范围，使切换系统稳定。向峥嵘等在文献[30]中提出了动态驻留时间方法，驻留时间在每个时刻都是不同的，通过该方法可以给出更小的驻留时间。对于问题③，可将此视作切换信号设计问题，主要针对切换系统中包含不稳定子系统的情况。文献中多采用基于单 Lyapunov 函数[31]、多 Lyapunov 函数[32]、分段 Lyapunov 函数[33]、类 Lyapunov 函数[34]、弱 Lyapunov 函数[35]的稳定性分析和切换信号设计方法。最近，一些切换系统研究的新理论框架和稳定性分析手段持续涌现，涉及的系统如网络化切换系统[36]、多面体切换系统[37]、神经网络切换系统[38]、网络攻击下的切换系统[39]、事件触发切换系统[40]、无限维切换系统[41]、脉冲切换系统[42]等。

1.3　切换线性系统控制问题概述

1.3.1　切换线性系统的鲁棒控制和滤波研究现状

在实际应用中，系统往往不可避免地受到外部干扰影响，导致控制性能下降，甚至出现不稳定情况。如何设计控制器使系统对内部不确定和外部干扰等具有鲁棒性，是工程应用中的实际要求，并一直受到控制理论界的关注。针对复杂的运行环境，对切换系统进行鲁棒控制亦是十分必要的。学者针对不同物理背景开展了切换系统鲁棒控制的应用研究，如全向移动机器人控制[43]、发动机控制[44]、磁阻电机控制[45]等。

在理论研究方面，作为基础且重要的问题，针对切换线性系统的鲁棒控制研究一直很活跃。例如，文献[46]、[47]研究了一类受外部扰动和时变延迟影响的不确定切换线性系统的事件触发鲁棒控制问题。文献[48]研究了不确定切换线性系统的动态无扰切换问题。文献[49]针对具有外部扰动的不确定控制器切换线性系统，提出了一种自适应滑模鲁棒无扰切换方法。文献[50]针对一类离散切换线性系统，提出了一种鲁棒模型预测控制方法。文献[51]采用一种依赖被控对象输出的切换策略研究了连续时间不确定切换线性系统的鲁棒控制问题。文献[52]研究了具有不稳定子系统的切换线性系统的鲁棒控制问题。文献[53]研究了多面体不确定切换线性系统在任意切换和状态反馈下的干扰解耦问题。

总体上，切换线性系统的鲁棒控制已有较好的研究基础和应用成果。然而，随着网络化系统的广泛应用，如何有效利用网络资源成为一个备受关注的问题。传统的时间触发机制易造成网络资源浪费，对此，事件触发机制应运而生。其因可根据系统性能调节数据采样频率的优点成为近年来控制理论领域的研究热点。本书针对切换线性系统鲁棒事件触发控制进行了系统研究，主要包括：①针对带有不确定性的切换线性系统，研究了基于离散事件触发机制和自触发机制的鲁棒控制问题；②针对一类受外部扰动的切换线性系统，研究了基于性能依赖事件触发机制且带有量化与传输延迟的动态输出反馈 L_∞ 控制问题。

另外，反馈信号在实际系统中是由测量仪器获取并经过通信传输，在此过程中难免受外界干扰影响，加之系统内部具有的不确定性，均对控制系统性能有严重影响。为减弱此类影响，还原和获得真实的反馈信号，采用滤波器估计系统状态十分必要，而鲁棒滤波是有效的解决手段之一。

对于切换线性系统的鲁棒滤波研究，H_∞ 滤波是主流方法，它可以估计不符合统计规律但满足平方可积性质的未知外生信号，对干扰噪声没有严格的限制。文献[54]研究了切换线性系统的集成 H_∞ 滤波和无扰切换控制问题。文献[55]研究了连续时间切换线性系统的事件触发有限时间 H_∞ 滤波问题。文献[56]和[57]分别研究了离散时间和连续时间切换线性系统在异步切换下的事件触发鲁棒滤波问题。本书针对切换线性系统鲁棒事件触发滤波进行了系统研究，主要包括：①针对一类受外部扰动的切换线性系统，研究了在量化和网络延迟下事件触发 H_∞ 滤波问题；②针对一类切换线性模糊系统，研究了受网络延迟和攻击影响的事件触发故障检测滤波问题。

1.3.2 切换线性系统的受限控制研究现状

实际中的物理受限非常普遍，是控制系统设计必须考虑的重要因素。多类切换系统的应用研究也考虑了受限影响，例如，高超声速飞行器控制[58]、水厂水箱水位控制[59]、直升机垂直起降控制[60]等。此外，放大器的输出饱和、液压调节阀的功率限制、伺服电机的转速限制以及流通孔径限制等都是典型的受限问题。对于本就复杂的切换系统，引入控制约束、状态约束、输出约束，将打破原本闭环系统的稳定性。因此，如何在受限情况下继续保证切换系统稳定性及期望性能是一个重要问题。

值得注意的是，相对于非受限切换系统，引入受限不只是加入一个条件，而是会使系统模型结构产生较大改变，增加问题复杂性。文献中可见切换系统的多种受限问题，如切换信号受限[61-63]、输出约束[64]、输入约束[65]、状态约束[66]、执行器饱和[67-69]等。其中，典型的执行器饱和是指执行器的输入量超过其输出限幅，进一步增加输入将不能对输出产生任何影响，从而导致系统动态性能大幅度降低，甚至失稳[70]。对不同类型切换线性系统的受限控制研究成果是比较丰富的，如切换正系统[71]、切换奇异时滞系统[72]、切换模糊系统[73]等。对不同控制问题，文献中也有涉及，如镇定控制[74]、输出反馈控制[75]、跟踪控制[76]等。

综上所述，切换线性系统受限是一类重要的控制问题，目前已取得丰富的研究成果。本书针对切换线性系统受限事件触发控制进行了深入研究，主要包括：①针对一类受执行器饱和影响的网络化切换线性系统，研究了基于等待时间的事件触发控制问题；②针对一类受执行器饱和影响的网络化切换线性主从系统，研究了在网络攻击下的事件触发控制问题。

1.3.3 切换线性系统的异步控制研究现状

在理想情况下，切换系统子系统和子控制器保持同步切换，但这一要求难以满足。实际中，控制器型号识别及网络延迟的时间耗费，候选子控制器的激活往往存在滞后，导致子系统和子控制器间产生异步切换问题，影响切换系统性能甚至使系统不稳定。

针对切换系统异步控制问题，已有一些研究成果。文献[77]给出了非线性切换随机时滞系统在异步切换下的输入状态稳定性条件。文献[78]研究了一类切换中立系统在异步切换下的镇定问题。对于切换线性系统，文献[79]构造了一种新的 Lyapunov 函数，考虑子系统和子控制器之间异步切换问题，对全局渐近稳定性进行了研究。文献[80]研究了离散切换线性系统在异步切换下的 H_∞ 混合动态输出反馈控制问题。文献[81]研究了离散时间切换线性系统在异步切换下的稳定性和 L_2 增益问题。此外，考虑异步切换问题，文献中还可见关于切换线性系统协同镇定问题[82]、异步观测问题[83]、故障检测问题[84]等的研究。

然而，针对受异步切换影响的切换线性系统，事件触发控制的研究成果尚不多见。切换线性系统的事件触发异步控制问题更为复杂。例如，子事件触发机制和子控制器相对子系统具有切换时滞，会产生多异步切换现象；切换信号被采样和触发，导致子系统和子控制器之间产生异步切换现象。本书针对切换线性系统异步事件触发控制进行了系统研究，主要包括：①针对一类受外部扰动的切换线性系统，研究了基于离散型事件触发机制的多异步控制问题；②针对一类受网络攻击影响的切换线性模糊系统，研究了基于自适应事件触发机制的诱导异步控制问题。

1.3.4 切换线性系统的分散控制研究现状

由于实际系统（尤其是复杂大系统）的物理属性，信号采集往往是分布式的，使得传感器呈分散布置。相对于集中式控制，分散式控制具有多个通信通道，并且在每个通道中分别布置一组传感器以检测本地信号。分散式控制作为控制领域的一个重要研究分支，其每个事件触发机制仅依赖自身通道的信息，比集中式控制的事件触发更灵活，可有效降低控制系统设计的保守性，提高系统的非脆弱性。然而，分散式控制也导致系统结构复杂，系统分析和设计难度随之增加。

对于切换系统的分散控制，文献[85]研究了切换系统的异步分散事件触发控制问题，考虑了网络延迟带来的数据乱序以及异步分散触发带来的数据异步问题，所提出的方法在保证系统控制性能的前提下，进一步提高了网络资源的利用率。文献[86]研究了具有网络通信时延和外部干扰的切换系统分散事件触发 H_∞ 控制问题，对分散事件触发机制提出了一种改进的数据缓冲器，可更及时地利用采样数据。文献[87]研究了量化输入下的切换大系统自适应模糊分散控制问题。文献[88]提出了一种新的切换线性大系统划分方法，采用了一种分散状态反馈控制方法。文献[89]研究了切换大系统的可达集估计和分散镇定控制问题。

总体上，对于切换线性系统，分散式控制还处于萌芽阶段，其理论分析方法和工具还很不完善。当考虑网络延迟和事件触发调节机制时，研究的挑战和难度也进一步加大。本书针对切换线性系统的分散控制进行了系统研究，主要包括：①针对一类网络化切换线性系统，研究了基于分散事件触发机制的控制问题；②针对一类切换线性模糊系统，研究了异步分散事件触发控制问题。

1.4 事件触发控制问题概述

1.4.1 事件触发控制的基本原理

在网络控制和采样控制系统中，通常采用时间触发机制以定周期形式进行数据传输，而不依赖于系统性能和状态变化，这会造成信息冗余和网络通信资源的浪费。此外，在工程中，无线网络愈加普遍，但无线网络控制系统的能量供给是受限的。由于网络负载与能耗成正比，网络通信资源与长时间续航的矛盾十分突出。另外，恶意网络攻击可对控制系统运行构成严重威胁，控制系统的安全性已经成为理论和工程领域的关注焦点。从控制系统安全角度，在不降低控制系统性能的前提下，主动合理地减少数据的传输频率，可有效降低控制系统被攻击的概率，提高安全性。

在此背景下，事件触发机制被提出。它是一种“闭环”机制，通过设计依赖于系统反馈信号的事件触发条件，来实时监督系统性能变化，从而对系统资源分配进行有效调节。它以系统性能为依据，通过判断性能需求实时调整系统采样和通信频率。当性能变差时，更多“事件”被触发，提高数据传输频率，以获得更好的控制水平；当性能变好时，更少“事件”被触发，降低数据传输频率，以节约网络通信资源。

如图 1.4 所示，事件检测器中触发条件为[90]

$$[x(t)-x_k]^{\mathrm{T}}\Omega[x(t)-x_k]\leqslant\sigma x_k^{\mathrm{T}}\Omega x_k \tag{1.10}$$

图中，$x(t)$ 为系统状态，x_k 为系统采样状态，$u(t)$ 为控制输入，$\omega(t)$ 为外部扰动输入。式（1.10）中，Ω 表示触发参数矩阵，σ 表示事件触发阈值参数。由图 1.4 和式（1.10）可知，事件触发控制的基本思想就是在保证闭环系统具有一定性能的情况下，一旦预先设定好的事件触发条件（1.10）不成立，事件检测器就驱动采样器进行采样，控制任务随即被执行。或者说，事件触发控制就是控制数据按需传送，同时保证系统具有一定的性能。

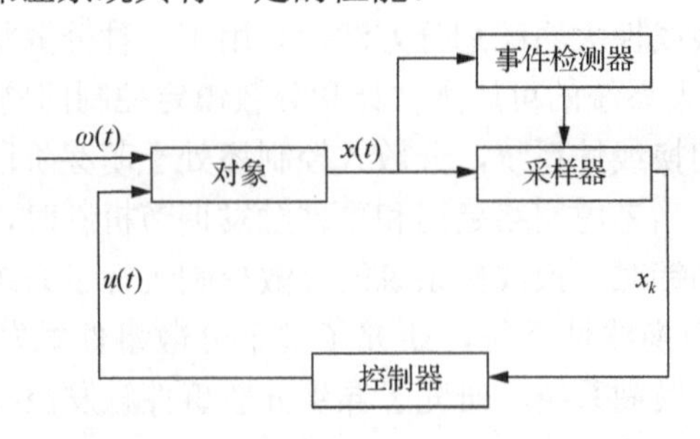

图 1.4　事件触发控制原理图

1.4.2 事件触发控制的研究现状

早期的事件触发比例-积分-微分（proportional integral differential，PID）控制[91]证明了，将事件触发机制融入控制器，能够在保证系统具有理想控制性能的条件下有效降低中央处理器（central processing unit，CPU）的利用率。在一阶随机系统[92]中，引入事件触发机制尽管带来了一系列新问题，加大了系统分析的难度，但相比于传统时间采样控制，系统性能更优。

随着研究问题的深入，文献[93]、[94]提出了一类基于系统状态的事件触发机制。其中，文献[93]设定事件触发条件为当前系统状态与前一次采样的误差范数等于或大于当前系统状态范数的阈值时，系统对状态进行采样并计算和更新控制信号。在文献[94]中，事件触发机制采用当前系统状态与前一次采样状态的误差，并结合 Lyapunov 函数进行构造。此后，学术界对这类事件触发机制进行了广泛研究和扩展[95-96]。但这类经典的事件触发机制仍存在一些不足，如，事件触发参数是人为给定的，且连续型的事件触发机制可能会在短时间内产生无穷次触发，即 Zeno 问题。

诸多文献中，当考虑系统状态不完全可测时，文献[97]、[98]采用了基于观测器的事件触发机制，利用观测器得到的估计数据构造触发机制并对系统进行控制。另外，直接基于输出信号进行反馈控制也是一种重要途径。文献[99]、[100]将系统输出反馈的可测信号引入事件触发机制。其中，文献[99]针对一类不确定非线性系统，研究了事件触发输出反馈控制问题，并提出了事件触发和时间触发的组合机制，避免了 Zeno 问题。文献[100]针对一类非线性系统，提出了一种基于输出的自适应事件触发控制方法，并通过有限增益 L_2 稳定条件导出事件触发条件。

需要说明的是，上述文献给出的均为集中事件触发机制。在某些实际物理系统中，传感器和执行器节点是分散布置的，文献中亦可见对分散事件触发机制及控制的研究[101-103]。分散式触发可将系统信号分成多组并以多通道形式传输，每个通道可采用不同的触发策略，独立地进行信号采样与更新。其最大特点是每个通道的事件触发是完全独立的，这为系统的设计提供了更大的灵活性，并降低了保守性。

在采样控制系统中，受实际物理结构限制，若发生 Zeno 问题，会导致物理不可实现性，这一直都是事件触发控制的重要问题和难点。对于事件触发控制，若能保证有一个正的相邻采样间隔下界，就可避免 Zeno 问题。对此，文献[104]～[106]采用了一种基于周期采样的事件触发机制，即在实施触发控制前先进行周期采样。由此，在该触发机制下相邻的触发间隔至少为一个采样周期，从而在机制上避免 Zeno 问题。此外，在基于周期采样的事件触发机制下，原闭环系统可转变为一个时滞系统，进而可采用传统的时滞系统分析方法。

在上述文献中，事件触发的阈值参数选取与系统性能无关，此参数越小，数据传输频率越高，反之，则越低。这种参数选取方式不甚合理，无法最大化利用网络资源。因此，学者进一步提出了自适应事件触发机制[107-109]，使阈值的选取是依赖于系统性能的。具体来说，当系统性能差的时候，事件触发阈值会自适应地减小，以获得更高的数据通信频率，调整系统性能使其快速变好，反之亦然。相比于人为给定阈值，这种依赖于系统性能的选取方式可进一步合理配置网络资源。

由此可见，事件触发控制的实施需要设计合适的触发条件，当条件满足时，“事件”得到触发，控制器进行采样更新。但触发条件是否满足，需要对其进行连续地测量和判断。对此，有学者提出了自触发机制[110-112]。在自触发控制中，控制器可根据当前已收集的采样信息计算出下一次的采样更新时间，不再需要对触发条件连续监测。

随着网络化控制系统的快速发展，更多新型事件触发机制不断出现。文献[113]讨论了在动态事件触发机制下一类具有随机传感器饱和离散系统的非脆弱 H_∞ 状态估计问题。文献[114]研究了在分布式事件触发机制下一类 T-S（Takagi-Sugeno）模糊系统的安全控制问题。文献[115]研究了在比例积分事件触发机制下一类网络化 T-S 模糊系统的 H_∞ 滤波问题。文献[116]设计了一种基于等待时间的事件触发机制来降低数据传输频率。文献[117]提出了一种新的记忆型事件触发机制以期更加节省通信资源。文献[118]应用了一种自适应双事件触发机制来解决多智能体系统中存在乘性故障和加性故障的一致性控制问题。

此外，网络化系统为控制应用带来便捷的同时也引入了脆弱性。对网络的恶意攻击一旦成功，传输数据将被篡改、阻断甚至丢失，控制系统性能将下降甚至完全瘫痪，造成极大的经济损失并带来安全隐患。事件触发机制可一定程度上降低数据被攻击的风险。然而，针对某些特殊的攻击模式，普通的事件触发机制也存在局限性，如，DoS 攻击会使网络通信彻底瘫痪，阻断信号的传输，此时触发的数据将无法传输到控制器。对此，弹性事件触发被提出[119]，在该机制下，强制触发只发生在 DoS 攻击休眠区间，从而避免了对无用信息的触发，同时可保证系统具有一定的控制性能。

1.4.3 切换线性系统的事件触发控制研究现状

事件触发机制可在系统性能和系统资源利用间实现合理的平衡，为控制系统的通信、计算和控制一体化协同设计提供了一种重要途径，是当下控制理论的研究热点，近几年在切换系统领域也引起了许多学者浓厚的研究兴趣。

学者对不同的切换线性系统进行了事件触发控制研究。文献[120]研究了受

DoS 攻击的网络化切换线性系统事件触发 H_∞ 控制问题。文献[121]研究了具有时变时滞和范数有界外部扰动的切换线性系统事件触发 H_∞ 控制问题。文献[122]、[123]分别研究了具有网络传输延迟和数据包丢失的离散时间切换线性系统的事件触发控制问题。文献[124]研究了带有执行器饱和的网络化切换线性系统的事件触发控制问题。文献[125]采用事件触发和自触发机制相结合的方法处理了具有外部扰动且不确定切换线性系统的 H_∞ 控制问题。文献[126]研究了切换线性多智能体系统的事件触发协同输出调节问题。文献[127]研究了切换随机线性系统的事件触发耗散控制问题。文献[128]研究了切换线性奇异系统的事件触发控制问题。文献[129]研究了混合时变时滞切换线性中立系统的事件触发输出反馈控制问题。文献[130]研究了切换线性变参系统的事件触发控制问题。文献[131]研究了切换线性正系统的事件触发控制问题。

此外，文献中还可见基于事件触发机制解决切换线性系统不同控制问题的研究成果。文献[132]设计了新的切换事件触发机制和依赖模态的自适应控制律，并研究了跟踪控制问题。文献[133]提出了混合量化控制策略，并结合平均驻留时间切换律和事件触发条件研究了指数稳定问题。文献[134]研究了切换线性系统动态输出反馈控制器与周期事件触发机制的协同设计。文献[135]研究了基于周期事件触发动态输出反馈的切换线性系统异步重复控制问题。文献[136]研究了切换线性系统的事件触发 H_∞ 滤波问题。文献[137]研究了频繁异步下切换线性系统的事件触发动态输出反馈控制问题。文献[138]、[139]研究了基于事件触发机制的切换线性系统滑模控制问题。文献[140]研究了一类基于神经网络的不确定切换系统跟踪控制问题。文献[141]提出了一种性能依赖的事件触发机制，并且研究了切换线性系统的动态输出反馈 L_∞ 控制问题。

1.5 本书特色与内容安排

目前，对于切换线性系统的研究已经取得了丰富的理论成果。尽管如此，当理论研究愈发贴近实际因素和应用考量时，对控制系统性能要求越来越高，新的问题仍不断出现，理论挑战依然很大。首先，对于一般化的切换线性系统，由于系统自身结构和外部环境因素，参数不确定、外部扰动和执行器饱和等重要影响不可避免。其次，由于网络的引入，网络延迟、网络攻击等问题也随之而来，严重影响系统性能，加大了问题的研究难度。事件触发机制作为一种有效解决通信资源受限的方法，在控制系统研究中得到广泛关注。但对于更为复杂的切换线性系统，其高性能控制目标的实现给事件触发机制的应用带来新的问题和挑战。

因此，针对具有内部不确定性和外部干扰的切换线性系统，研究其保性能控制以及鲁棒控制具有重要意义与应用价值。由于系统信号在测量和传输过程中易受噪声等因素影响，为还原其真实信号，研究鲁棒滤波是十分必要的。在实际系统中，子系统和子控制器的切换信号存在延迟，导致异步切换问题，控制信号的物理受限也是需要考虑的重要因素，这些均对系统性能造成影响。此外，针对复杂系统，信号采集常呈分布式，由集中式控制向分布式控制发展是重要趋势。

本书建立了较为系统和完备的切换线性系统的事件触发控制理论，并考虑同步和异步切换的情况，主要以驻留时间技术和 Lyapunov 函数为工具，研究切换线性系统的事件触发保性能控制、事件触发鲁棒控制、事件触发鲁棒滤波、事件触发受限控制、事件触发异步控制和事件触发分散控制等问题，完善并发展了现有切换线性系统事件触发控制问题的理论和方法。

本书的基本安排如下：

第 1 章，对当前切换线性系统控制和事件触发控制的发展及研究现状进行分析、归纳和总结，说明本书研究的主要内容。

第 2 章，介绍本书涉及的相关定义、引理并说明相关符号。

第 3 章，主要针对受参数不确定和外部扰动影响的切换线性系统，研究保性能事件触发控制问题。考虑事件触发机制和网络因素的影响，进行闭环系统建模，并构造相应的 Lyapunov 函数，设计满足平均驻留时间条件的切换信号，给出闭环系统具有保性能指标的充分条件，同时给出相应控制器增益和事件触发参数的设计条件。在 3.2 节中研究参数不确定切换线性系统的保性能事件触发控制问题。在 3.3 节中研究带有外部扰动切换线性系统的保耗散性能事件触发控制问题。所求控制器增益和事件触发参数均通过求解一组对应的线性矩阵不等式（linear matrix inequalities, LMIs）得到。最后，用仿真算例验证所提出方法的有效性。同时，本章的研究方法及内容为全书奠定了基础。

第 4 章，主要针对受参数不确定和外部扰动影响的网络化切换线性系统，研究鲁棒事件触发控制问题。考虑事件触发机制和网络因素的影响，进行闭环系统建模，并构造相应的 Lyapunov 函数，设计满足平均驻留时间条件的切换信号，给出闭环系统鲁棒稳定并具有 H_∞ 性能指标的充分条件，同时给出相应鲁棒控制器增益和事件触发参数的设计条件。在 4.2 节中研究带有参数不确定和外部扰动的切换线性系统鲁棒自触发控制问题。在 4.3 节中研究带有外部扰动的切换线性系统性能依赖鲁棒事件触发控制问题。所求控制器增益和事件触发参数均通过求解一组对应的 LMIs 得到。最后，用仿真算例验证所提出方法的有效性。

第 5 章，主要针对受外部扰动的切换线性系统，研究鲁棒事件触发滤波问题。考虑事件触发机制和网络因素的影响，进行滤波误差系统的建模，并构造相应的

Lyapunov 函数，设计满足驻留时间条件的切换信号，给出滤波误差系统稳定并具有 H_∞ 性能指标的充分条件，同时给出相应滤波器增益和事件触发参数的设计条件。在 5.2 节中研究带有量化器与数据包乱序的网络化切换线性系统的事件触发 H_∞ 滤波问题。在 5.3 节中研究在随机网络攻击和数据包乱序下切换线性 T-S 模糊系统的事件触发故障检测滤波问题。所求滤波器增益和事件触发参数均通过求解一组对应的 LMIs 得到。最后，用仿真算例验证所提出方法的有效性。

第 6 章，主要针对受执行器饱和影响的切换线性系统，研究受限事件触发控制问题。考虑事件触发机制和网络因素的影响，进行时滞闭环系统建模，并构造相应的 Lyapunov 函数，设计满足对应条件的切换信号，给出时滞闭环系统稳定的充分条件，同时给出相应控制器增益和事件触发参数的设计条件。在 6.2 节中研究在等待时间策略下切换线性系统的受限事件触发控制问题。在 6.3 节中研究在数据注入攻击下切换线性系统的受限事件触发控制问题。控制器增益和触发参数均通过求解一组对应的 LMIs 得到。最后，用仿真算例验证所提出方法的有效性。

第 7 章，主要针对受外部扰动的切换线性系统，研究异步事件触发控制问题。考虑事件触发机制和网络因素的影响，进行时滞闭环系统建模，并构造相应的 Lyapunov 函数，设计满足平均驻留时间条件的切换信号，给出时滞闭环系统稳定性的充分条件，同时给出相应控制器增益和事件触发参数的设计条件。在 7.2 节中研究在数据包乱序下切换线性系统的事件触发多异步控制问题。在 7.3 节中研究在数据注入攻击下切换线性 T-S 模糊系统的诱导异步事件触发控制问题。控制器增益和触发参数均通过求解一组对应的 LMIs 得到。最后，用仿真算例验证所提出方法的有效性。

第 8 章，主要针对受外部扰动的切换线性系统，研究分散事件触发控制问题。考虑事件触发机制和网络因素的影响，进行闭环系统建模，并构造相应的 Lyapunov 函数，设计满足平均驻留时间条件的切换信号，给出闭环系统稳定的充分条件，同时给出相应控制器增益的设计条件。在 8.2 节中研究考虑数据缓冲器的切换线性系统的分散事件触发控制问题。在 8.3 节中研究自适应采样下切换线性 T-S 模糊系统的异步分散事件触发控制问题。所求控制器增益和触发参数均通过求解一组对应的 LMIs 得到。最后，用仿真算例验证所提出方法的有效性。

2 预备知识

2.1 相关定义

定义 2.1[142] 如果$x(t)$的所有解都满足$\| x(t) \| \leqslant \kappa e^{-\zeta(t-t_0)} \| x(t_0) \|_{d1}, \forall t \geqslant t_0$，并且$\kappa \geqslant 1, \zeta > 0$以及$\| x(t) \|_{d1} = \sup_{-\tau_M \leqslant s \leqslant 0} \{ \| x(t+s) \|, \| \dot{x}(t+s) \| \}$，那么，当扰动$\omega(t) = 0$时，在容许切换信号$\sigma(t)$下，则称切换系统是以平衡点$x^* = 0$指数稳定的。

定义 2.2[143] 对于任意的一个切换信号$\sigma(t)$以及时刻$t > \tau \geqslant 0$，$N_\sigma(\tau, t)$表示切换信号$\sigma(t)$在时间间隔(τ, t)内的切换次数。如果存在$N_0 \geqslant 0, \tau_a > 0$使得$N_\sigma(\tau, t) \leqslant N_0 + (t - \tau) / \tau_a$成立，则称$\tau_a$为平均驻留时间，$N_0$为颤抖界。

定义 2.3[144] 给定实矩阵$\varPsi_1 \leqslant 0$和$\varPsi_2$，$\varPsi_3 > 0$，在零初始条件下，如果对任意时间$T \geqslant 0$和扰动$\omega(t) \in L_2[0, \infty)$有$\int_0^T J(t) dt \geqslant 0$，其中，$J(t) = z^T(t) \varPsi_1 z(t) + 2z^T(t) \varPsi_2 \omega(t) + \omega^T(t) \varPsi_3 \omega(t)$，则称切换系统具有耗散性。

定义 2.4 给定正常数c和γ，如果下面条件均满足，则称切换系统是指数稳定的并具有H_∞性能。

（i）当外部扰动$\omega(t) = 0$时，系统是指数稳定的；

（ii）当外部扰动$\omega(t) \neq 0$时，以零初始条件为前提，满足

$$\int_0^\infty e^{-cs} z^T(s) z(s) ds \leqslant \gamma^2 \int_0^\infty \omega^T(s) \omega(s) ds$$

定义 2.5[145] 对于任意的初始状态$x(t_0)$，如果存在一个正实数$\mathfrak{B}$和时间t使得$x(t) \in \{ x(t) : \| x(t) \| \leqslant \mathfrak{B} \}, \forall t \geqslant \bar{t}$成立，$\bar{t}$为任意初始值边界时刻以外的时刻，则称切换系统状态是全局一致最终有界的。

定义 2.6[146] 切换系统从$\omega(t)$到$z(t)$的L_∞增益定义如下：$\kappa = \inf\{ \bar{\kappa} \in \mathbb{R} | \exists \varrho : \chi \to \mathbb{R}$，使$\| z(t) \|_\infty \leqslant \bar{\kappa} \| \omega(t) \|_\infty + \varrho(x(0))$成立，其中，所有$x(0) \in \chi$，$\omega(t) \in L_\infty \}$。

定义 2.7[147] 如果$x(t)$的所有解都满足$E\{ \| x(t) \| \} \leqslant \kappa \| x(t_0) \|_{c1} e^{-\varpi(t-t_0)}$，$\forall t \geqslant t_0$，且$\kappa \geqslant 1, \varpi > 0$以及$\| x(t) \|_{c1} = \sup_{-\tau_M \leqslant s \leqslant 0} \{ \| x(t+s) \|, \| \dot{x}(t+s) \| \}$，那么，当

$\omega(t)=0$时，在容许切换信号$\sigma(t)$下，称切换系统是以平衡点$x^*=0$均方指数稳定的。

定义 2.8[148] 给定正常数$\bar{\gamma}$，如果下面条件均满足，则称切换系统是均方指数稳定的并具有H_∞性能。

（i）当外部扰动$\omega(t)=0$时，系统是均方指数稳定的；

（ii）当外部扰动$\omega(t)\neq 0$时，以零初始条件为前提，满足

$$\mathrm{E}\left\{\int_0^\infty z^{\mathrm{T}}(s)z(s)\mathrm{d}s\right\}\leqslant\bar{\gamma}^2\mathrm{E}\left\{\int_0^\infty \omega^{\mathrm{T}}(s)\omega(s)\mathrm{d}s\right\}$$

2.2 若干引理

引理 2.1[149] 对于任意具有适当维数的实矩阵X和Y，以及正实数λ，不等式$X^{\mathrm{T}}Y+Y^{\mathrm{T}}X\leqslant\lambda X^{\mathrm{T}}X+\lambda^{-1}Y^{\mathrm{T}}Y$成立。

引理 2.2[150] 对于任意n阶分块对称矩阵$S=\begin{bmatrix}S_{11} & S_{12}^{\mathrm{T}}\\ S_{12} & S_{22}\end{bmatrix}$，有

（i）$S<0$；

（ii）$S_{11}<0,\ S_{22}-S_{12}S_{11}^{-1}S_{12}^{\mathrm{T}}<0$；

（iii）$S_{22}<0,\ S_{11}-S_{12}^{\mathrm{T}}S_{22}^{-1}S_{12}<0$。

引理 2.3[151] 对于对称正定矩阵B，存在唯一的对称正定矩阵$\sqrt{B}$满足$\sqrt{B}^2=B$。

引理 2.4[152] 对于任意具有适当维数的对称正定矩阵R，标量$\tau(t)\in[0,\tau_M]$，以及向量函数$\dot{\vartheta}:[-\tau_M,0]\rightarrow\mathbb{R}^{n_\vartheta}$，有

$$-\tau_M\int_{t-\tau_M}^{t}\dot{\vartheta}^{\mathrm{T}}(s)R\dot{\vartheta}(s)\mathrm{d}s\leqslant\chi^{\mathrm{T}}(t)\begin{bmatrix}-R & 0 & R\\ * & -R & R\\ * & * & -2R\end{bmatrix}\chi(t)$$

式中，$\chi(t)=[\vartheta^{\mathrm{T}}(t)\quad \vartheta^{\mathrm{T}}(t-\tau_M)\quad \vartheta^{\mathrm{T}}(t-\tau(t))]^{\mathrm{T}}$。

引理 2.5[153] 对于任意具有适当维数的对称矩阵X和$\Lambda>0$，以及任意常数ς，不等式$-X\Lambda^{-1}X\leqslant\varsigma^2\Lambda-2\varsigma X$成立。

引理 2.6[154] 对于具有适当维数的常实对称正定矩阵R，向量函数$\bar{\eta}:[\bar{a},\bar{b}]\rightarrow\mathbb{R}^{n_{\bar{\eta}}}$，其中，$\bar{a}$和$\bar{b}$是两个常数且$\bar{a}<\bar{b}$，有

$$\int_{\bar{a}}^{\bar{b}}\dot{\bar{\eta}}^{\mathrm{T}}(s)R\dot{\bar{\eta}}(s)\mathrm{d}s\geqslant\frac{1}{\bar{b}-\bar{a}}\psi^{\mathrm{T}}(\bar{\eta},\bar{a},\bar{b})\Gamma^{\mathrm{T}}\tilde{R}\Gamma\psi(\bar{\eta},\bar{a},\bar{b})$$

式中，$\psi(\bar{\eta},\bar{a},\bar{b})=[\bar{\eta}^{\mathrm{T}}(\bar{a})\quad \bar{\eta}^{\mathrm{T}}(\bar{b})\quad \frac{1}{\bar{b}-\bar{a}}\int_{\bar{a}}^{\bar{b}}\bar{\eta}^{\mathrm{T}}(s)\mathrm{d}s]^{\mathrm{T}}$；$\varGamma=\begin{bmatrix}-I & I & 0\\ I & I & -2I\end{bmatrix}$；$\tilde{R}=\mathrm{diag}\{R,3R\}$。

引理 2.7[155] 对于具有适当维数的实对称正定矩阵 R 和 S，$\varpi_1,\varpi_2\in\mathbb{R}^{n_\varpi}$ 以及常数 $\vartheta\in(0,1)$，则对任意具有适当维数的矩阵 Y_1 和 Y_2，有

$$\begin{aligned}\mathfrak{F}(\vartheta)\geqslant\ &\varpi_1^{\mathrm{T}}[R+(1-\vartheta)(R-Y_1S^{-1}Y_1^{\mathrm{T}})]\varpi_1+\varpi_2^{\mathrm{T}}[S+\vartheta(S-Y_2^{\mathrm{T}}R^{-1}Y_2)]\varpi_2\\&+2\varpi_1^{\mathrm{T}}[\vartheta Y_1+(1-\vartheta)Y_2]\varpi_2\end{aligned}$$

式中，$\mathfrak{F}(\vartheta)=\frac{1}{\vartheta}\varpi_1^{\mathrm{T}}R\varpi_1+\frac{1}{1-\vartheta}\varpi_2^{\mathrm{T}}S\varpi_2$。

引理 2.8[156] 给定矩阵 $F,H\in\mathbb{R}^{m\times n}$，对于 $x\in\mathbb{R}^n$，若 $x\in L(H)$，则有 $\mathrm{sat}(Fx)\in\mathrm{co}\{D_sFx+D_s^-Hx,s\in Q\}$ 成立，其中，$\mathrm{co}\{\cdot\}$ 表示一组凸包集合。并且，$\mathrm{sat}(Fx)$ 可以表示为 $\mathrm{sat}(Fx)=\sum_{s=1}^{2^m}\eta_s(D_sF+D_s^-H)x$，其中，$\sum_{s=1}^{2^m}\eta_s=1$ 且 $0\leqslant\eta_s\leqslant1$，$D_s$ 是对角线元素为 0 或 1 的对角矩阵。

引理 2.9[157] 定义 $\sigma(t)$ 是以平均驻留时间为 τ_a、颤抖界为 N_0 所构造的切换信号，$\sigma_1(t)=\sigma(t-\Delta l_q)$。假设 $0\leqslant\Delta l_q\leqslant\Delta\bar{l}_q$ 和 $\Delta\bar{l}_q<l_{q+1}-l_q,q\in\mathbb{N}$ 成立，则对任意区间 (l_0,t)，定义 $m_{(l_0,t)}$ 为 $\sigma(t)=\sigma_1(t)$ 时间总和，$\bar{m}_{(l_0,t)}=t-l_0-m_{(l_0,t)}$。那么，对正数 $\alpha,\beta,\lambda\in[0,\alpha]$，不等式 $\Delta\bar{l}_q(\alpha+\beta)\leqslant(\alpha-\lambda)\tau_a$ 成立，且有 $\alpha m_{(l_0,t)}+\beta\bar{m}_{(l_0,t)}\leqslant c_T-\lambda(t-l_0),\forall t\geqslant l_0$，其中，$c_T=(\alpha+\beta)(N_0+1)\Delta\bar{l}_q$。

3　切换线性系统保性能事件触发控制

3.1　概　　述

工程实际中的应用对象描述通常是近似的，存在一定的不确定性，比如，含参数不确定系统[158]、有界扰动系统[159]。

一方面，系统不确定性广泛存在，且不可避免[160-161]。当控制系统的不确定参数在给定范围变化时，寻找可保证某种期望性能指标的控制律是一个极具价值的问题。保性能控制是处理被控对象存在参数不确定性的一种有效设计方法。它将所定义的二次性能函数考虑到闭环系统，通过控制律设计，保证系统具有一定的期望性能函数上界水平[162]。保性能控制方法已被广泛应用于多种系统的分析与综合，如网络化控制系统[163]、智能控制系统[164]等。目前，关于切换线性系统在不确定性下保性能事件触发控制的研究成果还不多见。

另一方面，耗散性能分析是控制系统中的一个重要问题[165-166]，常见方法主要为有界实引理[167]、无源定理[168]、卡尔曼引理[169]等。通过将定义的耗散不等式考虑到闭环系统，可以获得耗散控制性能[170]。文献中已有较多关于耗散控制的研究结果，如切换系统[171]、线性变参系统[172]、模糊系统[173]等。目前，对切换线性系统的保耗散性能事件触发控制研究还很初步。

本章主要针对受参数不确定和外部扰动影响的切换线性系统，研究保性能事件触发控制问题。考虑事件触发机制和网络因素的影响，进行闭环系统建模，并构造相应的 Lyapunov 函数，设计满足平均驻留时间条件的切换信号，给出闭环系统具有保性能指标的充分条件，同时给出相应控制器增益和事件触发参数的设计条件。在 3.2 节中研究参数不确定切换线性系统的保性能事件触发控制问题。在 3.3 节中研究带有外部扰动切换线性系统的保耗散性能事件触发控制问题。所求控制器增益和事件触发参数均通过求解一组对应的 LMIs 得到。最后，仿真算例验证所提出方法的有效性。同时，本章的研究方法及内容为全书奠定了基础。

3.2 不确定性下保性能事件触发控制

3.2.1 问题描述

1. 系统描述

考虑如下不确定切换线性系统模型：

$$\dot{x}(t)=(A_{\sigma(t)}+\Delta A_{\sigma(t)})x(t)+(B_{\sigma(t)}+\Delta B_{\sigma(t)})u(t) \tag{3.1}$$

式中，$x(t)\in\mathbb{R}^{n_x}$ 为系统状态；$u(t)\in\mathbb{R}^{n_u}$ 为系统控制输入；切换信号表示为 $\sigma(t):[0,\infty)\to\underline{N}=\{1,2,\cdots,N\}$，属于分段常值函数，当 $\sigma(t)=i\ (i\in\underline{N})$ 时，起作用的是 i 子系统；$A_{\sigma(t)}$ 和 $B_{\sigma(t)}$ 为适当维数的常值矩阵；$\Delta A_{\sigma(t)}$ 和 $\Delta B_{\sigma(t)}$ 是用来表示参数不确定性的实值矩阵函数，具有形式

$$[\Delta A_{\sigma(t)}\quad \Delta B_{\sigma(t)}]=D_{\sigma(t)}F_{\sigma(t)}(t)[E_{1\sigma(t)}\quad E_{2\sigma(t)}] \tag{3.2}$$

其中，$D_{\sigma(t)},E_{1\sigma(t)}$ 和 $E_{2\sigma(t)}$ 是已知的常值矩阵，$F_{\sigma(t)}(t)$ 为未知矩阵，满足

$$F_{\sigma(t)}^{\mathrm{T}}(t)F_{\sigma(t)}(t)\leqslant I \tag{3.3}$$

定义如下关于系统状态变量与控制变量的二次性能指标函数：

$$J=\int_0^{\infty}[x^{\mathrm{T}}(t)Qx(t)+u^{\mathrm{T}}(t)Ru(t)]\mathrm{d}t \tag{3.4}$$

式中，Q 和 R 为给定的对称正定矩阵。

如图 3.1 所示，系统状态 $x(t)$ 经过事件触发机制决定是否被释放。释放后的信号 $x(t_k)$ 通过理想网络进一步被传送到子控制器，进而更新控制输入 $u(t_k)$。此外，子系统、子控制器和事件触发机制的工作顺序由切换律决定。

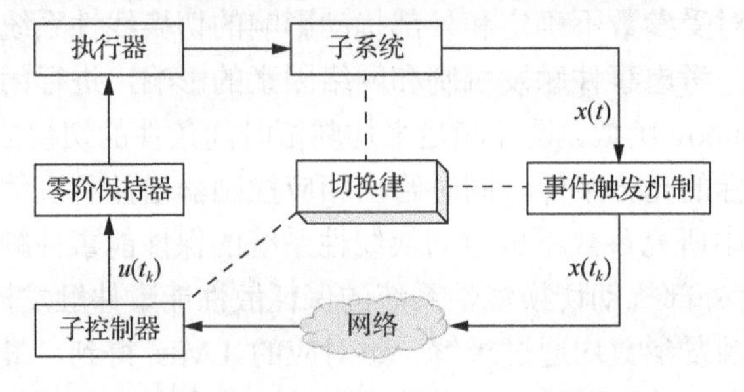

图 3.1　基于事件触发的切换线性系统控制框图

2. 事件触发机制

采用如下单连续型的事件触发机制：

$$t_{k+1}=\inf\{t>t_k \mid \|e_{t_k}(t)\|\geqslant \alpha\|x(t)\|\} \tag{3.5}$$

式中，t_k 和 t_{k+1} 表示任意相邻触发时刻，$t_{k+1}(>t_k)$ 为由公式（3.5）决定的下一个触发时刻；$e_{t_k}(t)=x(t_k)-x(t)$ 为最近一次触发状态 $x(t_k)$ 和系统当前状态 $x(t)$ 的误差；$\alpha>0$ 为给定的事件触发阈值参数。

通过使用上面描述的事件触发机制，系统在触发时刻 $\{t_k\}_{k\in\mathbb{N}}$ 将进行采样并更新控制信号 $u(t)$。所使用的状态反馈控制器表示为

$$u(t_k)=K_{\sigma(t)}x(t_k), t\in[t_k,t_{k+1}) \tag{3.6}$$

3. 建立闭环系统

把事件触发机制（3.5）代入切换系统（3.1），再结合状态反馈控制器（3.6），当 $t\in[t_k,t_{k+1})$ 时，可以得到事件触发闭环切换系统，即

$$\begin{aligned}\dot{x}(t)&=(A_{\sigma(t)}+\Delta A_{\sigma(t)})x(t)+(B_{\sigma(t)}+\Delta B_{\sigma(t)})u(t_k)\\&=(A_{\sigma(t)}+\Delta A_{\sigma(t)})x(t)+(B_{\sigma(t)}+\Delta B_{\sigma(t)})K_{\sigma(t)}x(t_k)\\&=[A_{\sigma(t)}+\Delta A_{\sigma(t)}+(B_{\sigma(t)}+\Delta B_{\sigma(t)})K_{\sigma(t)}]x(t)+(B_{\sigma(t)}+\Delta B_{\sigma(t)})K_{\sigma(t)}e_{t_k}(t)\end{aligned} \tag{3.7}$$

3.2.2 主要结果

针对上述闭环切换系统（3.7），本小节主要研究如下两个问题：

（1）如何得到保证闭环切换系统（3.7）是指数稳定的且具有一定保性能水平的充分条件？

（2）基于稳定性条件，如何求解保性能状态反馈控制器的增益和事件触发参数，并估计相邻触发执行间隔的正下界，以避免 Zeno 问题？

1. 稳定性分析

本小节利用多 Lyapunov 函数方法和平均驻留时间技术，给出了保证闭环切换系统（3.7）具有指数稳定性的充分条件。

定理 3.1 对于任意的 $i,j\in\underline{N}$，给定正常数 $\alpha,\eta,\theta,\beta,\varepsilon$ 和 $\mu>1$，如果存在正定矩阵 P_i 和 P_j 满足

$$\begin{bmatrix}\Sigma_1 & P_iB_iK_i\\ * & \beta K_i^{\mathrm{T}}E_{2i}^{\mathrm{T}}E_{2i}K_i\end{bmatrix}<0 \tag{3.8}$$

$$P_i\leqslant \mu P_j \tag{3.9}$$

式中，

$$\Sigma_1 = Q + K_i^{\mathrm{T}} R K_i + \mathrm{sym}\{P_i A_i\} + \mathrm{sym}\{P_i B_i K_i\} + \eta E_{1i}^{\mathrm{T}} E_{1i} + (\frac{1}{\eta} + \frac{1}{\varepsilon} + \frac{1}{\beta}) P_i D_i^{\mathrm{T}} D_i P_i + \varepsilon K_i^{\mathrm{T}} E_{2i}^{\mathrm{T}} E_{2i} K_i + \theta P_i$$

那么，在事件触发机制（3.5）、状态反馈控制器（3.6）和切换信号$\sigma(t)$的作用下，事件触发闭环切换系统（3.7）是指数稳定的，并且切换信号的平均驻留时间满足

$$\tau_a \geqslant \tau_a^* = \frac{\ln \mu}{\theta} \tag{3.10}$$

证明　考虑如下 Lyapunov 函数：

$$V(x(t)) = V_{\sigma(t)}(x(t)) = x^{\mathrm{T}}(t) P_{\sigma(t)} x(t) \tag{3.11}$$

对于任意$i \in \underline{N}$，存在正常数a,b使得下面不等式成立：

$$a \| x(t) \|^2 \leqslant V_i(x(t)) \leqslant b \| x(t) \|^2 \tag{3.12}$$

式中，$a = \inf\{\lambda_{\min}(P_i)\}$；$b = \sup\{\lambda_{\max}(P_i)\}$。

假设系统（3.7）在时刻t_q从子系统j切换到i，并且子系统i将会从t_q一直工作到下一个切换时刻t_{q+1}。定义$e_{\mathrm{ET}}(t) \triangleq e_{t_k}(t)$，进而根据条件式（3.2）、式（3.3）、式（3.7）和引理 2.1 可得

$$\begin{aligned}
\dot{V}_i(x(t)) &= x^{\mathrm{T}}(t) P_{\sigma(t_q)} \dot{x}(t) + \dot{x}^{\mathrm{T}}(t) P_{\sigma(t_q)} x(t) \\
&= x^{\mathrm{T}}(t) [A_{\sigma(t_q)} + \Delta A_{\sigma(t_q)} + (B_{\sigma(t_q)} + \Delta B_{\sigma(t_q)}) K_{\sigma(t_q)}]^{\mathrm{T}} P_{\sigma(t_q)} x(t) \\
&\quad + x^{\mathrm{T}}(t) P_{\sigma(t_q)} [A_{\sigma(t_q)} + \Delta A_{\sigma(t_q)} + (B_{\sigma(t_q)} + \Delta B_{\sigma(t_q)}) K_{\sigma(t_q)}] x(t) \\
&\quad + [(B_{\sigma(t_q)} + \Delta B_{\sigma(t_q)}) K_{\sigma(t_q)} e_{\mathrm{ET}}(t)]^{\mathrm{T}} P_{\sigma(t_q)} x(t) \\
&\quad + x^{\mathrm{T}}(t) P_{\sigma(t_q)} [(B_{\sigma(t_q)} + \Delta B_{\sigma(t_q)}) K_{\sigma(t_q)} e_{\mathrm{ET}}(t)] \\
&\leqslant x^{\mathrm{T}}(t) [Q + K_{\sigma(t_q)}^{\mathrm{T}} R K_{\sigma(t_q)} + A_{\sigma(t_q)}^{\mathrm{T}} P_{\sigma(t_q)} + P_{\sigma(t_q)} A_{\sigma(t_q)} \\
&\quad + K_{\sigma(t_q)}^{\mathrm{T}} B_{\sigma(t_q)}^{\mathrm{T}} P_{\sigma(t_q)} + P_{\sigma(t_q)} B_{\sigma(t_q)} K_{\sigma(t_q)} + \eta E_{1\sigma(t_q)}^{\mathrm{T}} E_{1\sigma(t_q)} \\
&\quad + (\frac{1}{\eta} + \frac{1}{\varepsilon} + \frac{1}{\beta}) P_{\sigma(t_q)} D_{\sigma(t_q)}^{\mathrm{T}} D_{\sigma(t_q)} P_{\sigma(t_q)} + \varepsilon K_{\sigma(t_q)}^{\mathrm{T}} E_{2\sigma(t_q)}^{\mathrm{T}} E_{2\sigma(t_q)} \\
&\quad \times K_{\sigma(t_q)}] x(t) + x^{\mathrm{T}}(t) P_{\sigma(t_q)} B_{\sigma(t_q)} K_{\sigma(t_q)} e_{\mathrm{ET}}(t) + e_{\mathrm{ET}}^{\mathrm{T}}(t) K_{\sigma(t_q)}^{\mathrm{T}} \\
&\quad \times B_{\sigma(t_q)}^{\mathrm{T}} P_{\sigma(t_q)} x(t) + \beta e_{\mathrm{ET}}^{\mathrm{T}}(t) K_{\sigma(t_q)}^{\mathrm{T}} E_{2\sigma(t_q)}^{\mathrm{T}} E_{2\sigma(t_q)} K_{\sigma(t_q)} e_{\mathrm{ET}}(t)
\end{aligned} \tag{3.13}$$

令$\xi(t) = [x^{\mathrm{T}}(t) \quad e_{\mathrm{ET}}^{\mathrm{T}}(t)]^{\mathrm{T}}$，从条件（3.8）可以得到

$$\dot{V}_i(x(t)) \leqslant \xi^{\mathrm{T}}(t)\begin{bmatrix} \Sigma_1' & P_{\sigma(t_q)}B_{\sigma(t_q)}K_{\sigma(t_q)} \\ * & \Sigma_2' \end{bmatrix}\xi(t)$$
$$\leqslant -\theta x^{\mathrm{T}}(t)P_{\sigma(t_q)}x(t)$$
$$= -\theta V_{\sigma(t_q)}(x(t)) \tag{3.14}$$

式中，

$$\Sigma_1' = Q + K_{\sigma(t_q)}^{\mathrm{T}}RK_{\sigma(t_q)} + A_{\sigma(t_q)}^{\mathrm{T}}P_{\sigma(t_q)} + P_{\sigma(t_q)}A_{\sigma(t_q)}$$
$$+ K_{\sigma(t_q)}^{\mathrm{T}}B_{\sigma(t_q)}^{\mathrm{T}}P_{\sigma(t_q)} + P_{\sigma(t_q)}B_{\sigma(t_q)}K_{\sigma(t_q)} + \eta E_{1\sigma(t_q)}^{\mathrm{T}}E_{1\sigma(t_q)}$$
$$+ (\frac{1}{\eta} + \frac{1}{\varepsilon} + \frac{1}{\beta})P_{\sigma(t_q)}D_{\sigma(t_q)}^{\mathrm{T}}D_{\sigma(t_q)}P_{\sigma(t_q)} + \varepsilon K_{\sigma(t_q)}^{\mathrm{T}}E_{2\sigma(t_q)}^{\mathrm{T}}E_{2\sigma(t_q)}K_{\sigma(t_q)}$$
$$\Sigma_2' = \beta K_{\sigma(t_q)}^{\mathrm{T}}E_{2\sigma(t_q)}^{\mathrm{T}}E_{2\sigma(t_q)}K_{\sigma(t_q)}$$

进一步，利用比较引理[174]，由式（3.14）可得

$$V(x(t)) \leqslant \mathrm{e}^{-\theta(t-t_q)}V_{\sigma(t_q)}(x(t_q)) \tag{3.15}$$

另外，由条件（3.9）可得到

$$V(x(t)) \leqslant \mu V_{\sigma(t_q^-)}(x(t_q^-)) \tag{3.16}$$

那么，通过对式（3.15）和式（3.16）进行迭代计算，可得到下面的不等式：

$$V(x(t)) < \mu \mathrm{e}^{-\theta(t-t_q)}V_{\sigma(t_q^-)}(x(t_q^-))$$
$$< \mu \mathrm{e}^{-\theta(t-t_q)}\mathrm{e}^{-\theta(t_q-t_{q-1})}V_{\sigma(t_{q-1})}(x(t_{q-1}))$$
$$< \mu^2 \mathrm{e}^{-\theta(t-t_{q-1})}V_{\sigma(t_{q-1}^-)}(x(t_{q-1}^-))$$
$$\vdots$$
$$< \mu^{N_\sigma(t_0,t)}\mathrm{e}^{-\theta(t-t_0)}V_{\sigma(t_0)}(x(t_0))$$
$$= \mathrm{e}^{-\theta(t-t_0)+\ln\mu^{N_\sigma(t_0,t)}}V_{\sigma(t_0)}(x(t_0))$$
$$\leqslant \mathrm{e}^{-\theta(t-t_0)+(N_0+\frac{t-t_0}{\tau_a})\ln\mu}V_{\sigma(t_0)}(x(t_0)) \tag{3.17}$$

最后，通过式（3.12）和式（3.17）可得到

$$\|x(t)\| \leqslant \sqrt{\frac{b}{a}\mathrm{e}^{\frac{1}{2}N_0\ln\mu}}\,\mathrm{e}^{-\frac{1}{2}(\theta-\frac{\ln\mu}{\tau_a})t}\|x(t_0)\|_{d1} \tag{3.18}$$

因为$N_0 \geqslant 0, \mu > 1$以及$b \geqslant a$，所以$\sqrt{\frac{b}{a}\mathrm{e}^{\frac{1}{2}N_0\ln\mu}} \geqslant 1$。从而，由式（3.10）和定义 2.1 可知，事件触发闭环系统（3.7）在扰动$\omega(t)=0$时是指数稳定的。

在给定正定矩阵Q和R的情况下，闭环切换系统（3.7）的保性能函数满足

$$\begin{aligned}J_q &= \int_{t_q}^{t_{q+1}}[x^{\mathrm{T}}(t)Qx(t)+u^{\mathrm{T}}(t)Ru(t)]\mathrm{d}t \\ &= \int_{t_q}^{t_{q+1}}[x^{\mathrm{T}}(t)Qx(t)+u^{\mathrm{T}}(t)Ru(t)+\dot{V}_i(x(t))]\mathrm{d}t-\int_{t_q}^{t_{q+1}}\dot{V}_i(x(t))\mathrm{d}t\end{aligned} \tag{3.19}$$

由式（3.8）、式（3.13）和式（3.14）可得

$$x^{\mathrm{T}}(t)Qx(t)+u^{\mathrm{T}}(t)Ru(t)+\dot{V}_i(x(t))+\theta V_i(x(t))<0$$

已知$\theta V_i(x(t))\geqslant 0$，因此$x^{\mathrm{T}}(t)Qx(t)+u^{\mathrm{T}}(t)Ru(t)+\dot{V}_i(x(t))<0$，结合等式(3.19)，下面不等式成立：

$$J_q<-\int_{t_q}^{t_{q+1}}\dot{V}_i(x(t))\mathrm{d}t=V_{\sigma(t_q)}(x(t_q))-V_{\sigma(t_{q+1})}(x(t_{q+1}))$$

整个区间的保性能函数之和可写为$J=\lim\limits_{G\to\infty}\sum\limits_{q=1}^{G}J_q$。同时，因为系统（3.7）是指数稳定的，则有$\lim\limits_{t\to\infty}x(t)=0$和$V_{\sigma(\infty)}(x(\infty))=0$。因此，保性能函数满足下面的不等式：

$$\begin{aligned}J &< V_{\sigma(t_1)}(x(t_1))-V_{\sigma(t_2)}(x(t_2))+V_{\sigma(t_2)}(x(t_2))-V_{\sigma(t_3)}(x(t_3)) \\ &\quad +V_{\sigma(t_3)}(x(t_3))-V_{\sigma(t_4)}(x(t_4))+\cdots-V_{\sigma(t_\infty)}(x(t_\infty)) \\ &= V_{\sigma(t_1)}(x(t_1))-V_{\sigma(t_\infty)}(x(t_\infty)) \\ &\leqslant V_{\sigma(0)}(x(0))-V_{\sigma(\infty)}(x(\infty)) \\ &= V_{\sigma(0)}(x(0))\end{aligned} \tag{3.20}$$

2. 控制器设计

基于定理 3.1，下面定理给出了一组求解状态反馈控制器增益和事件触发参数的充分条件。

定理 3.2 对于任意的$i,j\in \underline{N}$，给定正常数$\eta,\theta,\beta,\varepsilon,\alpha$和$\mu>1$，如果存在矩阵$Y_i$以及正定矩阵$X_i$和$X_j$满足

$$\begin{bmatrix}\varUpsilon_i & B_iY_i & 0 & X_i & Y_i^{\mathrm{T}} & Y_i^{\mathrm{T}}E_{2i}^{\mathrm{T}} \\ * & -I & Y_i^{\mathrm{T}}E_{2i}^{\mathrm{T}} & 0 & 0 & 0 \\ * & * & -\beta^{-1} & 0 & 0 & 0 \\ * & * & * & -Q^{-1} & 0 & 0 \\ * & * & * & * & -R^{-1} & 0 \\ * & * & * & * & * & -\varepsilon^{-1}\end{bmatrix}<0 \tag{3.21}$$

$$\begin{bmatrix}\mu X_j & X_j \\ * & -X_i\end{bmatrix}<0 \tag{3.22}$$

式中，

$$\Upsilon_i = X_iA_i^{\mathrm{T}} + A_iX_i + Y_iB_i^{\mathrm{T}} + B_iY_i^{\mathrm{T}} + \eta X_iE_{1i}^{\mathrm{T}}E_{1i} + \theta X_i + \alpha^2 I + (\frac{1}{\eta} + \frac{1}{\varepsilon} + \frac{1}{\beta})D_i^{\mathrm{T}}D_i$$

那么，可以得到相对应的事件触发状态反馈控制器增益矩阵，即

$$K_i = Y_iX_i^{-1} \tag{3.23}$$

并且，由式（3.20）可知，保性能函数满足

$$J \leqslant V_{\sigma(0)}(x(0)) = x^{\mathrm{T}}(0)X_{\sigma(0)}^{-1}x(0) \leqslant x^{\mathrm{T}}(0)\hat{X}^{-1}x(0) = J^* \tag{3.24}$$

式中，$\hat{X}^{-1} = X_{\sigma(t_0)}^{-1}, \sigma(t_0) = \operatorname{argmax}\{x^{\mathrm{T}}(0)X_i^{-1}x(0)\}$。

证明 假设子控制器增益$K_i = Y_iP_i$，令$X_i = P_i^{-1}$和$X_j = P_j^{-1}$。然后，不等式(3.8)两边分别同时乘以$\operatorname{diag}\{X_i, X_i\}$以及它的转置，不等式(3.9)两边分别同时乘以$X_j$，可得

$$\begin{bmatrix} \Sigma_{11} & B_iY_i \\ * & \beta Y_i^{\mathrm{T}}E_{2i}^{\mathrm{T}}E_{2i}Y_i \end{bmatrix} < 0 \tag{3.25}$$

$$X_jX_i^{-1}X_j \leqslant \mu X_j \tag{3.26}$$

式中，

$$\begin{aligned} \Sigma_{11} = {} & X_iQX_i + Y_i^{\mathrm{T}}RY_i + X_iA_i^{\mathrm{T}} + A_iX_i + Y_i^{\mathrm{T}}B_i^{\mathrm{T}} + B_iY_i + \eta X_iE_{1i}^{\mathrm{T}}E_{1i}X_i \\ & + (\frac{1}{\eta} + \frac{1}{\varepsilon} + \frac{1}{\beta})D_i^{\mathrm{T}}D_i + \varepsilon Y_i^{\mathrm{T}}E_{2i}^{\mathrm{T}}E_{2i}Y_i + \theta X_i \end{aligned}$$

此外，由事件触发机制（3.5）可知，当$t \in [t_q, t_{q+1})$时，$\|e_{\mathrm{ET}}(t)\| \leqslant \alpha\|x(t)\|$成立。因此，由条件（3.25）以及$\xi(t) = [x^{\mathrm{T}}(t) \quad e_{\mathrm{ET}}^{\mathrm{T}}(t)]^{\mathrm{T}}$可以得到

$$\begin{aligned} & \xi^{\mathrm{T}}(t)\begin{bmatrix} \Sigma_{11} & B_iY_i \\ * & \beta Y_i^{\mathrm{T}}E_{2i}^{\mathrm{T}}E_{2i}Y_i \end{bmatrix}\xi(t) \\ & \leqslant \xi^{\mathrm{T}}(t)\begin{bmatrix} \Sigma_{11} & B_iY_i \\ * & \beta Y_i^{\mathrm{T}}E_{2i}^{\mathrm{T}}E_{2i}Y_i \end{bmatrix}\xi(t) + \alpha^2 X_i^{\mathrm{T}}X_i - e_{\mathrm{ET}}^{\mathrm{T}}(t)e_{\mathrm{ET}}(t) \\ & = \xi^{\mathrm{T}}(t)\begin{bmatrix} \Sigma_{11} + \alpha^2 I & B_iY_i \\ * & \beta Y_i^{\mathrm{T}}E_{2i}^{\mathrm{T}}E_{2i}Y_i - I \end{bmatrix}\xi(t) \leqslant 0 \end{aligned} \tag{3.27}$$

利用引理 2.2，上述条件式（3.27）等价于式（3.21），条件式（3.26）等价于式（3.22）。从而可知，如果条件式（3.21）和式（3.22）成立，则事件触发闭环切换系统（3.7）是指数稳定的，并且具有保性能上界$J^* = x^{\mathrm{T}}(0)\hat{X}^{-1}x(0)$。相应的事件触发保性能状态反馈控制器可以通过式（3.23）得到。

注释 3.1 由上述可知，闭环切换系统（3.7）在事件触发机制（3.5）作用下的保性能上界J^*依赖于初始状态$x(0)$，但在实际中很难准确地确定系统的初始状态。因此，为了克服这个问题，假定$x(0)$是一个满足$\mathrm{E}\{x(0)x^{\mathrm{T}}(0)\} = I$的零均值随

机变量，在此假设下，系统保性能的数学期望满足

$$\overline{J} = \mathrm{E}\{J^*\} = \mathrm{E}\{x^{\mathrm{T}}(0)\hat{X}^{-1}x(0)\} = \mathrm{tr}(\hat{X}^{-1})$$

3. Zeno 问题讨论

接下来，对事件触发机制（3.5）可能引起的 Zeno 问题进行讨论，并尝试估计出任意相邻事件触发执行间隔的正下界，以避免连续触发现象。

定理 3.3 考虑闭环切换系统（3.7）和触发机制（3.5），系统任意相邻事件触发执行间隔存在一个正下界T，即

$$T = \frac{\alpha}{(1+\alpha)[\varPsi_1 + (1+\alpha)\varPsi_2]} \tag{3.28}$$

式中，

$$\varPsi_1 = \psi_1 + \psi_2\psi_3, \varPsi_2 = \psi_4 + \psi_2\psi_5, \psi_1 = \max_{i\in \underline{N}}\{\| A_i \|\}, \psi_2 = \max_{i\in \underline{N}}\{\| D_i \|\}$$

$$\psi_3 = \max_{i\in \underline{N}}\{\| E_{1i} \|\}, \psi_4 = \max_{i\in \underline{N}}\{\| B_i \|\}, \psi_5 = \max_{i\in \underline{N}}\{\| E_{2i}K_i \|\}$$

证明 定义$|\cdot|$表示$\|\cdot\|$，$e_{\mathrm{ET}}(t) = e_{t_k}(t)$以及$y(t) = \dfrac{\| e_{t_k}(t)\|}{\| x(t)\|}$，则对于任意时间$t\in[t_k, t_{k+1})$，从条件式（3.2）、式（3.3）和式（3.7）可以得到

$$\begin{aligned}
\frac{\mathrm{d}y(t)}{\mathrm{d}t} &= -\frac{e_{\mathrm{ET}}^{\mathrm{T}}(t)\dot{x}(t)}{|e_{\mathrm{ET}}(t)\|x(t)|} - \frac{|e_{\mathrm{ET}}(t)|\dot{x}(t)x^{\mathrm{T}}(t)}{|x(t)|^3} \\
&\leqslant \frac{|e_{\mathrm{ET}}(t)\|\dot{x}(t)|}{|e_{\mathrm{ET}}(t)\|x(t)|} + \frac{|x(t)\|\dot{x}(t)\|e_{\mathrm{ET}}(t)|}{|x(t)|^3} \\
&= \frac{|\dot{x}(t)|}{|x(t)|} + \frac{|\dot{x}(t)\|e_{\mathrm{ET}}(t)|}{|x(t)|^2} \\
&\leqslant (1+\alpha)\frac{|\dot{x}(t)|}{|x(t)|} \\
&\leqslant (1+\alpha)(|A_{\sigma(t)} + \Delta A_{\sigma(t)}|) + (1+\alpha)\frac{|B_{\sigma(t)} + \Delta B_{\sigma(t)}\|K_{\sigma(t)}\|x(t) + e_{\mathrm{ET}}(t)|}{|x(t)|} \\
&\leqslant (1+\alpha)(|A_{\sigma(t)} + \Delta A_{\sigma(t)}|) + (1+\alpha)^2\frac{|B_{\sigma(t)} + \Delta B_{\sigma(t)}\|K_{\sigma(t)}\|x(t)|}{|x(t)|} \\
&\leqslant (1+\alpha)(|A_{\sigma(t)}| + |D_{\sigma(t)}\|E_{1\sigma(t)}|) + (1+\alpha)^2(|B_{\sigma(t)}| + |D_{\sigma(t)}\|E_{2\sigma(t)}K_{\sigma(t)}|) \\
&= (1+\alpha)[(|A_{\sigma(t)}| + |D_{\sigma(t)}\|E_{1\sigma(t)}|) + (1+\alpha)(|B_{\sigma(t)}| + |D_{\sigma(t)}\|E_{2\sigma(t)}K_{\sigma(t)}|)]
\end{aligned}$$

并且，有

$$\begin{aligned}\int_{t_k}^{t}\frac{\mathrm{d}y(t)}{\mathrm{d}t}\mathrm{d}s &\leqslant \int_{t_k}^{t}(1+\alpha)[(|A_{\sigma(t)}|+|D_{\sigma(t)}||E_{1\sigma(t)}|)\\ &\quad +(1+\alpha)(|B_{\sigma(t)}|+|D_{\sigma(t)}||E_{2\sigma(t)}K_{\sigma(t)}|)]\mathrm{d}s\\ &\leqslant \int_{t_k}^{t}(1+\alpha)[\varPsi_1+(1+\alpha)\varPsi_2]\mathrm{d}s \end{aligned}\tag{3.29}$$

进一步，注意到 $y(t_k)=0$ 是成立的，因此有

$$y(t)=\frac{\|e_{t_k}(t)\|}{\|x(t)\|}\leqslant(1+\alpha)[\varPsi_1+(1+\alpha)\varPsi_2](t-t_k)$$

进而，可以得到

$$\|e_{t_k}(t)\|\leqslant(1+\alpha)[\varPsi_1+(1+\alpha)\varPsi_2](t-t_k)\|x(t)\|=\alpha\|x(t)\| \tag{3.30}$$

由式（3.30）可知，对于任意的事件触发时刻 t_k，都可以由式（3.28）得到一个大于 0 的执行间隔的下界 T。因此，避免了 Zeno 问题。

3.2.3 仿真算例

本小节给出一个仿真算例来验证提出方法的有效性。考虑初始状态为 $x(0)=[-0.7\quad 0.5]^{\mathrm{T}}$ 的具有两个子系统的切换线性系统，各矩阵参数如下：

$$A_1=\begin{bmatrix}-1 & -1.2\\ 0.2 & -1\end{bmatrix}, A_2=\begin{bmatrix}-1 & -1\\ 0 & -1.4\end{bmatrix}, B_1=\begin{bmatrix}0.2\\ 1\end{bmatrix}, B_2=\begin{bmatrix}0.3\\ 1\end{bmatrix}, D_1=D_2=\begin{bmatrix}0.1\\ 0.1\end{bmatrix}$$

$$E_{11}=E_{12}=\begin{bmatrix}0.2 & 0.4\end{bmatrix}, E_{21}=E_{22}=0.2, Q=\begin{bmatrix}0.2 & 0\\ 0 & 0.5\end{bmatrix}, R=1$$

其他参数选择为 $\theta=\beta=2,\mu=200,\varepsilon=1,\eta=4$ 和 $\alpha=0.11$。然后，通过求解 LMIs 式（3.21）～式（3.22）可以得到

$$P_1=\begin{bmatrix}6.6585 & -8.0703\\ -8.0703 & 17.5851\end{bmatrix}, P_2=\begin{bmatrix}3.7519 & -5.4475\\ -5.4475 & 11.1373\end{bmatrix}$$

进而，相应的事件触发保性能状态反馈控制器增益为

$$K_1=\begin{bmatrix}3.1216 & -7.3541\end{bmatrix}, K_2=\begin{bmatrix}2.3845 & -4.9269\end{bmatrix}$$

系统的保性能上界 J^* 为

$$J^*=\max\{\mathrm{tr}(X_1^{-1}),\mathrm{tr}(X_2^{-1})\}=24.2436$$

根据条件（3.10），可得 $\tau_a=3>\tau_a^*=2.6491$。令 $N_0=2$，切换信号如图 3.2 所示。

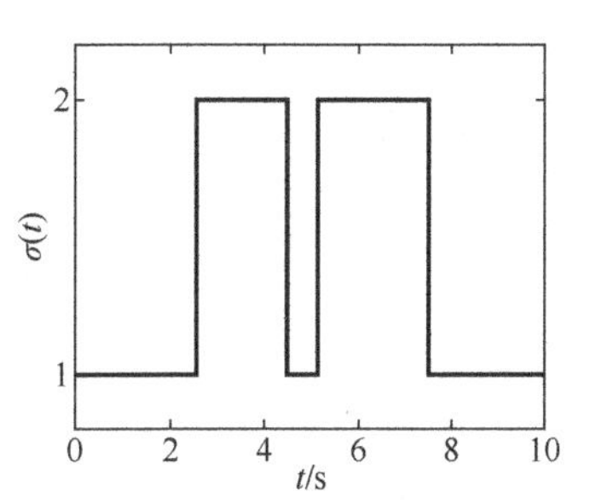

图 3.2 切换信号 $\sigma(t)$

图 3.3（a）、（b）分别显示了二维闭环系统状态 $x(t)$ 和事件触发系统状态 $x(t_k)$，从图中可看出系统状态趋近于 0，表明系统是指数稳定的。图 3.4（a）

描述了当前系统状态 $x(t)$ 与最新的采样状态 $x(t_k)$ 之间的误差信号 $\| e_{\mathrm{ET}}(t) \|$ 以及它的边界 $\alpha \| x(t) \|$ 的变化情况；图 3.4（b）描述的是在事件触发机制（3.5）作用下的相邻执行间隔（Zeno 计算下界值为 $T = \dfrac{\alpha}{(1+\alpha)[\varPsi_1 + (1+\alpha)\varPsi_2]}$=0.0299），避免了 Zeno 问题。

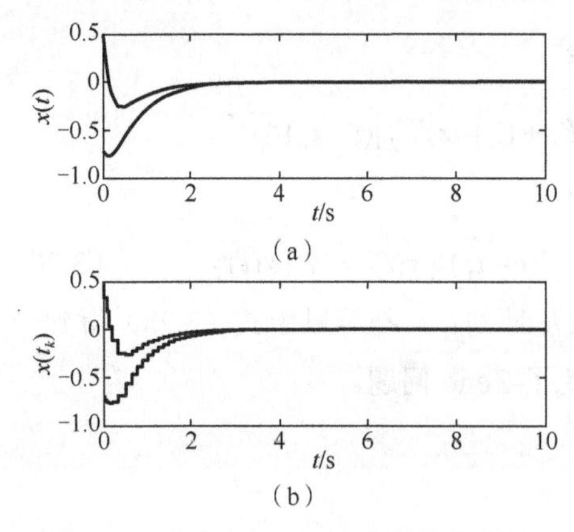

图 3.3　系统状态 $x(t)$ 和事件触发系统状态 $x(t_k)$

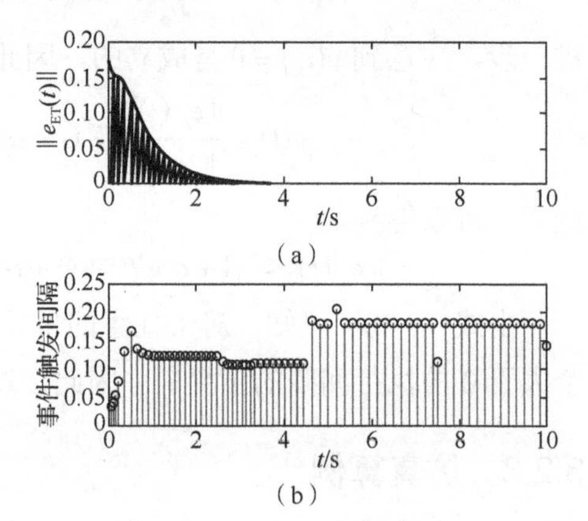

图 3.4　$\| e_{\mathrm{ET}}(t) \|$ 和边界 $\alpha \| x(t) \|$ 以及事件触发相邻执行间隔

3.3　保耗散性能事件触发控制

3.3.1　问题描述

1. 系统描述

考虑如下受外部扰动影响的切换线性系统模型：

$$
\begin{aligned}
\dot{x}(t) &= A_{\sigma(t)}x(t) + B_{\sigma(t)}u(t) + B_{1\sigma(t)}\omega(t) \\
z(t) &= C_{\sigma(t)}x(t) + D_{\sigma(t)}u(t)
\end{aligned}
\tag{3.31}
$$

式中，$x(t) \in \mathbb{R}^{n_x}$ 为系统状态；$u(t) \in \mathbb{R}^{n_u}$ 为系统控制输入；$z(t) \in \mathbb{R}^{n_z}$ 为系统被控输出；$\omega(t) \in \mathbb{R}^{n_\omega}$ 为扰动信号且属于 $L_2[0,\infty)$；切换信号表示为 $\sigma(t):[0,\infty) \to \underline{N} = \{1,2,\cdots,N\}$，属于分段常值函数；$A_{\sigma(t)}, B_{\sigma(t)}, B_{1\sigma(t)}, C_{\sigma(t)}$ 和 $D_{\sigma(t)}$ 为适当维数的常数矩阵。

如图 3.5 所示，系统状态 $x(t)$ 首先以固定采样周期 $h > 0$ 被采样为 $\{x(\nu h)\}_{\nu \in \mathbb{N}}$。然后，事件触发机制决定是否释放 $x(\nu h)$。量化器接收触发后的数据 $\{x(t_k h)\}_{k \in \mathbb{N}}$，量化后的输出信号 $q(x(t_k h))$ 通过带有传输延迟 $\{\tau_k\}_{k \in \mathbb{N}}$ 的网络被进一步传送到子控

制器。此外，子系统、子控制器和事件触发机制的工作顺序由切换律决定。

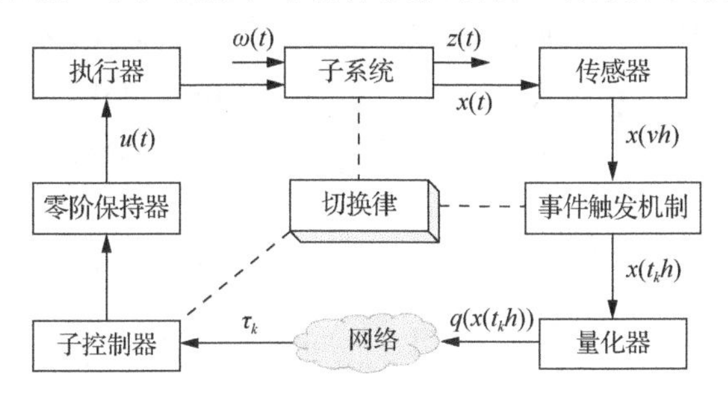

图 3.5　基于事件触发的量化切换线性系统控制框图

2. 事件触发机制

采用如下离散型事件触发机制：

$$t_{k+1}h = t_k h + \min_{r_k}\{r_k h \mid e_{t_k}^{\mathrm{T}}(t)\Omega_{1\sigma(t)}e_{t_k}(t) \geqslant \alpha_{\sigma(t)}x^{\mathrm{T}}(t_k h + r_k h)\Omega_{2\sigma(t)}x(t_k h + r_k h)\} \tag{3.32}$$

式中，$r_k \in \mathbb{N}^+$；$e_{t_k}(t) = x(t_k h) - x(t_k h + r_k h)$ 为最近一次采样数据 $x(t_k h + r_k h)$ 和系统当前数据 $x(t_k h)$ 的误差；$\alpha_i (i \in \underline{N})$ 为给定事件触发阈值参数；Ω_{1i} 和 Ω_{2i} 为待求的正定矩阵；$t_{k+1}h = t_k h + r_k h$ 是下一次触发时刻。由于 $t_{k+1}h - t_k h \geqslant h$，从机制上避免了 Zeno 问题。

3. 建立闭环系统

定义网络传输延迟为 τ_k，并且满足 $0 < \max\limits_{k\in\mathbb{N}}\{\tau_k\} \leqslant h$。数据在执行器中顺序更新，即不等式 $t_k h + \tau_k < t_{k+1}h + \tau_{k+1}$ 恒成立。

在区间 $[t_k h + \tau_k, t_{k+1}h + \tau_{k+1})$ 上，建立时滞闭环切换系统模型。首先，假设 $j_k h = t_k h + jh \ (j = 0,1,\cdots,r_k - 1)$，区间可划分为

$$\begin{cases}[t_k h + jh + \tau_k, t_k h + (j+1)h + \tau_k), & j = 0,1,\cdots,r_k - 2\\ [t_k + (r_k - 1)h + \tau_k, t_{k+1}h + \tau_{k+1}), & j = r_k - 1\end{cases}$$

进而，定义

$$\tau(t) = t - j_k h \tag{3.33}$$

进一步，可得

$$\begin{cases}\tau_k \leqslant \tau(t) \leqslant \tau_k + h, & t \in [(t_k + j)h + \tau_k, (t_k + j + 1)h + \tau_k), & j = 0,1,\cdots,r_k - 2\\ \tau_k \leqslant \tau(t) \leqslant \tau_{k+1} + h, & t \in [(t_k + r_k - 1)h + \tau_k, (t_k + r_k)h + \tau_{k+1}), & j = r_k - 1\end{cases} \tag{3.34}$$

定义 $\tau_m = \min\limits_{k\in\mathbb{N}}\{\tau_k\}$ 和 $\tau_M = \max\limits_{k\in\mathbb{N}}\{\tau_k\} + h$，在区间 $[t_k h + \tau_k, t_{k+1}h + \tau_{k+1})$，可得到不等式 $\tau_m \leqslant \tau(t) \leqslant \tau_M$。由式（3.33）可知 $x(j_k h) = x(t - \tau(t))$，可得

$$x(t_k h) = e(j_k h) + x(t - \tau(t)) \tag{3.35}$$

为进一步节约网络控制系统带宽，量化系统状态 $x(t_k h)$。采用量化规则 $q(x(t_k h)) = [q_1(x_1(t_k h)) \quad q_2(x_2(t_k h)) \quad \cdots \quad q_m(x_m(t_k h))]^{\mathrm{T}}$，其中，$m$ 为量化器的数量。定义量化水平集 $Q_s = \{\pm u_r^{(s)} : u_r^{(s)} = \rho_s^r u_0^{(s)}, r = \pm 1, \pm 2, \cdots\} \cup \{\pm u_0^{(s)}\} \cup \{0\}$，并且 $u_0^{(s)} > 0$，其中，$\rho_s\ (0 < \rho_s < 1)$ 为给定量化密度常数，$u_r^{(s)}$ 表示第 s 个量化器在量化水平 r 下的输出。采用如下对数型量化器 $q_s(x_s(t_k h))(s = 1, 2, \cdots, m)$：

$$q_s(x_s(t_k h)) = \begin{cases} u_r^{(s)}, & \text{如果} \dfrac{1}{1+\delta_s} u_r^{(s)} < x_s(t_k h) \leqslant \dfrac{1}{1-\delta_s} u_r^{(s)} \\ 0, & \text{如果}\ x_s(t_k h) = 0 \\ -f_s(-x_s(t_k h)), & \text{如果}\ x_s(t_k h) < 0 \end{cases} \tag{3.36}$$

式中，$\delta_s = (1 - \rho_s)/(1 + \rho_s)$。

定义 $\Delta = \mathrm{diag}\{\Delta_1, \Delta_2, \cdots, \Delta_m\}, \Delta_s \in [-\delta_s, \delta_s](s = 1, 2, \cdots, m)$。利用扇区界方法[175]，可得

$$q(x(t_k h)) = (I + \Delta) x(t_k h) \tag{3.37}$$

对于切换系统（3.31），考虑如下状态反馈控制器：

$$u(t) = K_{\sigma(t)} q(x(t_k h)), \quad t \in [t_k h + \tau_k, t_{k+1} h + \tau_{k+1}) \tag{3.38}$$

式中，K_i 为状态反馈控制器增益；$q(x(t_k h))$ 为量化状态。

从式（3.31）、式（3.35）、式（3.37）和式（3.38）可得时滞闭环切换系统模型为

$$\begin{aligned} \dot{x}(t) &= A_{\sigma(t)} x(t) + \overline{B}_{\sigma(t)} x(t - \tau(t)) + \overline{B}_{\sigma(t)} e(j_k h) + B_{1\sigma(t)} \omega(t) \\ z(t) &= C_{\sigma(t)} x(t) + \overline{D}_{\sigma(t)} x(t - \tau(t)) + \overline{D}_{\sigma(t)} e(j_k h) \\ x(t) &= \varphi(t), \quad \forall t \in [-\tau_M, 0] \end{aligned} \tag{3.39}$$

式中，$\overline{B}_i = B_i K_i (I + \Delta)$；$\overline{D}_i = D_i K_i (I + \Delta)$。

此外，在区间 $[t_k h + \tau_k, t_{k+1} h + \tau_{k+1})$ 上，事件触发机制（3.32）可以重写为

$$e^{\mathrm{T}}(j_k h) \Omega_{1\sigma(t)} e(j_k h) < \alpha_{\sigma(t)} x^{\mathrm{T}}(t - \tau(t))\ \Omega_{2\sigma(t)} x(t - \tau(t)) \tag{3.40}$$

3.3.2 主要结果

针对上述闭环系统（3.39），本小节主要研究如下两个问题：

（1）如何得到保证闭环切换系统（3.39）是指数稳定的且具有保耗散性能的充分条件？

（2）基于稳定性条件，如何求解耗散状态反馈控制器的增益和事件触发参数？

1. 耗散性能分析

本小节利用分段 Lyapunov 函数方法和平均驻留时间技术，给出了保证闭环系统（3.39）具有指数稳定性的充分条件，并证明闭环系统具有耗散性。

定理 3.4 对于任意的 $i, j \in \underline{N}$，给定实矩阵 $\Psi_1 \leqslant 0$ 和 $\Psi_2, \Psi_3 > 0$，正常数 $\tau_m, \tau_M, \alpha_i, \theta$ 和 $\mu > 1$。如果存在正定矩阵 $\Omega_{1i}, \Omega_{2i}, P_i, Q_{1i}, Q_{2i}, R_{1i}, R_{2i}$ 和非奇异矩阵 S_i 满足

$$\begin{bmatrix} R_{2i} & S_i \\ * & R_{2i} \end{bmatrix} \geqslant 0 \tag{3.41}$$

$$\begin{bmatrix} \Pi_{1i} & \tau_m T_{1i} & (\tau_M - \tau_m) T_{1i} & T_{2i} \\ * & -R_{1i}^{-1} & 0 & 0 \\ * & * & -R_{2i}^{-1} & 0 \\ * & * & * & \Psi_1^{-1} \end{bmatrix} < 0 \tag{3.42}$$

$$P_i \leqslant \mu P_j, Q_{1i} \leqslant \mu Q_{1j}, Q_{2i} \leqslant \mu Q_{2j}, R_{1i} \leqslant \mu R_{1j}, R_{2i} \leqslant \mu R_{2j} \tag{3.43}$$

式中，

$$\Pi_{1i} = \begin{bmatrix} \Phi_{1i} & \Phi_{2i} & \Phi_{3i} \\ * & -\Omega_{1i} & \Theta^{\mathrm{T}} \Lambda_i^{\mathrm{T}} \\ * & * & -\Psi_3 \end{bmatrix}, \Phi_{1i} = \begin{bmatrix} Y_{1i} & P_i B_i K_i \Theta & \mathrm{e}^{-\theta\tau_m} R_{1i} & 0 \\ * & Y_{2i} & \mathrm{e}^{-\theta\tau_M}(R_{2i} + S_i) & \mathrm{e}^{-\theta\tau_M}(R_{2i} + S_i^{\mathrm{T}}) \\ * & * & Y_{3i} & -\mathrm{e}^{-\theta\tau_M} S_i^{\mathrm{T}} \\ * & * & * & -\mathrm{e}^{-\theta\tau_M}(Q_{2i} + R_{2i}) \end{bmatrix}$$

$$\Phi_{2i} = \begin{bmatrix} \Theta^{\mathrm{T}} K_i^{\mathrm{T}} B_i^{\mathrm{T}} P_i & 0 & 0 & 0 \end{bmatrix}^{\mathrm{T}}, \Phi_{3i} = \begin{bmatrix} B_{1i}^{\mathrm{T}} P_i + \Psi_2^{\mathrm{T}} C_i & \Lambda_i \Theta & 0 & 0 \end{bmatrix}^{\mathrm{T}}$$

$$T_{1i} = [A_i \quad \bar{B}_i \quad 0 \quad 0 \quad \bar{B}_i \quad B_{1i}]^{\mathrm{T}}, T_{2i} = [C_i \quad \bar{D}_i \quad 0 \quad 0 \quad \bar{D}_i \quad 0]^{\mathrm{T}}$$

$$\Lambda_i = \Psi_2^{\mathrm{T}} D_i K_i, \Theta = I + \Delta, Y_{1i} = \mathrm{sym}\{P_i A_i\} + \theta P_i + Q_{1i} - \mathrm{e}^{-\theta\tau_m} R_{1i}$$

$$Y_{2i} = -\mathrm{e}^{-\theta\tau_M}(S_i + S_i^{\mathrm{T}} + 2R_{2i}) + \alpha_i \Omega_{2i}, Y_{3i} = \mathrm{e}^{-\theta\tau_m}(Q_{2i} - Q_{1i} - R_{1i}) - \mathrm{e}^{-\theta\tau_M} R_{2i}$$

那么，在事件触发机制（3.32）、状态反馈控制器（3.38）和切换信号 $\sigma(t)$ 的作用下，时滞闭环切换系统（3.39）是指数稳定的，并且切换信号的平均驻留时间满足

$$\tau_a \geqslant \tau_a^* = \frac{\ln \mu}{\theta} \tag{3.44}$$

证明 考虑如下 Lyapunov 函数：

$$\begin{aligned} V_{\sigma(t)}(x(t)) = {} & x^{\mathrm{T}}(t) P_{\sigma(t)} x(t) + \int_{t-\tau_m}^{t} \mathrm{e}^{\theta(s-t)} x^{\mathrm{T}}(s) Q_{1\sigma(t)} x(s) \mathrm{d}s + \int_{t-\tau_M}^{t-\tau_m} \mathrm{e}^{\theta(s-t)} x^{\mathrm{T}}(s) Q_{2\sigma(t)} x(s) \mathrm{d}s \\ & + \tau_m \int_{-\tau_m}^{0} \int_{t+s}^{t} \mathrm{e}^{\theta(v-t)} \dot{x}^{\mathrm{T}}(v) R_{1\sigma(t)} \dot{x}(v) \mathrm{d}v \mathrm{d}s + \tau_m \int_{-\tau_m}^{0} \int_{t+s}^{t} \mathrm{e}^{\theta(v-t)} \dot{x}^{\mathrm{T}}(v) R_{1\sigma(t)} \dot{x}(v) \mathrm{d}v \mathrm{d}s \end{aligned} \tag{3.45}$$

存在标量 $a>0$ 和 $b>0$ 满足

$$a\|x(t)\|^2 \leqslant V(x(t)) \leqslant b\|x(t)\|^2 \tag{3.46}$$

式中，

$$a=\min_{i\in\underline{N}}\{\lambda_{\min}(P_i)\}$$
$$b=\max_{i\in\underline{N}}\{\lambda_{\max}(P_i)\}+\tau_m\max_{i\in\underline{N}}\{\lambda_{\max}(Q_{1i})\}+(\tau_M-\tau_m)\max_{i\in\underline{N}}\{\lambda_{\max}(Q_{2i})\}$$
$$+\frac{\tau_m^3}{2}\max_{i\in\underline{N}}\{\lambda_{\max}(R_{1i})\}+\frac{(\tau_M-\tau_m)^3}{2}\max_{i\in\underline{N}}\{\lambda_{\max}(R_{2i})\}$$

假设 $\sigma(l_q)=i$，对式（3.45）中函数 $V_i(x(t))$ 求导，可得

$$\begin{aligned}\dot{V}_i(x(t)) \leqslant & -\theta V_i(x(t))+\dot{x}^{\mathrm{T}}(t)P_i x(t)+x^{\mathrm{T}}(t)P_i\dot{x}(t)+\tau_m^2\dot{x}^{\mathrm{T}}(t)R_{1i}\dot{x}(t)\\ & -\mathrm{e}^{-\theta\tau_m}x^{\mathrm{T}}(t-\tau_m)Q_{1i}x(t-\tau_m)+(\tau_M-\tau_m)^2\dot{x}^{\mathrm{T}}(t)R_{2i}\dot{x}(t)+x^{\mathrm{T}}(t)Q_{1i}x(t)\\ & +\mathrm{e}^{-\theta\tau_m}x^{\mathrm{T}}(t-\tau_m)Q_{2i}x(t-\tau_m)-\mathrm{e}^{-\theta\tau_M}x^{\mathrm{T}}(t-\tau_M)Q_{2i}x(t-\tau_M)\\ & -\mathrm{e}^{-\theta\tau_m}\tau_m\int_{t-\tau_m}^{t}\dot{x}^{\mathrm{T}}(s)R_{1i}\dot{x}(s)\mathrm{d}s-\mathrm{e}^{-\theta\tau_M}(\tau_M-\tau_m)\int_{t-\tau_M}^{t-\tau_m}\dot{x}^{\mathrm{T}}(s)R_{2i}\dot{x}(s)\mathrm{d}s\end{aligned} \tag{3.47}$$

令 $\xi(t)=[x^{\mathrm{T}}(t)\quad x^{\mathrm{T}}(t-\tau(t))\quad x^{\mathrm{T}}(t-\tau_m)\quad x^{\mathrm{T}}(t-\tau_M)\quad e^{\mathrm{T}}(t)\quad \omega^{\mathrm{T}}(t)]^{\mathrm{T}}$，通过引理2.4，可得

$$\begin{aligned}& -\tau_m\int_{t-\tau_m}^{t}\dot{x}^{\mathrm{T}}(s)R_{1i}\dot{x}(s)\mathrm{d}s \leqslant -[x(t)-x(t-\tau_m)]^{\mathrm{T}}R_{1i}[x(t)-x(t-\tau_m)]\\ & -(\tau_M-\tau_m)\int_{t-\tau_M}^{t-\tau_m}\dot{x}^{\mathrm{T}}(s)R_{2i}\dot{x}(s)\mathrm{d}s\\ & \leqslant -[x(t-\tau(t))-x(t-\tau_M)]^{\mathrm{T}}R_{2i}[x(t-\tau(t))-x(t-\tau_M)]\\ & -[x(t-\tau_m)-x(t-\tau(t))]^{\mathrm{T}}R_{2i}[x(t-\tau_m)-x(t-\tau(t))]\\ & +2[x(t-\tau(t))-x(t-\tau_M)]^{\mathrm{T}}S_i[x(t-\tau_m)-x(t-\tau(t))]\end{aligned} \tag{3.48}$$

对切换间隔 $[l_q,l_{q+1})$，由条件式（3.42）、式（3.47）和式（3.48），可得

$$\begin{aligned}\dot{V}_i(x(t)) \leqslant & \ \xi^{\mathrm{T}}(t)[\Pi_{1i}+\tau_m^2T_{1i}^{\mathrm{T}}R_{1i}T_{1i}-T_{2i}^{\mathrm{T}}\Psi_1T_{2i}+(\tau_M-\tau_m)^2T_{1i}^{\mathrm{T}}R_{2i}T_{1i}]\xi(t)\\ & +z^{\mathrm{T}}(t)\Psi_1z(t)+2z^{\mathrm{T}}(t)\Psi_2\omega(t)+\omega^{\mathrm{T}}(t)\Psi_3\omega(t)-\theta V_i(x(t))\end{aligned} \tag{3.49}$$

令 $\Gamma(s)=-\mathrm{e}^{-\theta(t-s)}[z^{\mathrm{T}}(s)\Psi_1z(s)+2z^{\mathrm{T}}(s)\Psi_2\omega(s)+\omega^{\mathrm{T}}(s)\Psi_3\omega(s)]$，由比较引理，得

$$V_i(x(t)) \leqslant \mathrm{e}^{-\theta(t-l_q)}V_i(x(l_q))-\int_{l_q}^{t}\Gamma(s)\mathrm{d}s \tag{3.50}$$

根据式（3.43），对于切换时刻 l_q，以下条件成立：

$$V_{\sigma(l_q)}(x(l_q)) \leqslant \mu V_{\sigma(l_q^-)}(x(l_q^-)) \tag{3.51}$$

定义切换时刻序列为 $0=l_0<l_1<\cdots<l_q=t_{N_\sigma(0,t)}<t$，根据式(3.50)和式(3.51)，可得

$$
\begin{aligned}
V(x(t)) &\leqslant V_{\sigma(l_q)}(x(l_q))\mathrm{e}^{-\theta(t-l_q)} - \int_{l_q}^{t} \Gamma(s)\mathrm{d}s \\
&\leqslant \mu[V_{\sigma(l_{q-1})}(x(l_{q-1}))\mathrm{e}^{-\theta(l_q-l_{q-1})} - \int_{l_{q-1}}^{l_q} \Gamma(s)\mathrm{d}s]\mathrm{e}^{-\theta(t-l_q)} - \int_{l_q}^{t} \Gamma(s)\mathrm{d}s \\
&\ \ \vdots \\
&= \mu^{N_\sigma(l_0,t)}\mathrm{e}^{-\theta(t-l_0)}V_{\sigma(l_0)}(x(l_0)) - \int_{l_0}^{t} \mathrm{e}^{N_\sigma(s,t)\ln\mu}\Gamma(s)\mathrm{d}s
\end{aligned} \tag{3.52}
$$

已知不等式$z^{\mathrm{T}}(t)z(t)>0$，由式（3.52），可得

$$
V(x(t)) \leqslant \mathrm{e}^{-\theta(t-l_0)+(N_0+\frac{t-l_0}{\tau_a})\ln\mu} V_{\sigma(l_0)}(x(l_0)) \tag{3.53}
$$

从条件式（3.46）和式（3.53），有

$$
\| x(t) \| \leqslant \sqrt{\frac{b}{a}}\mathrm{e}^{\frac{1}{2}N_0\ln\mu}\mathrm{e}^{-\frac{1}{2}(\theta-\frac{\ln\mu}{\tau_a})t} \| x(0) \|_{d1} \tag{3.54}
$$

定义$\kappa=\sqrt{\frac{b}{a}}\mathrm{e}^{\frac{1}{2}N_0\ln\mu}$及$\zeta=-\frac{1}{2}(\theta-\frac{\ln\mu}{\tau_a})$，由式（3.44）、式（3.54）和定义 2.1可知，闭环系统（3.39）在扰动$\omega(t)=0$时是指数稳定的。

在$\omega(t)\neq 0$时，对式（3.52）两侧同乘$\mathrm{e}^{-N_\sigma(0,t)\ln\mu}$，则

$$
\mathrm{e}^{-N_\sigma(0,t)\ln\mu}V(x(t)) \leqslant \mathrm{e}^{-\theta t}V_{\sigma(0)}(x(0)) - \int_0^t \mathrm{e}^{-N_\sigma(0,s)\ln\mu}\Gamma(s)\mathrm{d}s \tag{3.55}
$$

定义$J(s)=[z^{\mathrm{T}}(s)\varPsi_1 z(s)+2z^{\mathrm{T}}(s)\varPsi_2\omega(s)+\omega^{\mathrm{T}}(s)\varPsi_3\omega(s)]$。同时，由$V(x(t))\geqslant 0$和零初始条件可得

$$
\int_0^t J(s)\mathrm{d}s \geqslant 0 \tag{3.56}
$$

然后，对式(3.56)从 0 到T进行积分。根据定义 2.3，得到不等式$\int_0^T J(t)\mathrm{d}t \geqslant 0$，即闭环切换系统（3.39）具有耗散性。

2. 控制器设计

基于定理 3.4，下面定理给出了一组求解状态反馈控制器增益和事件触发参数的充分条件。

定理 3.5　对于任意的$i, j\in \underline{N}$，给定实矩阵$\varPsi_1\leqslant 0$和$\varPsi_2,\varPsi_3>0$和正常数$\tau_m,\tau_M,\alpha_i,\theta,\eta,\lambda_1,\lambda_2,\lambda_3,\mu>1$，如果存在矩阵$\hat{S}_i$和正定矩阵$X_i,\hat{Q}_{1i},\hat{Q}_{2i},\hat{R}_{1i},\hat{R}_{2i},\hat{\varOmega}_{1i}$，$\hat{\varOmega}_{2i}$满足

$$
\begin{bmatrix} \hat{R}_{2i} & \hat{S}_i \\ * & \hat{R}_{2i} \end{bmatrix} \geqslant 0 \tag{3.57}
$$

$$\begin{bmatrix} \Pi'_{1i} & \tau_m T'_{1i} & (\tau_M-\tau_m)T'_{1i} & T'_{2i} & H'_i & L'_i \\ * & \lambda_1^2\hat{R}_{1i}-2\lambda_1 X_i & 0 & 0 & \tau_m B_i Y_i & 0 \\ * & * & \lambda_2^2\hat{R}_{2i}-2\lambda_2 X_i & 0 & (\tau_M-\tau_m)B_i Y_i & 0 \\ * & * & * & \Psi_1^{-1} & D_i Y_i & 0 \\ * & * & * & * & \Lambda'_i & 0 \\ * & * & * & * & * & -\eta I \end{bmatrix}<0 \quad (3.58)$$

$$\begin{gathered} \begin{bmatrix} -\mu X_j & X_j \\ * & -X_i \end{bmatrix}\leqslant 0, \begin{bmatrix} -\mu\hat{Q}_{1j} & \hat{Q}_{1j} \\ * & -\hat{Q}_{1i} \end{bmatrix}\leqslant 0, \begin{bmatrix} -\mu\hat{Q}_{2j} & \hat{Q}_{2j} \\ * & -\hat{Q}_{2i} \end{bmatrix}\leqslant 0 \\ \begin{bmatrix} -\mu\hat{R}_{1j} & \hat{R}_{1j} \\ * & -\hat{R}_{1i} \end{bmatrix}\leqslant 0, \begin{bmatrix} -\mu\hat{R}_{2j} & \hat{R}_{2j} \\ * & -\hat{R}_{2i} \end{bmatrix}\leqslant 0 \end{gathered} \quad (3.59)$$

式中，

$$\Pi'_{1i}=\begin{bmatrix} \Phi'_{1i} & \Phi'_{2i} & \Phi'_{3i} \\ * & -\hat{\Omega}_{1i} & Y_i^{\mathrm{T}}D_i^{\mathrm{T}}\Psi_2 \\ * & * & -\Psi_3 \end{bmatrix}, \Phi'_{1i}=\begin{bmatrix} Y'_{1i} & B_i Y_i & \mathrm{e}^{-\theta\tau_m}\hat{R}_{1i} & 0 \\ * & Y'_{2i} & \mathrm{e}^{-\theta\tau_M}(\hat{R}_{2i}+\hat{S}_i) & \mathrm{e}^{-\theta\tau_M}(\hat{R}_{2i}+\hat{S}_i^{\mathrm{T}}) \\ * & * & Y'_{3i} & -\mathrm{e}^{-\theta\tau_M}\hat{S}_i^{\mathrm{T}} \\ * & * & * & -\mathrm{e}^{-\theta\tau_M}(\hat{Q}_{2i}+\hat{R}_{2i}) \end{bmatrix}$$

$$T'_{1i}=\begin{bmatrix} A_i X_i & B_i Y_i & 0 & 0 & B_i Y_i & B_{1i} \end{bmatrix}^{\mathrm{T}}, T'_{2i}=\begin{bmatrix} C_i X_i & D_i Y_i & 0 & 0 & D_i Y_i & 0 \end{bmatrix}^{\mathrm{T}}$$

$$L'_i=\begin{bmatrix} 0 & X_i & 0 & 0 & X_i & 0 \end{bmatrix}, H'_i=\begin{bmatrix} Y_i B_i^{\mathrm{T}} & 0 & 0 & 0 & 0 & Y_i D_i^{\mathrm{T}}\Psi_2 \end{bmatrix}^{\mathrm{T}}$$

$$\Phi'_{2i}=\begin{bmatrix} Y_i B_i^{\mathrm{T}} & 0 & 0 & 0 \end{bmatrix}^{\mathrm{T}}, \Phi'_{3i}=\begin{bmatrix} B_{1i}^{\mathrm{T}}+\Psi_2^{\mathrm{T}}C_i X_i & \Psi_2^{\mathrm{T}}D_i Y_i & 0 & 0 \end{bmatrix}^{\mathrm{T}}$$

$$Y'_{1i}=X_i A_i^{\mathrm{T}}+A_i X_i+\theta X_i+\hat{Q}_{1i}-\mathrm{e}^{-\theta\tau_m}\hat{R}_{1i}, Y'_{2i}=-\mathrm{e}^{-\theta\tau_M}(\hat{S}_i+\hat{S}_i^{\mathrm{T}}+2\hat{R}_{2i})+\alpha_i\hat{\Omega}_{2i}$$

$$Y'_{3i}=\mathrm{e}^{-\theta\tau_m}(\hat{Q}_{2i}-\hat{Q}_{1i}-\hat{R}_{1i})-\mathrm{e}^{-\theta\tau_M}\hat{R}_{2i}, \Lambda'_i=\eta^{-1}\delta_s^{-2}(\lambda_3^2 I-2\lambda_3 X_i)$$

那么，可以得到相对应的事件触发状态反馈控制器增益矩阵，即

$$K_i=Y_i X_i^{-1} \quad (3.60)$$

证明 本小节证明过程与3.2节类似，不再赘述。

3.3.3 仿真算例

本小节给出一个仿真算例来验证提出方法的有效性。考虑初始状态为 $x(0)=[-0.6 \quad 0.5]^{\mathrm{T}}$ 的具有两个子系统的切换线性系统，各矩阵参数如下：

$$A_1=\begin{bmatrix} -1.5 & 1 \\ 0.3 & -0.5 \end{bmatrix}, A_2=\begin{bmatrix} 0.0020 & -1.5 \\ 0.4 & 0.0010 \end{bmatrix}, B_1=\begin{bmatrix} 1 \\ 0.5 \end{bmatrix}, B_2=\begin{bmatrix} 0.1 \\ 1.2 \end{bmatrix}$$

$$B_{11}=\begin{bmatrix}0.1\\0.5\end{bmatrix},B_{12}=\begin{bmatrix}0.2\\0.1\end{bmatrix},C_1=\begin{bmatrix}0.2 & 0.1\end{bmatrix},C_2=\begin{bmatrix}0.1 & 0.6\end{bmatrix},D_1=0.1,D_2=0.08$$

外部扰动信号为

$$\omega(t)=\begin{cases}0.04\sin(2\pi t), & t\in[2,15)\\0, & \text{其他}\end{cases}$$

事件触发阈值参数设为$\alpha_1=0.3$和$\alpha_2=0.6$，其他参数选择为$\lambda_1=\eta=0.1,\lambda_2=0.01,\lambda_3=3.1,\mu=80,\theta=0.8,\tau_m=0.02,\tau_M=0.2$和$\rho_s=0.8180$。系统的耗散控制性能参数矩阵选择为$\Psi_1=-10I,\Psi_2=10I$和$\Psi_3=32.03I$，采样周期选择为$h=0.05$。然后，通过求解 LMIs 式（3.57）～式（3.59）可以得到相应的事件触发参数和状态反馈控制器增益为

$$\Omega_{11}=10^3\times\begin{bmatrix}4.1568 & -0.0212\\-0.0212 & 4.1554\end{bmatrix},\Omega_{21}=\begin{bmatrix}122.1088 & 2.7563\\2.7563 & 129.7210\end{bmatrix}$$

$$\Omega_{12}=10^3\times\begin{bmatrix}4.2250 & -0.0302\\-0.0302 & 3.9053\end{bmatrix},\Omega_{22}=\begin{bmatrix}62.6490 & -0.3640\\-0.3640 & 61.5504\end{bmatrix}$$

$$K_1=\begin{bmatrix}0.0103 & -0.0095\end{bmatrix},K_2=\begin{bmatrix}-0.0056 & -0.0061\end{bmatrix}$$

从式（3.44）计算可得平均驻留时间为$\tau_a=5.6>\tau_a^*=\dfrac{\ln\mu}{\theta}=5.4775$，选择$N_0=1$。二维闭环系统的状态响应$x(t)$和切换信号$\sigma(t)$分别在图 3.6（a）、（b）中给出。在有扰动的情况下，系统状态收敛于零。此外，图 3.7 给出了事件触发机制的相邻执行间隔，且任意两个相邻的触发执行间隔不少于采样周期h。

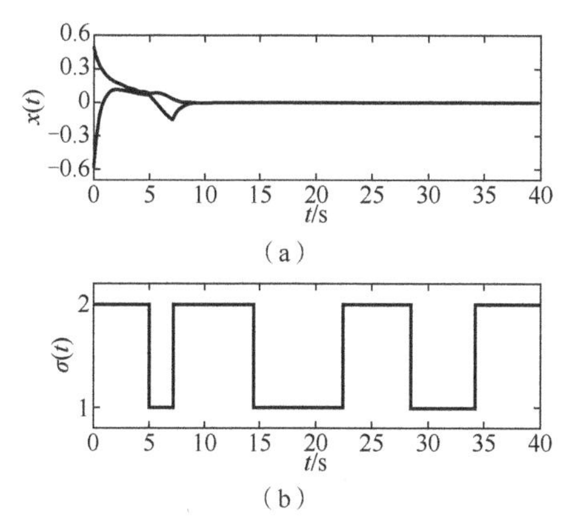

图 3.6　系统状态 $x(t)$ 和切换信号 $\sigma(t)$

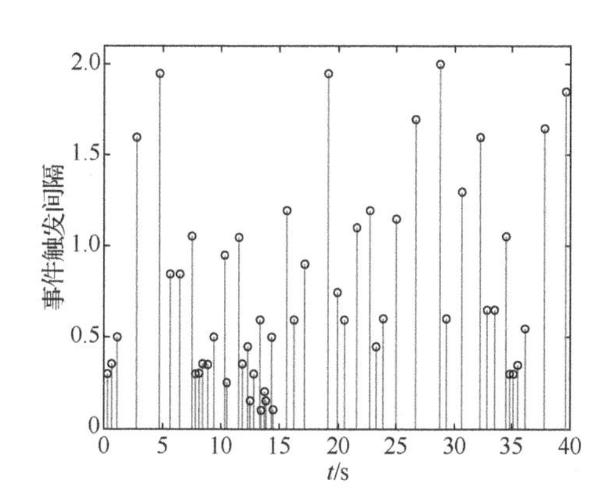

图 3.7　事件触发相邻执行间隔

3.4 小　　结

首先，本章研究了一类含参数不确定切换线性系统的保性能事件触发控制问题。所采用的事件触发机制（只有当定义的误差范数大于给定阈值时，系统才对数据进行采样与更新）可在一定程度上减少数据传输数量，从而减少了控制器的计算负担，节约了通信资源。此外，利用 Lyapunov 函数方法、平均驻留时间和 LMIs 技术，得到了能够保证闭环切换系统稳定并具有一定保性能指标的充分条件。同时，估计出了一个执行间隔的正下界，避免了 Zeno 问题。通过给出的仿真算例表明，所设计的保性能事件触发控制方法是有效的。

然后，本章研究了一类含外部扰动切换线性系统的保耗散性能事件触发控制问题。为了减少网络计算负担且避免 Zeno 问题，将离散型事件触发机制和量化应用到切换线性系统中，并对系统的稳定性及耗散性能进行了分析。利用分段 Lyapunov 函数方法、平均驻留时间和 LMIs 技术，得到了能够保证闭环切换系统稳定并具有耗散性能的充分条件。之后，给出了控制器增益和事件触发参数的协同设计条件。通过给出的仿真算例表明，所设计的保耗散性能事件触发控制方法是可行的。

4 切换线性系统鲁棒事件触发控制

4.1 概　　述

第 3 章初步考虑了系统不确定性和外部扰动影响，研究了切换线性系统的保性能事件触发控制。针对这些不利影响因素，深入开展系统鲁棒性研究是尤为重要的[176]。应用事件触发控制可减少不必要的数据传输并提高网络带宽利用率。但对于事件触发机制，常需要连续测量进而触发采样[177-179]。对此，自触发机制被提出，即触发器可根据当前已收集的采样信息计算估计出下一次的采样更新时间，使系统不再需要对触发条件持续地监测[180-183]。目前，对网络化切换系统鲁棒自触发控制的研究成果还不多见。

工程中很重视系统输出响应的动态和稳态过程。通常来说，当输出响应在指定的误差范围内时，系统被认为是稳定或进入稳定状态的。因此，根据系统的动态和稳态特性合理地配置网络通信资源，具有重要的实际意义。此外，现有的研究常假设系统状态是可测的，并且多采用状态反馈控制器[184]。但在实际中并非所有的状态信号都完全可测，研究动态输出反馈控制更具有现实意义[185]。目前，尚无网络化切换系统性能依赖鲁棒事件触发控制的相关研究。

本章主要针对受参数不确定和外部扰动影响的网络化切换线性系统，研究鲁棒事件触发控制问题。考虑事件触发机制和网络因素的影响，进行闭环系统建模，并构造相应的 Lyapunov 函数，设计满足平均驻留时间条件的切换信号，给出闭环系统鲁棒稳定并具有 H_∞ 性能指标的充分条件，同时给出相应鲁棒控制器增益和事件触发参数的设计条件。在 4.2 节中研究带有参数不确定和外部扰动的切换线性系统鲁棒自触发控制问题。在 4.3 节中研究带有外部扰动的切换线性系统性能依赖鲁棒事件触发控制问题。所求控制器增益和事件触发参数均通过求解一组对应的 LMIs 得到。最后，仿真算例验证所提出方法的有效性。

4.2 鲁棒自触发控制

4.2.1 问题描述

1. 系统描述

考虑如下受参数不确定性和外部扰动影响的切换线性系统模型：

$$\begin{aligned}\dot{x}(t) &= (A_{\sigma(t)} + \Delta A_{\sigma(t)})x(t) + (B_{\sigma(t)} + \Delta B_{\sigma(t)})u(t) + B_{1\sigma(t)}\omega(t) \\ z(t) &= C_{\sigma(t)}x(t) + D_{\sigma(t)}u(t)\end{aligned} \tag{4.1}$$

式中，$x(t) \in \mathbb{R}^{n_x}$ 为系统状态；$u(t) \in \mathbb{R}^{n_u}$ 为系统控制输入；切换信号表示为 $\sigma(t):[0,\infty) \to \underline{N} = \{1,2,\cdots,N\}$；$\omega(t) \in \mathbb{R}^{n_\omega} \in L_2[0,\infty)$ 为满足条件 $\|\omega(t)\| \leqslant W\|x(t)\|$ 的外部扰动，W 为非负常数。需要指出，这种类型的扰动可由不确定系统在动态过程中的参数波动所引起。$z(t) \in \mathbb{R}^{n_z}$ 为系统被控输出。$A_{\sigma(t)}, B_{\sigma(t)}, B_{1\sigma(t)}, C_{\sigma(t)}$ 和 $D_{\sigma(t)}$ 为适当维数的常值矩阵，不确定矩阵 $\Delta A_{\sigma(t)}$ 和 $\Delta B_{\sigma(t)}$ 表示系统不确定参数，同时满足

$$\Delta A_{\sigma(t)} = E_{\sigma(t)}H_{\sigma(t)}(t)F_{1\sigma(t)}, \Delta B_{\sigma(t)} = E_{\sigma(t)}H_{\sigma(t)}(t)F_{2\sigma(t)} \tag{4.2}$$

式中，$E_{\sigma(t)}, F_{1\sigma(t)}, F_{2\sigma(t)}$ 为已知适当维数的常值矩阵；$H_{\sigma(t)}(t)$ 为满足条件 $H_{\sigma(t)}^{\mathrm{T}}(t)H_{\sigma(t)}(t) \leqslant I$ 的适当维数不确定矩阵。

2. 事件触发机制

考虑如下触发机制：

$$t_{k+1} = \inf\{t > t_k \mid e_{t_k}^{\mathrm{T}}(t)\Omega_{\sigma(t)}e_{t_k}(t) \geqslant \alpha_{\sigma(t)}^2 x^{\mathrm{T}}(t)\Omega_{\sigma(t)}x(t)\} \tag{4.3}$$

式中，$\Omega_i (i \in \underline{N})$ 为对称正定矩阵；$\alpha_i \geqslant 0$ 为触发阈值；$e_{t_k}(t) = x(t_k) - x(t)$ 为系统采样状态与系统当前状态的误差。

通过事件触发机制（4.3），系统在触发时刻 $\{t_k\}_{k\in\mathbb{N}}$ 将进行采样并更新控制信号 $u(t)$。所使用的状态反馈控制器表示为

$$u(t_k) = K_{\sigma(t)}x(t_k), \quad t \in [t_k, t_{k+1}) \tag{4.4}$$

3. 建立闭环系统

将事件触发机制（4.3）代入切换系统（4.1），结合控制器（4.4），可得如下闭环切换系统：

$$\begin{aligned}\dot{x}(t)&=(\bar{A}_{\sigma(t)}+\Delta\bar{A}_{\sigma(t)})x(t)+(\bar{B}_{\sigma(t)}+\Delta\bar{B}_{\sigma(t)})e_{t_k}(t)+B_{1\sigma(t)}\omega(t)\\z(t)&=\bar{C}_{\sigma(t)}x(t)+\bar{D}_{\sigma(t)}e_{t_k}(t)\end{aligned}\tag{4.5}$$

式中，

$$\bar{A}_{\sigma(t)}=A_{\sigma(t)}+B_{\sigma(t)}K_{\sigma(t)},\ \bar{B}_{\sigma(t)}=B_{\sigma(t)}K_{\sigma(t)},\ \Delta\bar{A}_{\sigma(t)}=\Delta A_{\sigma(t)}+\Delta B_{\sigma(t)}K_{\sigma(t)}$$
$$\Delta\bar{B}_{\sigma(t)}=\Delta B_{\sigma(t)}K_{\sigma(t)},\ \bar{C}_{\sigma(t)}=C_{\sigma(t)}+D_{\sigma(t)}K_{\sigma(t)},\ \bar{D}_{\sigma(t)}=D_{\sigma(t)}K_{\sigma(t)}$$

4.2.2 主要结果

针对上述闭环系统（4.5），本小节主要研究如下两个问题：

（1）如何得到保证闭环切换系统（4.5）是指数稳定的且具有 H_∞ 性能指标的充分条件？

（2）基于稳定性条件，如何求解 H_∞ 状态反馈控制器的增益和事件触发参数，并估计相邻触发执行间隔的正下界，以避免 Zeno 问题？

1. 稳定性分析

本小节利用多 Lyapunov 函数方法和平均驻留时间技术，给出了保证闭环切换系统（4.5）具有 H_∞ 控制性能的充分条件。

定理 4.1 对于任意的 $i,j\in\underline{N}$，如果存在正常数 $\mu>1$，θ，λ_{Li}，$L\in\{1,2,\cdots,5\}$，自然数 N_0 和对称正定矩阵 P_i，Ω_i 满足

$$\begin{bmatrix}M_i & P_i\bar{B}_i\\ * & S_i\end{bmatrix}<0,\quad P_i\leqslant\mu P_j\tag{4.6}$$

式中，

$$\begin{aligned}M_i&=\mathrm{sym}\{P_i\bar{A}_i\}+\lambda_{1i}F_{1i}^{\mathrm{T}}F_{1i}+\lambda_{2i}K_i^{\mathrm{T}}F_{2i}^{\mathrm{T}}F_{2i}K_i+(\lambda_{1i}^{-1}+\lambda_{2i}^{-1}+\lambda_{3i}^{-1})P_iE_iE_i^{\mathrm{T}}P_i\\&\quad+\alpha_i^2\Omega_i+\lambda_{5i}^{-2}P_iB_{1i}B_{1i}^{\mathrm{T}}P_i+(1+\lambda_{4i})\bar{C}_i^{\mathrm{T}}\bar{C}_i+\theta P_i\\S_i&=\lambda_{3i}K_i^{\mathrm{T}}F_{2i}^{\mathrm{T}}F_{2i}K_i+(1+\lambda_{4i}^{-1})\bar{D}_i^{\mathrm{T}}\bar{D}_i-\Omega_i\end{aligned}$$

那么，在事件触发机制（4.3）、状态反馈控制器（4.4）和切换信号 $\sigma(t)$ 的作用下，闭环切换系统（4.5）具有 H_∞ 性能指标 $\sqrt{\mathrm{e}^{N_0\ln\mu}}\lambda_5$（$\lambda_5=\max\limits_{i\in\underline{N}}\{\lambda_{5i}\}$），并且切换信号的平均驻留时间满足

$$\tau_a\geqslant\tau_a^*=\frac{\ln\mu}{\theta}\tag{4.7}$$

证明 考虑如下 Lyapunov 函数：

$$V(x(t))=V_{\sigma(t)}(x(t))=x^{\mathrm{T}}(t)P_{\sigma(t)}x(t)\tag{4.8}$$

存在正常数 a,b 满足

$$a\|x(t)\|^2 \leqslant V(x(t)) \leqslant b\|x(t)\|^2 \tag{4.9}$$

式中，$a=\min\limits_{i\in\underline{N}}\{\lambda_{\min}(P_i)\}$；$b=\max\limits_{i\in\underline{N}}\{\lambda_{\max}(P_i)\}$。

定义$e_{\mathrm{ET}}(t)\triangleq e_{l_k}(t), t\in[l_q,l_{q+1})$，其中，$e_{\mathrm{ET}}(t)$为最近系统触发状态和当前系统状态的误差，对式（4.8）求导，由引理 2.1 可得

$$\begin{aligned}\dot{V}_i(x(t)) \leqslant{}& x^{\mathrm{T}}(t)[\overline{A}_i^{\mathrm{T}}P_i+P_i\overline{A}_i+(\lambda_{1i}^{-1}+\lambda_{2i}^{-1}+\lambda_{3i}^{-1})P_iE_iE_i^{\mathrm{T}}P_i+\lambda_{1i}F_{1i}^{\mathrm{T}}F_{1i}\\&+\lambda_{5i}^{-2}P_iB_{1i}B_{1i}^{\mathrm{T}}P_i+\lambda_{2i}K_i^{\mathrm{T}}F_{2i}^{\mathrm{T}}F_{2i}K_i]x(t)+x^{\mathrm{T}}(t)P_i\overline{B}_ie_{\mathrm{ET}}(t)\\&+e_{\mathrm{ET}}^{\mathrm{T}}(t)\overline{B}_i^{\mathrm{T}}P_ix(t)+\lambda_{3i}e_{\mathrm{ET}}^{\mathrm{T}}(t)K_i^{\mathrm{T}}F_{2i}^{\mathrm{T}}F_{2i}K_ie_{\mathrm{ET}}(t)+\lambda_{5i}^2\omega^{\mathrm{T}}(t)\omega(t)\\={}&x^{\mathrm{T}}(t)[M_i-(1+\lambda_{4i})\overline{C}_i^{\mathrm{T}}\overline{C}_i-\alpha_i^2\Omega_i]x(t)+x^{\mathrm{T}}(t)P_i\overline{B}_ie_{\mathrm{ET}}(t)\\&+e_{\mathrm{ET}}^{\mathrm{T}}(t)\overline{B}_i^{\mathrm{T}}P_ix(t)+e_{\mathrm{ET}}^{\mathrm{T}}(t)[S_i-(1+\lambda_{4i}^{-1})\overline{D}_i^{\mathrm{T}}\overline{D}_i+\Omega_i]e_{\mathrm{ET}}(t)\\&+\lambda_{5i}^2\omega^{\mathrm{T}}(t)\omega(t)-\theta V_i(x(t))\end{aligned} \tag{4.10}$$

同时，由式（4.6）可得

$$x^{\mathrm{T}}(t)M_ix(t)+x^{\mathrm{T}}(t)P_i\overline{B}_ie_{\mathrm{ET}}(t)+e_{\mathrm{ET}}(t)\overline{B}_i^{\mathrm{T}}P_ix(t)+e_{\mathrm{ET}}^{\mathrm{T}}(t)S_ie_{\mathrm{ET}}(t)<0 \tag{4.11}$$

进一步，根据触发机制（4.3）和条件式（4.10）、式（4.11），当扰动$\omega(t)=0$时，有

$$\dot{V}_i(x(t))<-\theta V_i(x(t)),\quad t\in[l_q,l_{q+1}) \tag{4.12}$$

然后，通过式（4.12）可得

$$V_i(x(t))\leqslant \mathrm{e}^{-\theta(t-l_q)}V_i(x(l_q)) \tag{4.13}$$

由式（4.6）可知

$$V_{\sigma(l_q)}(x(l_q))\leqslant \mu V_{\sigma(l_q^-)}(x(l_q^-))$$

进一步，定义切换序列$0=l_0<l_1<l_2<\cdots<l_q=t_{N_\sigma(0,t)}<t$，结合式（4.7）可得

$$\begin{aligned}V(x(t))&\leqslant \mu\mathrm{e}^{-\theta(t-l_q)}V_{\sigma(l_q^-)}(x(l_q^-))\\&\leqslant \mu\mathrm{e}^{-\theta(t-l_q)}\mathrm{e}^{-\theta(l_q-l_{q-1})}V_{\sigma(l_{q-1})}(x(l_{q-1}))\\&\quad\vdots\\&\leqslant \mathrm{e}^{-\theta(t-l_0)+(N_0+\frac{t-l_0}{\tau_a})\ln\mu}V_{\sigma(l_0)}(x(l_0))\end{aligned} \tag{4.14}$$

通过式（4.9）和式（4.14）可得

$$\|x(t)\|\leqslant\sqrt{\frac{b}{a}\mathrm{e}^{\frac{1}{2}N_0\ln\mu}}\,\mathrm{e}^{-\frac{1}{2}(\theta-\frac{\ln\mu}{\tau_a})t}\|x(0)\|_{d1}$$

定义$\kappa=\sqrt{\frac{b}{a}\mathrm{e}^{\frac{1}{2}N_0\ln\mu}}$，$\zeta=\frac{1}{2}(\theta-\frac{\ln\mu}{\tau_a})$，由定义 2.1 可知，系统（4.5）在扰动$\omega(t)=0$时是指数稳定的。

当扰动$\omega(t)\neq 0$时，有

$$z^{\mathrm{T}}(t)z(t)\leqslant(1+\lambda_{4i})x^{\mathrm{T}}(t)\bar{C}_i^{\mathrm{T}}\bar{C}_i\,x(t)+(1+\lambda_{4i}^{-1})e_{\mathrm{ET}}^{\mathrm{T}}(t)\bar{D}_i^{\mathrm{T}}\bar{D}_i\,e_{\mathrm{ET}}(t)\tag{4.15}$$

令$\xi(t)=[x^{\mathrm{T}}(t)\quad e_{\mathrm{ET}}^{\mathrm{T}}(t)]^{\mathrm{T}}$，结合式（4.10）、式（4.11）和式（4.15）可得

$$z^{\mathrm{T}}(t)z(t)-\lambda_5^2\omega^{\mathrm{T}}(t)\omega(t)+\dot{V}_i(x(t))+\theta V_i(x(t))\leqslant\xi^{\mathrm{T}}(t)\varphi_i\xi(t)\leqslant 0\tag{4.16}$$

式中，$\varphi_i=\begin{bmatrix}M_i & P_i\bar{B}_i\\ * & S_i\end{bmatrix}$。定义$Y(s)=\mathrm{e}^{-\theta(t-s)}[z^{\mathrm{T}}(s)z(s)-\lambda_5^2\omega^{\mathrm{T}}(s)\omega(s)]$，由式（4.16）可知

$$V(x(t))\leqslant V_{\sigma(l_q)}(x(l_q))\mathrm{e}^{-\theta(t-l_q)}-\int_{l_q}^{t}Y(s)\mathrm{d}s\tag{4.17}$$

进一步，基于条件（4.17）和切换律（4.7）可得

$$\begin{aligned}V(x(t))&\leqslant V_{\sigma(l_q)}(x(l_q))\mathrm{e}^{-\theta(t-l_q)}-\int_{l_q}^{t}Y(s)\mathrm{d}s\\&\leqslant\mu[V_{\sigma(l_{q-1})}(x(t_{l_q-1}))\mathrm{e}^{-\theta(t-l_q)}-\int_{l_{q-1}}^{l_q}Y(s)\mathrm{d}s]\\&\quad\vdots\\&\leqslant\mu^{N_\sigma(l_0,t)}\mathrm{e}^{-\theta(t-l_0)}V_{\sigma(l_0)}(x(l_0))-\int_{l_0}^{t}\mathrm{e}^{-\mu(t-s)+N_\sigma(s,t)\ln\mu}Y(s)\mathrm{d}s\end{aligned}$$

对上式左右同乘$\mathrm{e}^{-N_\sigma(0,t)\ln\mu}$，有

$$\mathrm{e}^{-N_\sigma(0,t)\ln\mu}V(x(t))\leqslant\mathrm{e}^{-\theta t}V_{\sigma(0)}(x(0))-\int_0^t\mathrm{e}^{-N_\sigma(0,s)\ln\mu}Y(s)\mathrm{d}s$$

考虑零初始条件，$V(x(t))\geqslant 0,\ N_\sigma(0,s)\leqslant N_0+\dfrac{s-0}{\tau_a}$，可得

$$\int_0^t\mathrm{e}^{-\theta(t-s)-(N_0\ln\mu+\theta s)}z^{\mathrm{T}}(s)z(s)\mathrm{d}s\leqslant\int_0^t\mathrm{e}^{-\theta(t-s)}\lambda_5^2\omega^{\mathrm{T}}(s)\omega(s)\mathrm{d}s$$

进一步，对上式两边从$t=0$到∞积分，可得

$$\int_0^\infty\mathrm{e}^{-\theta s}z^{\mathrm{T}}(s)z(s)\mathrm{d}s\leqslant\mathrm{e}^{N_0\ln\mu}\lambda_5^2\int_0^\infty\omega^{\mathrm{T}}(s)\omega(s)\mathrm{d}s$$

最终，定义$\eta_3=\theta$和$\gamma=\sqrt{\mathrm{e}^{N_0\ln\mu}}\lambda_5$，可知系统具有$H_\infty$性能指标$\sqrt{\mathrm{e}^{N_0\ln\mu}}\lambda_5$（$\lambda_5=\max\limits_{i\in\underline{N}}\{\lambda_{5i}\}$）。

2. 事件触发 H_∞ 控制器设计

基于定理 4.1，下面定理给出了一组求解状态反馈控制器增益和事件触发参数的充分条件。

定理 4.2 对于任意的$i,j\in\underline{N}$，给定正常数$\alpha_i,\lambda_{4i}',\lambda_{5i}',\lambda_{6i}',\mu>1,\theta$和自然数$N_0$，如果存在正常数$\lambda_{\kappa i}',\kappa\in\{1,2,3\}$，对称正定矩阵$X_i,\Omega_i'$和矩阵$Y_i$满足

$$\begin{bmatrix}\Pi_{1i} & \Pi_{2i}\\ * & \Pi_{3i}\end{bmatrix}<0,\ \begin{bmatrix}-\mu X_j & X_j\\ * & -X_i\end{bmatrix}\leqslant 0\tag{4.18}$$

式中，

$$\Pi_{1i}=\begin{bmatrix} M_i' & B_iY_i \\ * & -\Omega_i' \end{bmatrix}$$

$$M_i'=X_iA_i^{\mathrm{T}}+A_iX_i+Y_i^{\mathrm{T}}B_i^{\mathrm{T}}+B_iY_i+(\lambda_{1i}'+\lambda_{2i}'+\lambda_{3i}')E_iE_i^{\mathrm{T}}+\lambda_5'^{-2}B_{1i}B_{1i}^{\mathrm{T}}+\alpha_i^2\Omega_i'+\theta X_i$$

$$\Pi_{2i}=\begin{bmatrix} X_iF_{1i}^{\mathrm{T}} & Y_i^{\mathrm{T}}F_{2i}^{\mathrm{T}} & X_iC_i^{\mathrm{T}} & Y_i^{\mathrm{T}}D_i^{\mathrm{T}} & 0 & 0 \\ 0 & 0 & 0 & 0 & Y_i^{\mathrm{T}}F_{2i}^{\mathrm{T}} & Y_i^{\mathrm{T}}D_i^{\mathrm{T}} \end{bmatrix}$$

$$\Pi_{3i}=\mathrm{diag}\{-\lambda_{1i}'I,-\lambda_{2i}'I,-(1+\lambda_{4i}')^{-1}(1+\lambda_{6i}')^{-1}I,-(1+\lambda_{4i}')^{-1}(1+\lambda_{6i}'^{-1})^{-1}I,$$
$$-\lambda_{3i}'I,-(1+\lambda_{4i}'^{-1})^{-1}I\}$$

那么，可以得到相对应的事件触发状态反馈控制器增益矩阵，即

$$K_i=Y_iX_i^{-1} \tag{4.19}$$

证明 定义 $X_i^{-1}=P_i$，通过引理 2.1 可得 $\xi^{\mathrm{T}}(t)\psi_i\xi(t)\leqslant\xi^{\mathrm{T}}(t)\psi_i'\xi(t)$，其中，

$$\psi_i=\begin{bmatrix} M_i & P_iB_iY_iP_i \\ * & S_i \end{bmatrix},\ \psi_i'=\begin{bmatrix} M_i'' & P_iB_iY_iP_i \\ * & S_i \end{bmatrix}$$

对 ψ_i' 左右同乘 $\mathrm{diag}\{P_i^{-1},P_i^{-1}\}$，可知 $\psi_i''=\begin{bmatrix} M_i''' & B_iY_i \\ * & S_i' \end{bmatrix}$，其中，

$$\begin{aligned} M_i'''=&X_iA_i^{\mathrm{T}}+A_iX_i+B_iY_i+Y_i^{\mathrm{T}}B_i^{\mathrm{T}}+\lambda_{1i}X_iF_{1i}^{\mathrm{T}}F_{1i}X_i+(\lambda_{1i}^{-1}+\lambda_{2i}^{-1}+\lambda_{3i}^{-1})E_iE_i^{\mathrm{T}}\\ &+\lambda_{2i}Y_i^{\mathrm{T}}F_{2i}^{\mathrm{T}}F_{2i}Y_i+\lambda_{5i}^{-2}B_{1i}B_{1i}^{\mathrm{T}}+(1+\lambda_{4i})[(1+\lambda_{6i})X_iC_i^{\mathrm{T}}C_iX_i\\ &+(1+\lambda_{6i}^{-1})Y_i^{\mathrm{T}}D_i^{\mathrm{T}}D_iY_i]+\alpha_i^2X_i\Omega_iX_i+\theta X_i \end{aligned}$$

$$S_i'=\lambda_{3i}Y_i^{\mathrm{T}}F_{2i}^{\mathrm{T}}F_{2i}Y_i+(1+\lambda_{4i}^{-1})Y_i^{\mathrm{T}}D_i^{\mathrm{T}}D_iY_i-X_i\Omega_iX_i$$

定义 $\lambda_{\kappa i}'=\lambda_{\kappa i}^{-1},\kappa\in\{1,2,3\},\lambda_{Li}'=\lambda_{Li},L\in\{4,5,6\}$ 和 $\Omega_i'=X_i\Omega_iX_i$，可知式（4.18）保证了不等式 $\xi^{\mathrm{T}}(t)\psi_i\xi(t)\leqslant\xi^{\mathrm{T}}(t)\psi_i'\xi(t)<0$ 成立。

3. 自触发 H_∞ 控制器设计

基于上述事件触发机制，本小节设计自触发机制，即系统可以根据当前采集信息提前预测下一次的触发采样时刻。在给出自触发机制之前，下面的定理给出事件触发机制（4.3）的一个充分条件。

定理 4.3 在如下事件触发机制和定理 4.2 所设计的控制器下，闭环切换系统（4.5）具有 H_∞ 性能，即

$$t_{k+1}=\inf\{t>t_k\mid e_{t_k}^{\mathrm{T}}(t)\Omega_ie_{t_k}(t)\geqslant -a_ie_{t_k}^{\mathrm{T}}(t)\Omega_ie_{t_k}(t)+b_ix^{\mathrm{T}}(t_k)\Omega_ix(t_k)\} \tag{4.20}$$

式中，a_i 和 b_i 分别满足 $b_i(1+\lambda_{7i}')-a_i=0$ 和 $b_i(1+\lambda_{7i}'^{-1})-\alpha_i^2=0$。

证明 对任意 $t\in[t_k,t_{k+1})$，由触发机制（4.20）可得

$$\begin{aligned}e_{t_k}^{\mathrm{T}}(t)\Omega_i e_{t_k}(t) &\leqslant -a_i e_{t_k}^{\mathrm{T}}(t)\Omega_i e_{t_k}(t)+b_i x^{\mathrm{T}}(t_k)\Omega_i x(t_k)\\ &\leqslant -a_i e_{t_k}^{\mathrm{T}}(t)\Omega_i e_{t_k}(t)+b_i[(1+\lambda_{7i}')e_{t_k}^{\mathrm{T}}(t)\Omega_i e_{t_k}(t)+(1+\lambda_{7i}'^{-1})x^{\mathrm{T}}(t)\Omega_i x(t)]\\ &=[b_i(1+\lambda_{7i}')-a_i]e_{t_k}^{\mathrm{T}}(t)\Omega_i e_{t_k}(t)+[b_i(1+\lambda_{7i}'^{-1})]x^{\mathrm{T}}(t)\Omega_i x(t)\end{aligned}$$

4. 事件触发 Zeno 问题讨论

本小节讨论事件触发 Zeno 问题，给出一个相邻触发间隔正下界。

定理 4.4 对于切换系统（4.1）和触发机制（4.3），存在一个相邻触发间隔的下界为

$$T=\frac{1}{\Lambda_1-\Lambda_2}\ln\left(1+\frac{(\Lambda_1-\Lambda_2)\phi_8}{\Lambda_1+\Lambda_2\phi_8}\right) \tag{4.21}$$

式中，

$$\Lambda_1=\frac{1}{\phi_{10}}(\phi_1+\phi_9+\phi_2\phi_3+\phi_2\phi_4+W\phi_5),\ \Lambda_2=\phi_6+\phi_2\phi_7,\ \phi_1=\max_{i\in\underline{N}}\{\|\sqrt{\Omega_i}A_i\|\}$$

$$\phi_2=\max_{i\in\underline{N}}\{\|\sqrt{\Omega_i}E_i\|\},\ \phi_3=\max_{i\in\underline{N}}\{\|F_{1i}\|\},\ \phi_4=\max_{i\in\underline{N}}\{\|F_{2i}K_i\|\}$$

$$\phi_5=\max_{i\in\underline{N}}\{\|\sqrt{\Omega_i}B_{1i}\|\},\ \phi_6=\max_{i\in\underline{N}}\{\|\sqrt{\Omega_i}\bar{B}_i\sqrt{\Omega_i}^{-1}\|\},\ \phi_7=\max_{i\in\underline{N}}\{\|F_{2i}K_i\sqrt{\Omega_i}^{-1}\|\}$$

$$\phi_8=\min_{i\in\underline{N}}\{\alpha_i\},\ \phi_9=\max_{i\in\underline{N}}\{\|\sqrt{\Omega_i}\bar{B}_i\|\},\ \phi_{10}=\min_{i\in\underline{N}}\{\lambda_{\min}(\sqrt{\Omega_i})\}$$

证明 定义 $|\cdot|$ 表示 $\|\cdot\|$，$y(t)=\|\sqrt{\Omega_i}e_{t_k}(t)\|/\|\sqrt{\Omega_i}x(t)\|$。此时，在任意相邻触发间隔 $[t_k,t_{k+1})$ 上有

$$\begin{aligned}\frac{\mathrm{d}y(t)}{\mathrm{d}t} &\leqslant \frac{|\sqrt{\Omega_i}\dot{x}(t)|}{|\sqrt{\Omega_i}x(t)|}+\frac{|\sqrt{\Omega_i}\dot{x}(t)||\sqrt{\Omega_i}e_{t_k}(t)|}{|\sqrt{\Omega_i}x(t)|^2}\\ &\leqslant (1+y(t))\Big[\frac{1}{\lambda_{\min}\sqrt{\Omega_i}}(|\sqrt{\Omega_i}E_i||F_{1i}|+|\sqrt{\Omega_i}E_i||F_{2i}K_i|\\ &\quad +|\sqrt{\Omega_i}A_i|+|\sqrt{\Omega_i}\bar{B}_i|+W|\sqrt{\Omega_i}B_{1i}|)+(|\sqrt{\Omega_i}\bar{B}_i\sqrt{\Omega_i}^{-1}|\\ &\quad +|\sqrt{\Omega_i}E_i||F_{2i}K_i\sqrt{\Omega_i}^{-1}|)y(t)\Big]\\ &\leqslant (1+y(t))(\Lambda_1+\Lambda_2 y(t))\end{aligned} \tag{4.22}$$

定义 $\dot{\eta}(t)=(1+\eta(t))(\Lambda_1+\Lambda_2\eta(t))$，通过式（4.22）可得不等式 $y(t)\leqslant\eta(t)$。在初始条件 $y(t_k)=\eta(t_k)=0$ 下使用比较引理可得

$$\eta(t)=[\mathrm{e}^{(\Lambda_1-\Lambda_2)(t-t_k)}-1]\Lambda_1/[\Lambda_1-\Lambda_2\mathrm{e}^{(\Lambda_1-\Lambda_2)(t-t_k)}]$$

进一步，结合触发机制（4.3），可知式（4.21）为一个相邻触发间隔的下界。注意到条件 $\Lambda_1>\Lambda_2$ 表明 $T>0$，因此避免了 Zeno 问题。

5. 自触发 Zeno 问题讨论

定理 4.5 定义相邻触发间隔 $\tau_k = t_{k+1} - t_k$，则在如下自触发机制和定理 4.2 所设计的控制器下，闭环切换系统（4.5）具有 H_∞ 性能，即

$$\tau_k = \ln\left(\frac{\Lambda_{11}\sqrt{\min_{i\in\underline{N}}\{\frac{\lambda'_{7i}\alpha_i^2}{(1+\lambda'_{7i})(1+\lambda'_{7i}\alpha_i^2)}x^{\mathrm{T}}(t_k)\Omega_i x(t_k)\}}}{\Lambda_{22}\|x(t_k)\|}+1\right)/\Lambda_{11} \tag{4.23}$$

式中，

$$\Lambda_{11}=\Theta_1+\Theta_2\Theta_3+W\Theta_4\Theta_5,\ \Lambda_{22}=(\Theta_1+\Theta_2\Theta_3+W\Theta_4\Theta_5)\Theta_6+\Theta_7+\Theta_2\Theta_8$$

$$\Theta_1=\max_{i\in\underline{N}}\{\|\sqrt{\Omega_i}A_i\sqrt{\Omega_i}^{-1}\|\},\Theta_2=\max_{i\in\underline{N}}\{\|\sqrt{\Omega_i}E_i\|\},\Theta_3=\max_{i\in\underline{N}}\{\|F_{1i}\sqrt{\Omega_i}^{-1}\|\}$$

$$\Theta_4=\max_{i\in\underline{N}}\{\|\sqrt{\Omega_i}B_{1i}\|\},\Theta_5=\max_{i\in\underline{N}}\{\|\sqrt{\Omega_i}^{-1}\|\},\Theta_6=\max_{i\in\underline{N}}\{\|\sqrt{\Omega_i}\|\}$$

$$\Theta_7=\max_{i\in\underline{N}}\{\|\sqrt{\Omega_i}\bar{B}_i\|\},\Theta_8=\max_{i\in\underline{N}}\{\|F_{2i}K_i\|\}$$

证明 此处类似于事件触发控制中对Zeno问题的讨论，则对任意 $t\in[t_k,t_{k+1})$ 有

$$\begin{aligned}\frac{\mathrm{d}|\sqrt{\Omega_i}e_{t_k}(t)|}{\mathrm{d}t}&\leqslant|\sqrt{\Omega_i}\dot{e}_{t_k}(t)|\\&\leqslant(|\sqrt{\Omega_i}A_i\sqrt{\Omega_i}^{-1}|+W|\sqrt{\Omega_i}B_{1i}\|\sqrt{\Omega_i}^{-1}|\\&\quad+|\sqrt{\Omega_i}E_i\|F_{1i}\sqrt{\Omega_i}^{-1}|)|\sqrt{\Omega_i}e_{t_k}(t)|\\&\quad+[(|\sqrt{\Omega_i}A_i\sqrt{\Omega_i}^{-1}|+|\sqrt{\Omega_i}E_i\|F_{1i}\sqrt{\Omega_i}^{-1}|\\&\quad+W|\sqrt{\Omega_i}B_{1i}\|\sqrt{\Omega_i}^{-1}|)|\sqrt{\Omega_i}|\\&\quad+|\sqrt{\Omega_i}B_iK_i|+|\sqrt{\Omega_i}E_i\|F_{2i}K_i|]|x(t_k)|\\&\leqslant\Lambda_{11}|\sqrt{\Omega_i}e_{t_k}(t)|+\Lambda_{22}|x(t_k)|\end{aligned} \tag{4.24}$$

进而，由式（4.24）和初始条件 $e_{t_k}(t_k)=0$ 可得

$$\|\sqrt{N_i}e_{t_k}(t)\|\leqslant\int_{t_k}^{t}\Lambda_{22}\mathrm{e}^{\Lambda_{11}(t-s)}\|x(t_k)\|\mathrm{d}s=\frac{\Lambda_{22}}{\Lambda_{11}}[\mathrm{e}^{\Lambda_{11}(t-t_k)}-1]\|x(t_k)\| \tag{4.25}$$

结合式（4.20）和式（4.25）可知结论（4.23）成立。

4.2.3 仿真算例

本小节给出一个仿真算例来验证提出方法的有效性。考虑初始状态为 $x(0)=[-0.6\quad 0.3]^{\mathrm{T}}$ 的具有两个子系统的切换线性系统，各矩阵参数如下：

$$A_1=\begin{bmatrix}-1.5 & 0\\ 1 & 0.5\end{bmatrix}, A_2=\begin{bmatrix}1 & 1\\ 0 & -2\end{bmatrix}, B_1=\begin{bmatrix}2\\ 1\end{bmatrix}, B_2=\begin{bmatrix}1\\ 1\end{bmatrix}, B_{11}=\begin{bmatrix}0.1\\ 0.2\end{bmatrix}, B_{12}=\begin{bmatrix}0.1\\ 0.2\end{bmatrix}$$

$$C_1=[0.1\quad 0], C_2=[0.1\quad 0.1], D_1=0.1, D_2=0.1, H_1(t)=H_2(t)=\sin(t)$$

$$E_1=\begin{bmatrix}0.1\\ 0.1\end{bmatrix}, E_2=\begin{bmatrix}0.2\\ 0.1\end{bmatrix}, F_{11}=[0.1\quad 0.2], F_{12}=[0.2\quad 0.1], F_{21}=0.1, F_{22}=0.2$$

外部扰动信号为

$$\omega(t)=\begin{cases}0.5\|x(t)\|, & t\in[0,2)\\ 0.1\|x(t)\|, & t\in[2,10)\end{cases}$$

其他参数选择为$\alpha_i=0.4, \lambda'_{4i}=1, \lambda'_{5i}=1, \lambda'_{6i}=1, \theta=1, \mu=10, N_0=1$。平均驻留时间设计为$\tau_a=2.5\geqslant\dfrac{\ln\mu}{\theta}$，$\lambda'_{7i}=1/\alpha_i=2.5$。通过求解对应 LMIs 式（4.18）可以得到相应的事件触发参数和状态反馈控制器增益为

$$\Omega_1=\begin{bmatrix}18.7101 & 34.7835\\ 34.7835 & 92.9776\end{bmatrix}, \Omega_2=\begin{bmatrix}90.8471 & 25.3918\\ 25.3918 & 16.3113\end{bmatrix}$$

$$K_1=[-1.1179\quad -3.0798], K_2=[-5.2594\quad -1.4088]$$

图 4.1～图 4.4 分别展示了事件触发及自触发下的二维闭环系统状态和事件执行间隔。从图 4.1 和图 4.3 可知，系统在两种触发机制下均具有H_∞性能。图 4.2 和图 4.4 表明采用的事件触发和自触发机制都存在相邻触发间隔正下界（事件触发 Zeno 计算下界值为$T=\dfrac{1}{\Lambda_1-\Lambda_2}\ln(1+\dfrac{(\Lambda_1-\Lambda_2)\phi_8}{\Lambda_1+\Lambda_2\phi_8})=0.0115$，自触发 Zeno 计算下界值为$\tau_k=\ln\left(\dfrac{\Lambda_{11}\sqrt{\min\limits_{i\in\underline{N}}\{\dfrac{\lambda'_{7i}\alpha_i^2}{(1+\lambda'_{7i})(1+\lambda'_{7i}\alpha_i^2)}x^{\mathrm{T}}(t_k)\Omega_i x(t_k)\}}}{\Lambda_{22}\|x(t_k)\|}+1\right)/\Lambda_{11}=0.0201$），避免了 Zeno 问题。

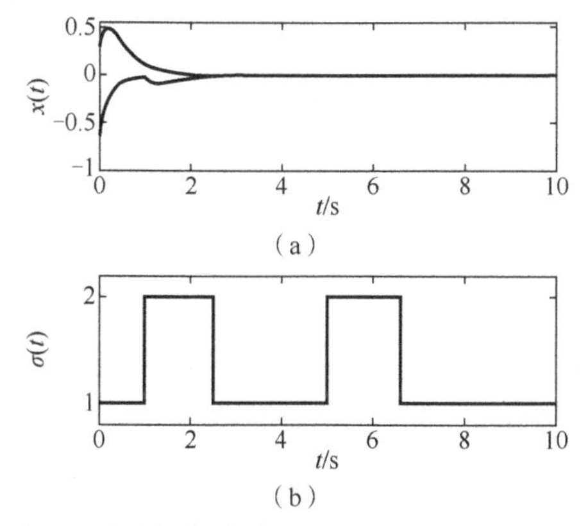

图 4.1　事件触发的系统状态 $x(t)$ 和切换信号 $\sigma(t)$

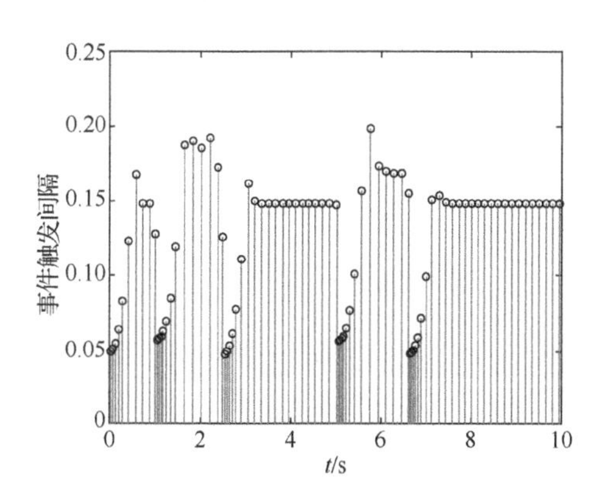

图 4.2　事件触发相邻执行间隔

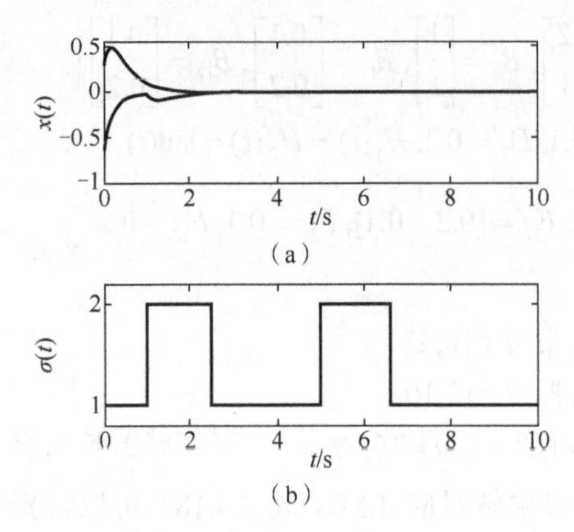

图 4.3　自触发的系统状态 $x(t)$ 和切换信号 $\sigma(t)$

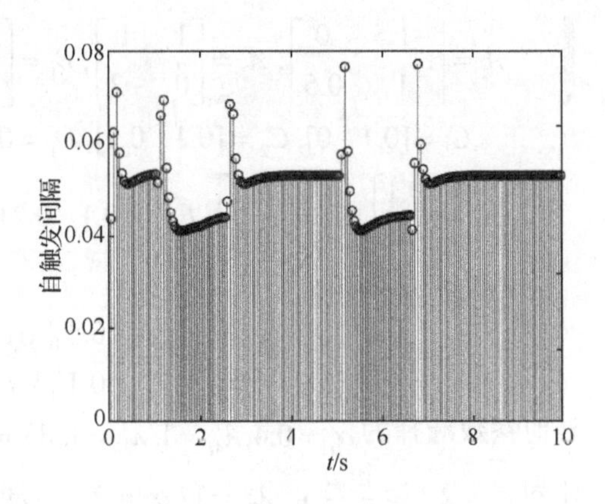

图 4.4　自触发相邻执行间隔

4.3　性能依赖鲁棒事件触发控制

4.3.1　问题描述

1. 系统描述

考虑如下受外部扰动影响的切换线性系统模型：

$$
\begin{aligned}
\dot{x}(t) &= A_{\sigma(t)}x(t) + B_{\sigma(t)}u(t) + H_{\sigma(t)}\omega(t) \\
y(t) &= C_{\sigma(t)}x(t) \\
z(t) &= F_{\sigma(t)}x(t) + G_{\sigma(t)}u(t)
\end{aligned} \tag{4.26}
$$

式中，$x(t)\in\mathbb{R}^{n_x}$ 为系统状态；$u(t)\in\mathbb{R}^{n_u}$ 为系统控制输入；$\omega(t)\in\mathbb{R}^{n_\omega}$ 为扰动信号且属于 $L_2[0,\infty)$；$y(t)\in\mathbb{R}^{n_y}$ 为测量输出；$z(t)\in\mathbb{R}^{n_z}$ 为系统被控输出；切换信号表示为 $\sigma(t):[0,\infty)\to\underline{N}=\{1,2,\cdots,N\}$，属于分段常值函数，当 $\sigma(t)=i\ (i\in\underline{N})$ 时，工作的是 i 子系统，且假设每个子系统都是可控的；$A_{\sigma(t)},B_{\sigma(t)},H_{\sigma(t)},C_{\sigma(t)},F_{\sigma(t)}$ 和 $G_{\sigma(t)}$ 为适当维数的常值矩阵。

2. 事件触发机制

性能依赖事件触发机制（performance dependent event-triggering strategy, PDETS）是根据系统动态和稳态过程不同特性而提出的，具体描述为

$$\begin{cases}\text{如果}: y^{\mathrm{T}}(l_k h)y(l_k h)\geqslant \varrho^2 \\ \qquad t_{k+1}h = t_k h + \min\limits_{l}\{lh \mid e^{\mathrm{T}}(l_k h)\varOmega_{1\sigma(t)}e(l_k h)\geqslant \alpha(t_k h)y^{\mathrm{T}}(l_k h)\varOmega_{2\sigma(t)}y(l_k h)\} \\ \text{那么}: t_{k+1}h = l_k h \text{ 和 } y(t_{k+1}h) \text{ 重置为 } 0\end{cases} \tag{4.27}$$

式中，标量参数 $\varrho>0$ 为稳态误差带，用来区分系统动态过程和稳态过程。此外，$e(l_k h)$ 表示上一次触发数据 $y(t_k h)$ 和当前的采样数据 $y(l_k h)$ 之间的误差，即

$$e(l_k h) = y(t_k h) - y(l_k h),\quad l_k h\in[t_k h, t_{k+1}h) \tag{4.28}$$

式中，$l_k h = t_k h + lh,\ l\in\mathbb{N}$；$t_{k+1}h$ 为下一次的触发时刻。$\varOmega_{1i}$ 和 $\varOmega_{2i}$ $(i\in\underline{N})$ 是两个对称正定的加权矩阵。

PDETS 式（4.27）的工作机制为：当前的系统采样数据 $y(l_k h)$ 发送给 PDETS 模块，此模块首先判断这个数据是否满足条件 $y^{\mathrm{T}}(l_k h)y(l_k h)\geqslant\varrho^2$。如果满足，那么下一个触发时刻 $t_{k+1}h$ 和数据 $y(t_{k+1}h)$ 可以根据触发条件获得；如果不满足，那么 $l_k h$ 为下一个触发时刻 $t_{k+1}h$，并且把数据 $y(t_{k+1}h)$ 的值重置为 0。

注释 4.1　在实际工程中，与理论上的理想情况不同，系统响应过程的持续时间不可能是无限的。反之，当系统响应值在指定的误差范围内时，系统被认为是稳定的或进入稳定状态。因此，将式（4.27）中的不等式 $y^{\mathrm{T}}(l_k h)y(l_k h)\geqslant\varrho^2$ 作为判断系统是否处于稳定状态的标准。当系统在其动态过程中工作时，假设 $t_k h+dh$ 为下一次被释放的时刻，也就是当 $l=d$ 时，条件 $e^{\mathrm{T}}(d_k h)\varOmega_{1\sigma(t)}e(d_k h)\geqslant\alpha(t_k h)y^{\mathrm{T}}(t_k h+dh)\varOmega_{2\sigma(t)}y(t_k h+dh)$ 是成立的，并且有 $t_{k+1}h=d_k h=t_k h+dh$。

从式（4.27）中可以看出，在系统的动态和稳态过程中，分别采用两种不同触发方式：当系统在动态过程中工作时，数据是否被传输取决于误差 $e(l_k h)$ 和自适应可调阈值参数 $\alpha(t_k h)$；反之，在稳态时，传输的数据值设置为 0。

另外，式（4.27）中的 $\lambda(t_k h)$ 通过下面的自适应规则来决定，即

$$\alpha(t_k h)=\min\{\alpha_M,\ g(\alpha(t_k h))\} \tag{4.29}$$

式中，

$$g(\alpha(t_k h))=\max\{\alpha(t_{k-1}h)[1-\beta(1-\mathrm{e}^{-\lambda|\psi|})\mathrm{sgn}(\psi)],\alpha_m\}$$

$\psi=\|y(t_k h)\|-\|y(t_{k-1}h)\|$；$\lambda>0$ 和 $\beta>0$ 是给定的常数；α_m,α_M 分别为给定的 $\alpha(t_k h)$ 的正下界和正上界，初始的 $\alpha(t_0)$ 设置为 α_m。

注释 4.2　为了更灵活地调节通信频率，使用式（4.29）中的函数 $1-\beta(1-\mathrm{e}^{-\lambda|\psi|})\mathrm{sgn}(\psi)$ 自适应调节事件触发阈值 $\alpha(t_k h)$，并且它具有与参数 λ 和 β 相关的下界和上界。例如，如果 $\mathrm{sgn}(\psi)=1$，也就是 $\|y(t_k h)\|>\|y(t_{k-1}h)\|$，此时系统有发散的趋势，那么自适应规则（4.29）就可以自动调整，使得下一个判断条件的触发阈值满足 $\alpha(t_k h)\leqslant\alpha(t_{k-1}h)$，则触发边界将变小，以允许更快的触发和通信频率。反之，当系统具有收敛的趋势时，一个大的 $\alpha(t_k h)$ 将会导致触发和通信

频率减慢，以节省更多的网络带宽。

3. 建立闭环系统

当 $y^{\mathrm{T}}(l_k h)y(l_k h) \geqslant \varrho^2$ 时，考虑 $\max\limits_{k\in\mathbb{N}}\{\tau_k\} < h$ 的情况，利用和 3.3.1 小节“3. 建立闭环系统”中相同的时滞转化技术，根据式（4.27），$y(l_k h) = y(t-\tau(t))$ 和 $y(t_k h) = e(l_k h) + y(t-\tau(t))$，可得

$$e^{\mathrm{T}}(l_k h)\Omega_{1\sigma(t)}e(l_k h) < \alpha(t_k h)y^{\mathrm{T}}(t-\tau(t))\Omega_{2\sigma(t)}y(t-\tau(t)) \tag{4.30}$$

为了进一步减少使用网络带宽，采用与 3.3.1 小节“1. 系统描述”相同的量化技术，可得

$$f(y(t_k h)) = (I+\varDelta_f)y(t_k h) = (I+\varDelta_f)[e(l_k h) + y(t-\tau(t))] \tag{4.31}$$

考虑如下动态输出反馈控制器：

$$\begin{aligned} \dot{x}_c(t) &= A_{c_{\sigma(t)}}x_c(t) + A_{cd_{\sigma(t)}}x_c(t-\tau(t)) + B_{c_{\sigma(t)}}f(y(t_k h)) \\ u(t) &= C_{c_{\sigma(t)}}x_c(t) \end{aligned} \tag{4.32}$$

式中，$x_c(t)\in\mathbb{R}^{n_c}$ 为控制器的状态；$A_{c_i}, A_{cd_i}, B_{c_i}$ 以及 $C_{c_i}\,(i\in\underline{N})$ 是具有适当维数的需要设计的增益矩阵。

把式（4.31）代入式（4.32）中，再结合切换系统（4.26），可以得到时滞闭环切换系统模型，即

$$\begin{aligned} \dot{\xi}(t) &= \bar{A}_{\sigma(t)}\xi(t) + (\bar{B}_{\sigma(t)} + \varDelta\bar{B}_{\sigma(t)})\xi(t-\tau(t)) + (\bar{B}_{1\sigma(t)} + \varDelta\bar{B}_{1\sigma(t)})e(l_k h) + \bar{H}_{\sigma(t)}\omega(t) \\ z(t) &= \bar{F}_{\sigma(t)}\xi(t) \\ \xi(t) &= \varphi(t), \quad \forall t\in[-\tau_M, 0] \end{aligned} \tag{4.33}$$

式中，$\xi(t) = [x^{\mathrm{T}}(t) \quad x_c^{\mathrm{T}}(t)]^{\mathrm{T}} \in \mathbb{R}^{n_\xi}$ 是增广状态；$\varphi(t)$ 是一个 $t\in[-\tau_M, 0]$ 上的连续函数；其余矩阵为

$$\bar{A}_i = \begin{bmatrix} A_i & B_i C_{c_i} \\ 0 & A_{c_i} \end{bmatrix}, \bar{B}_i = \begin{bmatrix} 0 & 0 \\ B_{c_i}C_i & A_{cd_i} \end{bmatrix}, \bar{B}_{1i} = \begin{bmatrix} 0 \\ B_{c_i} \end{bmatrix}, \bar{H}_i = \begin{bmatrix} H_i \\ 0 \end{bmatrix}$$

$$\varDelta\bar{B}_i = \begin{bmatrix} 0 & 0 \\ B_{c_i}\varDelta_f C_i & 0 \end{bmatrix}, \varDelta\bar{B}_{1i} = \begin{bmatrix} 0 \\ B_{c_i}\varDelta_f \end{bmatrix}, \bar{F}_i = \begin{bmatrix} F_i & G_i C_{c_i} \end{bmatrix}$$

此外，从式（4.26）、式（4.30）和式（4.33）可以得到

$$e^{\mathrm{T}}(l_k h)\Omega_{1\sigma(t)}e(l_k h) < \alpha(t_k h)\xi^{\mathrm{T}}(t-\tau(t))\bar{C}_{\sigma(t)}^{\mathrm{T}}\Omega_{2\sigma(t)}\bar{C}_{\sigma(t)}\xi(t-\tau(t)) \tag{4.34}$$

式中，$\bar{C}_i = [C_i \quad 0]$。

由式（4.27）可知，当 $y^{\mathrm{T}}(l_k h)y(l_k h) < \varrho^2$ 时，控制器（4.32）的输入 $f(y(t_k h))$ 等于 0。结合式（4.26）可以得到此情形下的时滞闭环切换系统模型，即

$$\begin{aligned}&\dot{\xi}(t)=\bar{A}_{\sigma(t)}\xi(t)+\bar{A}_{cd_{\sigma(t)}}\xi(t-\tau(t))+\bar{H}_{\sigma(t)}\omega(t)\\&z(t)=\bar{F}_{\sigma(t)}\xi(t)\\&\xi(t)=\varphi(t),\forall t\in[-\tau_M,0]\end{aligned}\tag{4.35}$$

式中，$\bar{A}_{cd_i}=\begin{bmatrix}0&0\\0&A_{cd_i}\end{bmatrix}$。

注释 4.3　一般而言，考虑最坏的情况，即闭环系统（4.35）是不稳定的。那么，根据上面的描述，当 $y^{\mathrm{T}}(l_kh)y(l_kh)\geqslant\varrho^2$ 时，闭环系统（4.33）工作，系统状态将会收敛到稳态。相反，当 $y^{\mathrm{T}}(l_kh)y(l_kh)<\varrho^2$ 时，闭环系统（4.35）工作，系统状态可能会发散，直到发散到动态区域，然后系统（4.33）开始工作，如此往复循环。因此，结合式（4.27）中的判据，系统状态最终将会在动态过程和稳态过程之间的边界处波动。

4.3.2　主要结果

针对上述闭环系统（4.33）或（4.35），本小节主要研究如下两个问题：

（1）如何得到保证闭环切换系统（4.33）或（4.35）是全局一致最终有界的且具有 L_∞ 性能指标的充分条件？

（2）基于稳定性条件，如何求解 L_∞ 动态输出反馈控制器的增益和事件触发参数？

1. 稳定性分析

本小节利用多 Lyapunov 函数方法和平均驻留时间技术，给出了保证闭环切换系统（4.35）具有全局一致最终有界的充分条件。

定理 4.6　对于任意的 $i,j\in\underline{N}$，给定正常数 $\theta,\alpha_M,\tau_M,\gamma,\eta,N_0$ 和 $\mu>1$，如果存在对称正定矩阵 $P_i,\Omega_{1i},\Omega_{2i},Q_i$ 和 R_i 满足

$$\begin{bmatrix}\Psi_i&T_{5i}^{\mathrm{T}}\\ *&-\tau_M^{-2}R_i^{-1}\end{bmatrix}<0\tag{4.36}$$

$$\begin{bmatrix}\mho_i&T_{6i}^{\mathrm{T}}\\ *&-\tau_M^{-2}R_i^{-1}\end{bmatrix}<0\tag{4.37}$$

$$P_i\leqslant\mu P_j,Q_i\leqslant\mu Q_j,R_i\leqslant\mu R_j\tag{4.38}$$

式中，

$$\Psi_i=\begin{bmatrix}\Psi_{1i}+e^{-\theta\tau_M}T_{1i}&T_{2i}&T_{3i}\\ *&-\Omega_{1i}&0\\ *&*&-\gamma^2I\end{bmatrix},\quad \Psi_{1i}=\begin{bmatrix}T_{4i}&0&P_i(\bar{B}_i+\Delta\bar{B}_i)\\ *&-e^{-\theta\tau_M}Q_i&0\\ *&*&\alpha_M\bar{C}_i^{\mathrm{T}}\Omega_{2i}\bar{C}_i\end{bmatrix}$$

$$\mho_i = \begin{bmatrix} \mho_{1i} + e^{-\theta\tau_M} T_{1i} & T_{3i} \\ * & -\gamma^2 I \end{bmatrix}, \quad \mho_{1i} = \begin{bmatrix} T_{4i} & 0 & P_i \bar{A}_{cd_i} \\ * & -e^{-\theta\tau_M} Q_i & 0 \\ * & * & 0 \end{bmatrix}, \quad T_{1i} = \begin{bmatrix} -R_i & 0 & R_i \\ * & -R_i & R_i \\ * & * & -2R_i \end{bmatrix}$$

$T_{2i} = [(\bar{B}_{1i} + \Delta\bar{B}_{1i})^{\mathrm{T}} P_i \quad 0 \quad 0]^{\mathrm{T}}, T_{3i} = [\bar{H}_i^{\mathrm{T}} P_i \quad 0 \quad 0]^{\mathrm{T}}$

$T_{4i} = \mathrm{sym}\{P_i \bar{A}_i\} + \theta P_i + Q_i + \bar{F}_i^{\mathrm{T}} \bar{F}$

$T_{5i} = [\bar{A}_i \quad 0 \quad \bar{B}_i + \Delta\bar{B}_i \quad \bar{B}_{1i} + \Delta\bar{B}_{1i} \quad \bar{H}_i], T_{6i} = [\bar{A}_i \quad 0 \quad \bar{A}_{cd_i} \quad \bar{H}_i]$

那么，在 PDETS 式（4.27）、动态输出反馈控制器（4.32）和切换信号 $\sigma(t)$ 的作用下，闭环切换系统（4.33）或（4.35）具有 L_∞ 性能指标，并且切换信号的平均驻留时间满足

$$\tau_a > \tau_a^* = \frac{\ln \mu}{\theta} \tag{4.39}$$

证明 考虑如下分段 Lyapunov 函数：

$$V(\xi(t)) = V_{\sigma(t)}(\xi(t)) = \sum_{j=1}^{3} V_{j\sigma(t)}(\xi(t))$$

式中，

$$V_{1\sigma(t)}(\xi(t)) = \xi^{\mathrm{T}}(t) P_{\sigma(t)} \xi(t)$$

$$V_{2\sigma(t)}(\xi(t)) = \int_{t-\tau_M}^{t} \mathrm{e}^{\theta(s-t)} \xi^{\mathrm{T}}(s) Q_{\sigma(s)} \xi(s) \mathrm{d}s$$

$$V_{3\sigma(t)}(\xi(t)) = \tau_M \int_{-\tau_M}^{0} \int_{t+s}^{t} \mathrm{e}^{\theta(v-t)} \dot{\xi}^{\mathrm{T}}(v) R_{\sigma(v)} \dot{\xi}(v) \mathrm{d}v \mathrm{d}s$$

存在正常数 a 和 b 满足

$$a \| \xi(t) \|^2 \leqslant V(\xi(t)) \leqslant b\bar{G}(t) \tag{4.40}$$

式中，

$$a = \min_{i \in \underline{N}} \{\lambda_{\min}(P_i)\}$$

$$b = \max_{i \in \underline{N}} \{\lambda_{\max}(P_i)\} + \frac{1}{\theta} \max_{i \in \underline{N}} \{\lambda_{\max}(Q_i)\} + \frac{\tau_M^2}{\theta} \max_{i \in \underline{N}} \{\lambda_{\max}(R_i)\}$$

$$\bar{G}(t) = \max\{\| \xi(t) \|^2, \| \xi(t-\tau_M) \|^2, \| \dot{\xi}(t) \|^2\}$$

条件（4.40）的推导过程将在定理 4.6 的证明完毕后给出。根据注释 4.3，定义一组时间序列 $\mathbb{S} = [T_0, T_1, T_2, \cdots]$，其中 $T_0 = 0$ 和 $[T_1, T_2, \cdots]$ 表示满足 $y^{\mathrm{T}}(t) y(t) = \rho^2$ 的有序时间序列。那么，对于 $y^{\mathrm{T}}(t) y(t) \geqslant \rho^2$，系统工作在动态过程的时间间隔定义为

$$\mathbb{S}_1 = [T_0, T_1] \cup [T_2, T_3] \cup \cdots \cup [T_{2g}, T_{2g+1}] \cup \cdots, \quad g \in \mathbb{N}$$

对于 $y^{\mathrm{T}}(t) y(t) < \rho^2$，系统工作在稳态过程的时间间隔定义为

$$\mathbb{S}_2=(T_1,T_2)\cup(T_3,T_4)\cup\cdots\cup(T_{2f+1},T_{2f+2})\cup\cdots,\quad f\in\mathbb{N}$$

因此，下面证明将根据切换子系统的工作周期$[t'_q,t'_{q+1})$与系统工作在动态和稳态过程区间的关系，分为三种情况进行分析。

情况 1：子系统工作周期$[t'_q,t'_{q+1})\subset[T_{2g},T_{2g+1}]\subset\mathbb{S}_1$并且$y^{\mathrm{T}}(t)y(t)\geqslant\rho^2$，此时工作的子系统为切换系统（4.33）。那么，由式（4.29）可知$\alpha(t_kh)$的最大值为α_M，进而对于任意$t\in[t_kh+\tau_k,t_{k+1}h+\tau_{k+1})$，有

$$e^{\mathrm{T}}(l_kh)\Omega_{1\sigma(t)}e(l_kh)<\alpha_M\xi^{\mathrm{T}}(t-\tau(t))\bar{C}^{\mathrm{T}}_{\sigma(t)}\Omega_{2\sigma(t)}\bar{C}_{\sigma(t)}\xi(t-\tau(t))\tag{4.41}$$

对任意$t\in[t'_q,t'_{q+1})$，假设$\sigma(t'_q)=i$，对式（4.35）的分段 Lyapunov 函数$V_i(\xi(t))$求导为

$$\begin{aligned}\dot{V}_{1i}(\xi(t))&=\dot{\xi}^{\mathrm{T}}(t)P_i\xi(t)+\xi^{\mathrm{T}}(t)P_i\dot{\xi}(t)\\\dot{V}_{2i}(\xi(t))&=-\theta V_{2i}(\xi(t))+\xi^{\mathrm{T}}(t)Q_i\xi(t)-\mathrm{e}^{-\theta\tau_M}\xi^{\mathrm{T}}(t-\tau_M)Q_i\xi(t-\tau_M)\\\dot{V}_{3i}(\xi(t))&=-\theta V_{3i}(\xi(t))+\tau_M^2\dot{\xi}^{\mathrm{T}}(t)R_i\dot{\xi}(t)-\tau_M\int_{t-\tau_M}^{t}\mathrm{e}^{\theta(s-t)}\dot{\xi}^{\mathrm{T}}(s)R_i\dot{\xi}(s)\mathrm{d}s\\&\leqslant-\theta V_{3i}(\xi(t))+\tau_M^2\dot{\xi}^{\mathrm{T}}(t)R_i\dot{\xi}(t)-\tau_M\mathrm{e}^{-\theta\tau_M}\int_{t-\tau_M}^{t}\dot{\xi}^{\mathrm{T}}(s)R_i\dot{\xi}(s)\mathrm{d}s\end{aligned}\tag{4.42}$$

定义$e(t)\triangleq e(l_kh)$和$\bar{\Phi}(t)\triangleq\bar{\Phi}_{l_k}(t)=[\xi^{\mathrm{T}}(t)\quad\xi^{\mathrm{T}}(t-\tau_M)\quad\xi^{\mathrm{T}}(t-\tau(t))\quad e^{\mathrm{T}}(l_kh)\quad\omega^{\mathrm{T}}(t)]^{\mathrm{T}}$，有

$$\tau_M^2\dot{\xi}^{\mathrm{T}}(t)R_i\dot{\xi}(t)=\tau_M^2\bar{\Phi}^{\mathrm{T}}(t)T_{5i}^{\mathrm{T}}R_iT_{5i}\bar{\Phi}(t)\tag{4.43}$$

再根据引理 2.4，可得

$$-\tau_M\int_{t-\tau_M}^{t}\dot{\xi}^{\mathrm{T}}(s)R_i\dot{\xi}(s)\mathrm{d}s\leqslant\bar{\Phi}^{\mathrm{T}}(t)\tilde{T}_{1i}\bar{\Phi}(t)\tag{4.44}$$

式中，$\tilde{T}_{1i}=\begin{bmatrix}T_{1i}&0\\ *&0\end{bmatrix}$。

进而，基于条件式（4.33）、式（4.42）、式（4.43）和式（4.44）可以得到

$$\begin{aligned}\dot{V}_i(\xi(t))\leqslant&\ \xi^{\mathrm{T}}(t)(\bar{A}_i^{\mathrm{T}}P_i+P_i\bar{A}_i+\theta P_i+Q_i)\xi(t)+\xi^{\mathrm{T}}(t-\tau(t))(\bar{B}_i+\Delta\bar{B}_i)^{\mathrm{T}}P_i\xi(t)\\&+\xi^{\mathrm{T}}(t)P_i(\bar{B}_i+\Delta\bar{B}_i)\xi(t-\tau(t))+e^{\mathrm{T}}(t)(\bar{B}_{1i}+\Delta\bar{B}_{1i})^{\mathrm{T}}P_i\xi(t)\\&+\xi^{\mathrm{T}}(t)P_i(\bar{B}_{1i}+\Delta\bar{B}_{1i})e(t)+\omega^{\mathrm{T}}(t)\bar{H}_{1i}^{\mathrm{T}}P_i\xi(t)\\&+\xi^{\mathrm{T}}(t)P_i\bar{H}_{1i}\omega(t)-\mathrm{e}^{-\theta\tau_M}\xi^{\mathrm{T}}(t-\tau_M)Q_i\xi(t-\tau_M)\\&+\tau_M^2\bar{\Phi}^{\mathrm{T}}(t)T_{5i}^{\mathrm{T}}R_iT_{5i}\bar{\Phi}(t)+\mathrm{e}^{-\theta\tau_M}\bar{\Phi}^{\mathrm{T}}(t)\tilde{T}_{1i}\bar{\Phi}(t)-\theta V_i(\xi(t))\end{aligned}\tag{4.45}$$

此外，有$z^{\mathrm{T}}(t)z(t)=\xi^{\mathrm{T}}(t)\bar{F}_i^{\mathrm{T}}\bar{F}_i\xi(t)$，再由式（4.33）、式（4.36）、式（4.41）和式（4.45）可得

$$\begin{aligned}\dot{V}_i(\xi(t))\leqslant&\ \bar{\Phi}^{\mathrm{T}}(t)(\Psi_i+\tau_M^2T_{5i}^{\mathrm{T}}R_iT_{5i})\bar{\Phi}(t)-z^{\mathrm{T}}(t)z(t)+\gamma^2\omega^{\mathrm{T}}(t)\omega(t)\\&-\alpha_M\xi^{\mathrm{T}}(t-\tau(t))\bar{C}_i^{\mathrm{T}}\Omega_{2i}\bar{C}_i\xi(t-\tau(t))+e^{\mathrm{T}}(t)\Omega_{1i}e(t)-\theta V_i(\xi(t))\end{aligned}\tag{4.46}$$

由式（4.36）、式（4.41）和式（4.46）和比较引理，可得

$$V_i(\xi(t)) \leqslant \mathrm{e}^{-\theta(t-t'_q)} V_i(\xi(t'_q)) + \int_{t'_q}^{t} Y(s)\mathrm{d}s, \quad t \in [t'_q, t'_{q+1}) \tag{4.47}$$

此外，注意到 $z^{\mathrm{T}}(t)z(t) \geqslant 0$。为分析系统稳定性，令 $\omega(t)=0$，从式（4.47）可得

$$V_i(\xi(t)) \leqslant \mathrm{e}^{-\theta(t-t'_q)} V_i(\xi(t'_q)) \tag{4.48}$$

由于 $[t'_q, t'_{q+1}) \subset [T_{2g}, T_{2g+1}]$，时间范围有限，且 Lyapunov 函数 $V_i(\xi(t))$ 连续，从式（4.48）可知，在区间 $[t'_q, t'_{q+1})$ 上，一定存在一个时间常数 $\overline{T}_q \in [t'_q, t'_{q+1})$ 使得

$$V_i(\xi(t)) \leqslant \mathrm{e}^{-\theta(T_q - t'_q)} V_i(\xi(t'_q)) \tag{4.49}$$

进而，由式（4.40）和式（4.49）可得

$$\| \xi(t) \|^2 \leqslant \frac{b}{a} \mathrm{e}^{-\theta(\overline{T}_q - t'_q)} \overline{G}(t'_q) \tag{4.50}$$

因此，当外界干扰 $\omega(t)=0$ 且 $[t'_q, t'_{q+1}) \subset [T_{2g}, T_{2g+1}]$ 时，在动态输出反馈控制器（4.32）作用下，切换系统（4.33）的状态 $\xi(t)$ 是有界的。

情况 2： 子系统工作周期 $[t'_q, t'_{q+1}) \subset (T_{2f+1}, T_{2f+2}) \subset \mathbb{S}_2$ 并且 $y^{\mathrm{T}}(t)y(t) < \rho^2$，此时工作的子系统为切换系统（4.35）。注意，根据 PDETS 可知，此间隔不包含任何事件触发时刻。因此，可以得到 $V_i(\xi(t))$ 对时间的导数，即（4.42）所示。

令 $\hat{\Phi}(t) \triangleq [\xi^{\mathrm{T}}(t) \quad \xi^{\mathrm{T}}(t-\tau_M) \quad \xi^{\mathrm{T}}(t-\tau(t)) \quad \omega^{\mathrm{T}}(t)]^{\mathrm{T}}$，有

$$\tau_M^2 \dot{\xi}^{\mathrm{T}}(t) R_i \dot{\xi}(t) = \tau_M^2 \hat{\Phi}^{\mathrm{T}}(t) T_{6i}^{\mathrm{T}} R_i T_{6i} \hat{\Phi}(t) \tag{4.51}$$

根据引理 2.4，可得

$$-\tau_M \int_{t-\tau_M}^{t} \dot{\xi}^{\mathrm{T}}(s) R_i \dot{\xi}(s)\mathrm{d}s \leqslant \hat{\Phi}^{\mathrm{T}}(t) \tilde{T}_{2i} \hat{\Phi}(t) \tag{4.52}$$

式中，$\tilde{T}_{2i} = \begin{bmatrix} T_{1i} & 0 \\ * & 0 \end{bmatrix}$ 与在式(4.44)中定义的 $\tilde{T}_{1i}$ 具有不同的维度。那么，由式(4.35)、式（4.37）、式（4.42）、式（4.51）和式（4.52），可以得到不等式（4.48），进而推导出式（4.47）。

此外，通过与式（4.48）和式（4.49）相似的讨论，在区间 $[t'_q, t'_{q+1})$ 上，一定存在一个时间常数 $\hat{T}_q \in [t'_q, t'_{q+1})$，有

$$\| \xi(t) \|^2 \leqslant \frac{b}{a} \mathrm{e}^{-\theta(\hat{T}_q - t'_q)} \overline{G}(t'_q) \tag{4.53}$$

因此，当外界干扰 $\omega(t)=0$ 且 $[t'_q, t'_{q+1}) \subset (T_{2f+1}, T_{2f+2})$ 时，在动态输出反馈控制器（4.32）作用下，切换系统（4.35）的状态 $\xi(t)$ 是有界的。

情况 3： 子系统工作周期 $[t'_q, t'_{q+1}) \cap \mathbb{S}_1 \neq \varnothing$ 且 $[t'_q, t'_{q+1}) \cap \mathbb{S}_2 \neq \varnothing$，即此间隔既包

含动态过程也包含稳态过程。因此，产生如下三种情形。

情形 1：$t'_q \in \mathbb{S}_1$ 且 $t'_{q+1} \in \mathbb{S}_2$。

情形 2：$t'_q \in \mathbb{S}_1, t'_{q+1} \in \mathbb{S}_1$ 且 $(t'_q, t'_{q+1}) \cap \mathbb{S}_2 \neq \varnothing$。

情形 3：$t'_q \in \mathbb{S}_2, t'_{q+1} \in \mathbb{S}_2$ 且 $(t'_q, t'_{q+1}) \cap \mathbb{S}_1 \neq \varnothing$。

事实上，这三种情形的分析方法是相似的，因此，下面以情形 1 为例进行分析。假设 $t'_q \in [T_{2e}, T_{2e+1}] \subset \mathbb{S}_1$ 且 $t'_{q+1} \in (T_{2s+1}, T_{2s+2}) \subset \mathbb{S}_2$，$e, s \in \mathbb{N}$ 以及 $s \geqslant e$，则区间 $[t'_q, t'_{q+1})$ 可分为

$$[t'_q, t'_{q+1}) = [t'_q, T_{2e+1}] \cup (T_{2e+1}, T_{2e+2}) \cup [T_{2e+2}, T_{2e+3}] \cup \cdots \cup (T_{2s+1}, t'_{q+1}) \tag{4.54}$$

进而，对于 $[t'_q, T_{2e+1}]$, $[T_{2e+2}, T_{2e+3}]$, …, $[T_{2s}, T_{2s+1}]$ 中的每个子区间，使用与情况 1 相似的证明方法；对于 $(T_{2e+1}, T_{2e+2}), (T_{2e+3}, T_{2e+4}), \cdots, (T_{2s+1}, t'_{q+1})$ 中的每个子区间，使用与情况 2 相似的证明方法，最后可得到与式（4.47）、式（4.50）和式（4.51）形式相似的不等式。因此，对于情况 3，当外界干扰 $\omega(t) = 0$ 时，在动态输出反馈控制器（4.32）作用下，分别与系统的动态和稳态过程相对应可得切换系统（4.33）或（4.35）的状态 $\xi(t)$ 是有界的。

总之，对于上述三种情况中的任何一种，切换系统的状态在任意切换工作周期 $[t'_q, t'_{q+1})$ 上都是有界的。那么，在由许多切换工作周期组成的整个时间段上，系统的状态是有界的，并且所有切换工作周期中的最大界值就可以作为整个时间段上的界值。注意到系统状态在整个时间周期上是从初始状态开始变化的，那么一定存在一个与初始状态相关的正实数 $\mathfrak{B}(\xi(0))$ 满足

$$\| \xi(t) \| \leqslant \mathfrak{B}(\xi(0)), t \in [0, \infty) \tag{4.55}$$

因此，根据定义 2.5，在 PDETS 和动态输出反馈控制器作用下，切换系统（4.33）或（4.35）的状态 $\xi(t)$ 是全局一致最终有界的。

另外，从条件式（4.40）和式（4.55）可知 $\bar{G}(t)$ 是有界的。定义 $F(\xi(0)) = \max\{\bar{G}(t)\}$，当外界干扰 $\omega(t) \neq 0$ 时，由条件（4.47）有

$$\begin{aligned} V(\xi(t)) &\leqslant bF(\xi(0)) + \int_0^t \mathrm{e}^{-\theta(t-s)} \left[\gamma^2 \omega^{\mathrm{T}}(s)\omega(s) - z^{\mathrm{T}}(s)z(s)\right] \mathrm{d}s \\ &\leqslant bF(\xi(0)) + \int_0^t \mathrm{e}^{-\theta(t-s)} \gamma^2 \omega^{\mathrm{T}}(s)\omega(s)\mathrm{d}s - \int_0^t \mathrm{e}^{-\theta(t-s)} z^{\mathrm{T}}(s)z(s)\mathrm{d}s \end{aligned} \tag{4.56}$$

进而，由式（4.56）可得

$$\begin{aligned} \int_0^t \mathrm{e}^{-\theta(t-s)} z^{\mathrm{T}}(s)z(s)\mathrm{d}s &\leqslant bF(\xi(0)) + \int_0^t \mathrm{e}^{-\theta(t-s)} \gamma^2 \omega^{\mathrm{T}}(s)\omega(s)\mathrm{d}s - V(\xi(t)) \\ &= \frac{b\theta}{1-\mathrm{e}^{-\theta t}} F(\xi(0)) \int_0^t \mathrm{e}^{-\theta(t-s)} \mathrm{d}s + \int_0^t \mathrm{e}^{-\theta(t-s)} \gamma^2 \omega^{\mathrm{T}}(s)\omega(s)\mathrm{d}s - V(\xi(t)) \\ &\leqslant \int_0^t \mathrm{e}^{-\theta(t-s)} \theta' bF(\xi(0))\mathrm{d}s + \int_0^t \mathrm{e}^{-\theta(t-s)} \gamma^2 \omega^{\mathrm{T}}(s)\omega(s)\mathrm{d}s - V(\xi(t)) \end{aligned}$$

式中，$\theta' = \max\limits_{t\in[0,\infty)}\{\dfrac{\theta}{1-\mathrm{e}^{-\theta t}}\}$。此外，注意$V_i(\xi(t))\geqslant 0$，则有

$$z^{\mathrm{T}}(t)z(t)\leqslant \theta' bF(\xi(0))+\gamma^2\omega^{\mathrm{T}}(t)\omega(t)$$

进而，由上述得到的结论和条件$\omega^{\mathrm{T}}(t)\omega(t)\leqslant\|\omega(t)\|_\infty^2$与$z^{\mathrm{T}}(t)z(t)\leqslant\|z(t)\|_\infty^2$，可得

$$\|z(t)\|_\infty\leqslant\gamma\|\omega(t)\|_\infty+\sqrt{\theta' bF(\xi(0))} \tag{4.57}$$

根据定义 2.6，在 PDETS 和动态输出反馈控制器（4.32）作用下，切换系统（4.33）或（4.35）具有一定的L_∞性能指标。

注释 4.4 此部分是用来证明条件（4.40）是成立的。显然有

$$a\|\xi(t)\|^2\leqslant V(\xi(t))$$

式中，$a=\min\limits_{i\in\underline{N}}\{\lambda_{\min}(P_i)\}$。

另外，$V(\xi(t))\leqslant b\max\{\|\xi(t)\|^2,\|\xi(t-\tau_M)\|^2,\|\dot{\xi}(t)\|^2\}$的推导过程如下。

首先，

$$V_{1i}(\xi(t))=\xi^{\mathrm{T}}(t)P_i\xi(t)\leqslant\max_{i\in\underline{N}}\{\lambda_{\max}(P_i)\}\|\xi(t)\|^2$$

此外，定义$u(s)=\xi^{\mathrm{T}}(s)Q_i\xi(s)$和$\dot{v}(s)=\mathrm{e}^{\theta(s-t)}$，然后，利用分部积分法可得

$$\begin{aligned}V_{2i}(\xi(t))&=\int_{t-\tau_M}^{t}\mathrm{e}^{\theta(s-t)}\xi^{\mathrm{T}}(s)Q_i\xi(s)\mathrm{d}s\\&=u(s)v(s)\Big|_{t-\tau_M}^{t}-\int_{t-\tau_M}^{t}\dot{u}(s)v(s)\mathrm{d}s\\&=\frac{\mathrm{e}^{\theta(s-t)}}{\theta}\xi^{\mathrm{T}}(s)Q_i\xi(s)\Big|_{t-\tau_M}^{t}-\int_{t-\tau_M}^{t}\dot{u}(s)v(s)\mathrm{d}s\\&\leqslant\frac{1}{\theta}\xi^{\mathrm{T}}(t)Q_i\xi(t)-\int_{t-\tau_M}^{t}\dot{u}(s)v(s)\mathrm{d}s\end{aligned}$$

进而，当$\dot{u}(s)\geqslant 0$时，可知

$$V_{2i}(\xi(t))\leqslant\frac{1}{\theta}\xi^{\mathrm{T}}(t)Q_i\xi(t)\leqslant\frac{1}{\theta}\max_{i\in\underline{N}}\{\lambda_{\max}(Q_i)\}\|\xi(t)\|^2$$

当$\dot{u}(s)<0$时，下面的不等式成立，即

$$\begin{aligned}V_{2i}(\xi(t))&\leqslant\frac{1}{\theta}\xi^{\mathrm{T}}(t)Q_i\xi(t)-\int_{t-\tau_M}^{t}\dot{u}(s)v(s)\mathrm{d}s\\&\leqslant\frac{1}{\theta}\xi^{\mathrm{T}}(t)Q_i\xi(t)-\frac{1}{\theta}\xi^{\mathrm{T}}(s)Q_i\xi(s)\Big|_{t-\tau_M}^{t}\\&=\frac{1}{\theta}\xi^{\mathrm{T}}(t-\tau_M)Q_i\xi(t-\tau_M)\\&\leqslant\frac{1}{\theta}\max_{i\in\underline{N}}\{\lambda_{\max}(Q_i)\}\|\xi(t-\tau_M)\|^2\end{aligned}$$

因此，有

$$V_{2i}(\xi(t)) \leqslant \frac{1}{\theta}\max_{i\in \underline{N}}\{\lambda_{\max}(Q_i)\}\max\{\|\xi(t)\|^2, \|\xi(t-\tau_M)\|^2\}$$

此外，对 Lyapunov 函数 $V_{3i}(\xi(t))$ 的推导过程和上面的过程类似，最终可以得到不等式 $V_{3i}(\xi(t)) \leqslant \frac{\tau_M^2}{\theta}\max_{i\in \underline{N}}\{\lambda_{\max}(R_i)\}\|\dot{\xi}(t)\|^2$。因此，条件（4.40）是成立的。

2. 控制器设计

基于定理 4.6，下面定理给出了一组求解动态输出反馈控制器增益和事件触发参数的充分条件。

定理 4.7 对于任意的 $i, j \in \underline{N}$，给定正常数 $\theta, \alpha_M, \tau_M, \gamma, \eta, \delta_{fs}, N_0$ 和 $\mu > 1$，如果存在矩阵 Λ_{ri} $(r=1,2,3,4)$，对称正定矩阵 $X_i, Y_i, \tilde{Q}_i, \tilde{R}_i$ 以及相应的事件触发加权矩阵 Ω_{1i}, Ω_{2i} 满足

$$Z_i = \begin{bmatrix} X_i & I \\ * & Y_i \end{bmatrix} > 0 \tag{4.58}$$

$$\begin{bmatrix} \Theta_{1i} & \Theta_{2i} \\ * & \Theta_{3i} \end{bmatrix} < 0, \begin{bmatrix} \vartheta_{1i} & \vartheta_{2i} \\ * & \vartheta_{3i} \end{bmatrix} < 0 \tag{4.59}$$

$$K_i^{-\mathrm{T}}\tilde{Q}_i K_i^{-1} \leqslant \mu K_j^{-\mathrm{T}}\tilde{Q}_j K_j^{-1}, K_i^{-\mathrm{T}}\tilde{R}_i K_i^{-1} \leqslant \mu K_j^{-\mathrm{T}}\tilde{R}_j K_j^{-1} \tag{4.60}$$

式中，

$$\Theta_{1i} = \begin{bmatrix} \Psi'_{1i} + \mathrm{e}^{-\theta\tau_M}T'_{2i} & T'_{1i} \\ * & T'_{3i} \end{bmatrix}$$

$$\Theta_{2i} = \begin{bmatrix} T'_{4i} & T'_{5i} & T'_{6i} & T'_{7i} \end{bmatrix}, \Theta_{3i} = \mathrm{diag}\{-I, -\alpha_M^{-1}\Omega_{2i}^{-1}, -\eta^{-1}\delta_{fs}^{-2}I, -\eta I\}$$

$$\Psi'_{1i} = \begin{bmatrix} W_{1i} + W_{1i}^{\mathrm{T}} + \theta Z_i + \tilde{Q}_i & 0 & W_{2i} \\ * & -\mathrm{e}^{-\theta\tau_M}\tilde{Q}_i & 0 \\ * & * & 0 \end{bmatrix}$$

$$\vartheta_{1i} = \begin{bmatrix} \mho'_{1i} + \mathrm{e}^{-\theta\tau_M}T'_{2i} & T'_{8i} \\ * & -\gamma^2 I \end{bmatrix}$$

$$\vartheta_{2i} = \begin{bmatrix} T'_{9i} & T'_{10i} \end{bmatrix}, \vartheta_{3i} = \mathrm{diag}\{W_{5i}, -I\}$$

$$\mho'_{1i}=\begin{bmatrix} W_{1i}+W_{1i}^{\mathrm{T}}+\theta Z_i+\tilde{Q}_i & 0 & W_{11i} \\ * & -\mathrm{e}^{-\theta\tau_M}\tilde{Q}_i & 0 \\ * & * & 0 \end{bmatrix}$$

$$T'_{1i}=\begin{bmatrix} W_{3i} & W_{4i} & W_{1i} \\ * & 0 & 0 \\ * & * & W_{2i}^{\mathrm{T}} \end{bmatrix}, T'_{2i}=\begin{bmatrix} -\tilde{R}_i & 0 & \tilde{R}_i \\ * & -\tilde{R}_i & \tilde{R}_i \\ * & * & -2\tilde{R}_i \end{bmatrix}$$

那么，可以得到相对应的事件触发动态输出反馈控制器增益矩阵，即

$$\begin{aligned} B_{c_i} &= N_i^{-1}\varLambda_{2i}, C_{c_i}=\varLambda_{1i}^{\mathrm{T}}(M_i^{-1})^{\mathrm{T}} \\ A_{c_i} &= N_i^{-1}(\varLambda_{4i}-X_iA_i^{\mathrm{T}}Y_i-M_iC_{c_i}B_i^{\mathrm{T}}Y_i)^{\mathrm{T}}(M_i^{-1})^{\mathrm{T}} \\ A_{cd_i} &= N_i^{-1}(\varLambda_{3i}-N_iB_{c_i}C_iX_i)(M_i^{-1})^{\mathrm{T}} \end{aligned} \tag{4.61}$$

式中，$N_iM_i^{\mathrm{T}}=I-Y_iX_i$ 以及 $\mu>1$ 满足 $S_iK_i^{-1}\leqslant \mu S_jK_j^{-1}$，并且

$$S_i=\begin{bmatrix} I & Y_i \\ 0 & N_i^{\mathrm{T}} \end{bmatrix},\ K_i=\begin{bmatrix} X_i & I \\ M_i^{\mathrm{T}} & 0 \end{bmatrix} \tag{4.62}$$

证明 定义对称正定矩阵

$$P_i=\begin{bmatrix} Y_i & N_i \\ * & W_i \end{bmatrix}, P_i^{-1}=\begin{bmatrix} X_i & M_i \\ * & 0 \end{bmatrix}$$

由式（4.62）可知 $P_iK_i=S_i$ 和 $K_i^{\mathrm{T}}P_iK_i=K_i^{\mathrm{T}}S_i=Z_i>0$，因此可以得到式（4.58）。此外，定义 $\varDelta\bar{B}_i=V_{1i}\varDelta'_fV_{2i}, \varDelta\bar{B}_{1i}=V_{1i}\varDelta'_fV_{3i}$，$V_{1i}=\begin{bmatrix} 0 & 0 \\ B_{c_i} & 0 \end{bmatrix}, V_{2i}=\begin{bmatrix} C_i & 0 \\ 0 & 0 \end{bmatrix}, V_{3i}=\begin{bmatrix} I \\ 0 \end{bmatrix}$ 和 $\varDelta'_f=\begin{bmatrix} \varDelta_f & 0 \\ 0 & 0 \end{bmatrix}$，再定义式（4.36）中不等式左侧的矩阵为 $\varSigma_i$，利用引理 2.2，有

$$\varSigma_i=\bar{\varSigma}_i+\mathrm{sym}\{H_{Bi}^{\mathrm{T}}\varDelta'_fH_{gi}\}<0 \tag{4.63}$$

式中，

$$\bar{\varSigma}_i=\begin{bmatrix} \bar{\varPsi}_i & \varXi_{1i}^{\mathrm{T}} & \varXi_{4i}^{\mathrm{T}} & \varXi_{5i}^{\mathrm{T}} \\ * & -\tau_M^{-2}R_i^{-1} & 0 & 0 \\ * & * & -I & 0 \\ * & * & * & -\alpha_M^{-1}\varOmega_{2i}^{-1} \end{bmatrix}$$

$$\bar{\varPsi}_i=\begin{bmatrix} \bar{\varPsi}_{1i}+\mathrm{e}^{-\theta\tau_M}T_{1i} & \varXi_{2i} & T_{3i} \\ * & -\varOmega_{1i} & 0 \\ * & * & -\gamma^2I \end{bmatrix}, \bar{\varPsi}_{1i}=\begin{bmatrix} \varXi_{3i} & 0 & P_i\bar{B}_i \\ * & -\mathrm{e}^{-\theta\tau_M}Q_i & 0 \\ * & * & 0 \end{bmatrix}$$

$$\Xi_{1i}=[\bar{A}_i \quad 0 \quad \bar{B}_i \quad \bar{B}_{1i} \quad \bar{H}_i],\Xi_{2i}=[\bar{B}_{1i}^{\mathrm{T}}P_i \quad 0 \quad 0]^{\mathrm{T}}$$

$$\Xi_{3i}=\bar{A}_i^{\mathrm{T}}P_i+P_i\bar{A}_i+\theta P_i+Q_i,\Xi_{4i}=[\bar{F}_i \quad 0 \quad 0 \quad 0 \quad 0],\Xi_{5i}=[0 \quad 0 \quad \bar{C}_i \quad 0 \quad 0]$$

$$H_{Bi}=\begin{bmatrix}V_{1i}^{\mathrm{T}}P_i & 0 & 0 & 0 & 0 & V_{1i}^{\mathrm{T}} & 0 & 0\end{bmatrix},H_{gi}=\begin{bmatrix}0 & 0 & V_{2i} & V_{3i} & 0 & 0 & 0 & 0\end{bmatrix}$$

此外，根据引理 2.1 以及 $\varDelta_{fs}\in[-\delta_{fs},\delta_{fs}]$，存在一个标量 $\eta>0$ 满足

$$\mathrm{sym}\{H_{Bi}^{\mathrm{T}}\varDelta_f' H_{gi}\}\leqslant\eta\delta_{fs}^2H_{Bi}^{\mathrm{T}}H_{Bi}+\eta^{-1}H_{gi}^{\mathrm{T}}H_{gi}$$

进而，不等式（4.63）可以转化为

$$\begin{bmatrix}\bar{\Sigma}_i & H_{Bi}^{\mathrm{T}} & H_{gi}^{\mathrm{T}} \\ * & -\eta^{-1}\delta_{fs}^{-2}I & 0 \\ * & * & -\eta I\end{bmatrix}<0 \tag{4.64}$$

另外，利用引理 2.2 可以将不等式（4.37）转化为

$$\begin{bmatrix}\bar{\Sigma}_{2i} & \Xi_{4i}^{\mathrm{T}} \\ * & -I\end{bmatrix}<0 \tag{4.65}$$

式中，

$$\bar{\Sigma}_{2i}=\begin{bmatrix}\bar{\mho}_i & T_{6i}^{\mathrm{T}} \\ * & -\tau_M^{-2}R_i^{-1}\end{bmatrix},\bar{\mho}_i=\begin{bmatrix}\bar{\mho}_{1i}+\mathrm{e}^{-\theta\tau_M}T_{1i} & T_{3i} \\ * & -\gamma^2 I\end{bmatrix}$$

$$\bar{\mho}_{1i}=\begin{bmatrix}\Xi_{3i} & 0 & P_i\bar{A}_{cd_i} \\ * & -\mathrm{e}^{-\theta\tau_M}Q_i & 0 \\ * & * & 0\end{bmatrix}$$

进一步，对不等式（4.64）两边同时乘以 $\mathrm{diag}\{K_i^{\mathrm{T}},K_i^{\mathrm{T}},K_i^{\mathrm{T}},I,I,S_i^{\mathrm{T}},I,I,I,I\}$ 以及它的转置，对不等式（4.65）两边同时乘以 $\mathrm{diag}\{K_i^{\mathrm{T}},K_i^{\mathrm{T}},K_i^{\mathrm{T}},I,S_i^{\mathrm{T}},I\}$ 以及它的转置，根据引理 2.5，有

$$-\tau_M^{-2}S_i^{\mathrm{T}}R_i^{-1}S_i=\tau_M^{-2}(\sigma^2\tilde{R}_i-2\sigma Z_i)$$

此外，令 $\tilde{Q}_i=K_i^{\mathrm{T}}Q_iK_i,\tilde{R}_i=K_i^{\mathrm{T}}R_iK_i$ 以及定义下面的变量替换：

$$\varLambda_{1i}=M_iC_{c_i}^{\mathrm{T}},\varLambda_{2i}=N_iB_{c_i},\varLambda_{3i}=N_iB_{c_i}C_iX_i+N_iA_{cd_i}M_i^{\mathrm{T}}$$

$$\varLambda_{4i}=X_iA_i^{\mathrm{T}}Y_i+M_iC_{c_i}^{\mathrm{T}}B_i^{\mathrm{T}}Y_i+M_iA_{c_i}^{\mathrm{T}}N_i^{\mathrm{T}}$$

那么，就可以得到式（4.59）中的不等式。并且根据上面 $\tilde{Q}_i,\tilde{R}_i$ 的定义，式（4.38）中的条件 $Q_i\leqslant\mu Q_j$ 和 $R_i\leqslant\mu R_j$ 分别等价于式（4.60）中的不等式，式（4.38）中的不等式 $P_i\leqslant\mu P_j$ 则可以利用条件 $P_iK_i=S_i$ 转化为 $S_iK_i^{-1}\leqslant\mu S_jK_j^{-1}$。

综上所述，如果条件式（4.58）、式（4.59）和式（4.60）是可行的，那么闭环切换系统（4.33）和（4.35）的状态是全局一致最终有界的，并且具有 L_∞ 性能指标。动态输出反馈控制器增益可以由式（4.61）获得。

4.3.3 仿真算例

本小节给出一个仿真算例来验证提出方法的有效性。考虑初始状态为 $x(0)=[-0.8\quad 0.7]^{\mathrm{T}}$ 的具有两个子系统的切换线性系统，各矩阵参数如下：

$$A_1=\begin{bmatrix}-0.2 & 0.1\\ 0.3 & 0.1\end{bmatrix}, A_2=\begin{bmatrix}-0.1 & 0.1\\ 0.2 & 0.08\end{bmatrix}, B_1=-\begin{bmatrix}0.1\\ 0.2\end{bmatrix}, B_2=\begin{bmatrix}0.2\\ 0.1\end{bmatrix}$$

$$H_1=\begin{bmatrix}0.2\\ 0.3\end{bmatrix}, H_2=\begin{bmatrix}0.1\\ 0.1\end{bmatrix}, C_1=\begin{bmatrix}0.3 & 0.5\end{bmatrix}, C_2=\begin{bmatrix}0.2 & 0.6\end{bmatrix}$$

$$F_1=\begin{bmatrix}0.5 & 0.5\end{bmatrix}, F_2=\begin{bmatrix}0.3 & 0.7\end{bmatrix}, G_1=0.1, G_2=0.2$$

外部扰动信号为

$$\omega(t)=\begin{cases}0.02\sin(2\pi t), & t\in[0,20)\\ 0, & t\in[20,50)\end{cases}$$

其他参数选择为 $\theta=0.54,\alpha_m=0.1,\alpha_M=0.5,\tau_M=0.15,\gamma=0.68,\eta=0.3,\sigma=0.5,$ $\rho_{fs}=0.818$ 和 $\mu=796.2547$。由于 $h+\tau_k\leqslant\tau_M$，选取采样周期 $h=0.02$ 和传输延迟 $\tau_k\leqslant 0.02$。那么，通过求解 LMIs 式（4.58）～式（4.60），可以得到相应的事件触发参数和动态输出反馈控制器增益为

$$\Omega_{11}=22943,\ \Omega_{21}=8685.6,\ \Omega_{12}=19475,\ \Omega_{22}=8686.1$$

$$A_{c_1}=-\begin{bmatrix}0.3810 & 0.3301\\ 1.8396 & 6.5859\end{bmatrix}, A_{c_2}=-\begin{bmatrix}0.2870 & 0.4452\\ -0.0760 & 1.6739\end{bmatrix}, B_{c_1}=-\begin{bmatrix}0.2372\\ 9.7811\end{bmatrix}$$

$$A_{cd_1}=-\begin{bmatrix}0.0190 & 0.0499\\ 0.9341 & 2.3298\end{bmatrix}, A_{cd_2}=\begin{bmatrix}0.4153 & -0.8076\\ 1.2104 & -2.3600\end{bmatrix}, B_{c_2}=-\begin{bmatrix}2.1583\\ 6.3064\end{bmatrix}$$

$$C_{c_1}=-\begin{bmatrix}3.6420 & 12.9716\end{bmatrix}, C_{c_2}=\begin{bmatrix}-5.7090 & 7.9490\end{bmatrix}$$

此外，由式（4.39）可以计算出 $\tau_a^*=12.3702$，设置平均驻留时间 $\tau_a=12.4$，以及颤抖界 $N_0=3$。

图 4.5 的（a）、（b）分别显示为二维闭环系统的状态响应以及切换信号。图 4.6 的（a）、（b）分别描述了在 $\rho=0.0010$ 时，系统测量输出 $y(t)$ 和被控输出 $z(t)$ 的变化情况，可以看出 $y(t)$ 在 0.0010 上下波动，验证了注释 4.3 中的描述。同时可以了解到，在 PDETS 和动态输出反馈控制器作用下，切换系统的状态是全局一致最终有界的。

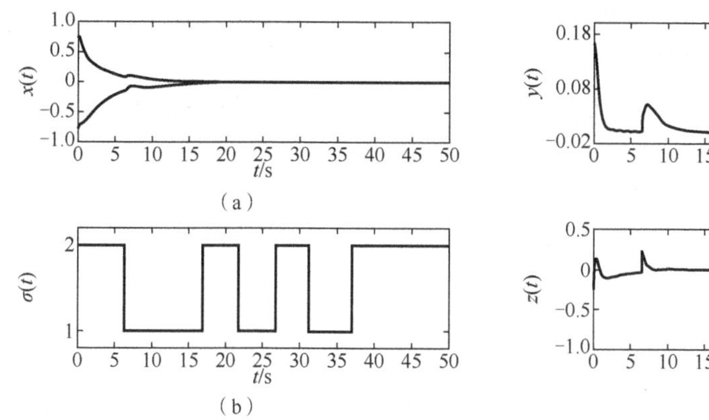

图 4.5 系统状态 $x(t)$ 和切换信号 $\sigma(t)$

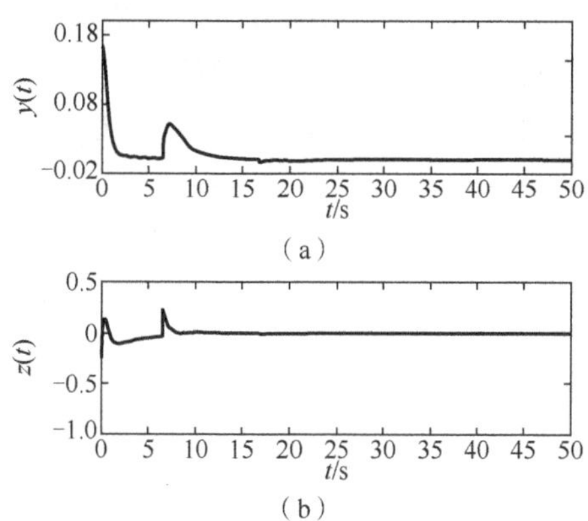

图 4.6 系统测量输出 $y(t)$ 和系统被控输出 $z(t)$

PDETS 的事件触发执行时刻和执行间隔（$\rho = 0.0010$）如图 4.7 所示。从图 4.5（a）可知，系统的状态响应 $x(t)$ 达到了稳态区间。图 4.7 表明在 PDETS 作用下，在大约 18s 以后就不再发生事件触发，这验证了 PDETS 在保持系统稳定的同时可减少事件触发的频率。另外，图 4.7 也表明了每个执行间隔至少是预先设定的采样周期 $h = 0.02$。

在自适应规则（4.29）作用下，当 $\lambda = 2$ 和 $\beta = 3$ 时，$\alpha(t_k h)$ 的自适应变化如图 4.8 所示。可从图 4.5（a）、图 4.6 和图 4.8 看出，当系统有发散趋势时，$\alpha(t_k h)$ 会变小，从而允许一个更快的传输频率；反之，当系统有收敛趋势时，$\alpha(t_k h)$ 会变大，从而节省网络带宽。综上所述，$\alpha(t_k h)$ 可以根据系统的性能进行自适应动态调整。

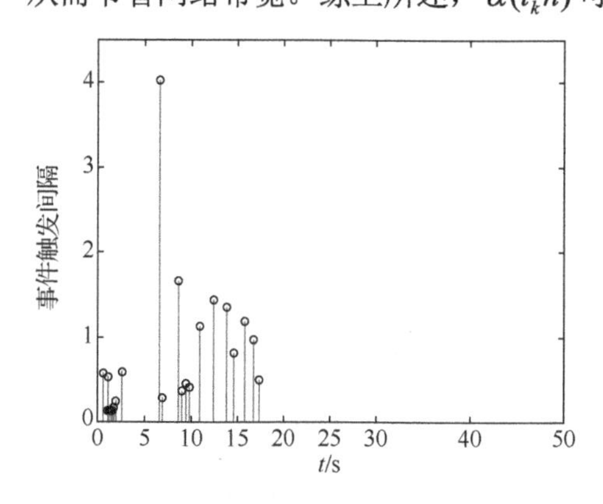

图 4.7 事件触发相邻执行间隔

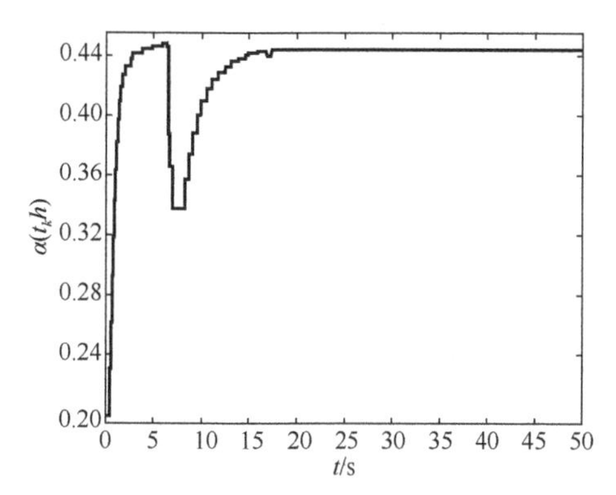

图 4.8 $\alpha(t_k h)$ 自适应变化轨迹

进一步，当 $\alpha(t_k h)$ 是自适应的，在 $\rho = 0.0010$ 和 $\rho = 0$ 时二维闭环系统的状态响应如图 4.9 所示。可清楚看出 ρ 对系统性能的影响。当 $\rho = 0.0010$ 时，系统是最终一致有界的；当 $\rho=0$ 时，系统是渐近稳定的。此外，图 4.10 描述了在 $\rho=0$ 时的事件触发执行时刻和执行间隔。通过对图 4.7 和图 4.10 进行比较，可以看出事件触发次数在 $\rho=0.0010$ 时明显比 $\rho=0$ 时少，同时保证了满意的系统性能。

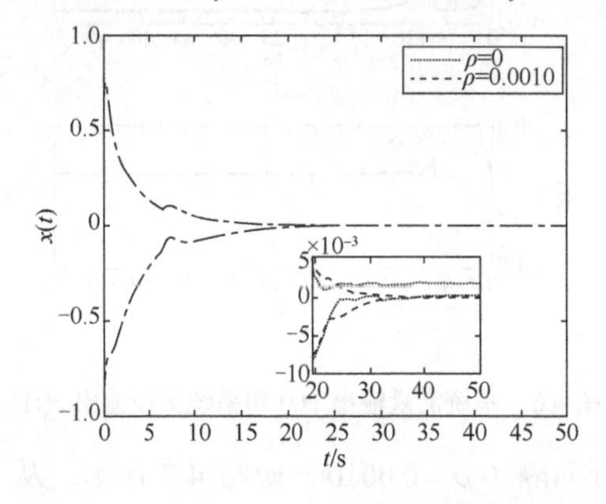

图 4.9　$\rho=0.0010$ 和 $\rho=0$ 时系统状态响应

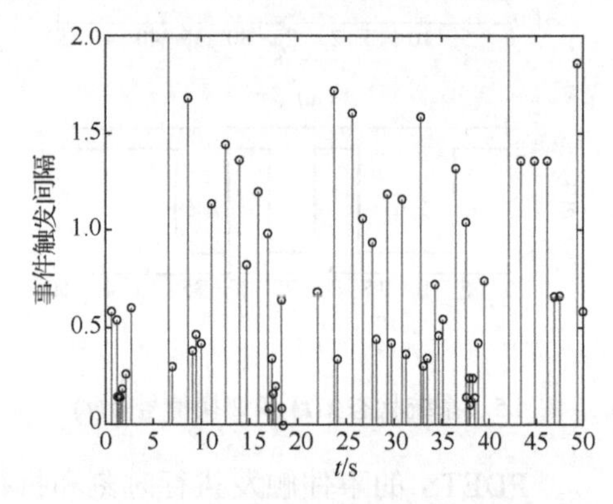

图 4.10　事件触发相邻执行间隔

4.4　小　　结

首先，本章研究了一类切换线性系统的鲁棒自触发控制问题。考虑了外部扰动，并将事件触发机制引入切换线性系统中，研究了系统的鲁棒性，进而提出了自触发机制来使系统不再需要对触发条件进行持续监测。此外，利用平均驻留时间和 LMIs 技术，建立了能够保证系统稳定并具有鲁棒性的充分条件。同时，为了避免 Zeno 问题，估计出了一个执行间隔的正下界。通过给出的仿真算例表明，所设计的鲁棒自触发控制方法是有效的。

然后，本章研究了一类切换线性系统的性能依赖鲁棒事件触发控制问题。所提出机制将系统的输出响应分为动态和稳态过程，能根据系统的动态和稳态特性合理地配置网络通信资源。为了充分利用网络带宽资源，采用了离散型事件触发机制。同时，考虑到实际系统中信号的不全可观测性，采用了动态输出反馈控制。在保证系统性能的同时，将量化机制引入系统中以进一步提高网络带宽利用效率。此外，使用分段 Lyapunov 函数方法和平均驻留时间技术，给出了闭环切换系统全局一致最终有界的充分条件。之后，相应地给出了控制器增益和事件触发参数的协同设计条件。通过给出的仿真算例表明，所设计的带有量化的性能依赖鲁棒事件触发控制方法是有效的。

5 切换线性系统鲁棒事件触发滤波

5.1 概　　述

第 3 章和第 4 章分别研究了切换线性系统的保性能事件触发控制和鲁棒事件触发控制问题。在事件触发机制的基础上，给出系统保性能和耗散性的充分条件；采用自触发机制和性能依赖事件触发机制，研究系统的鲁棒控制问题。然而，这些大都是以系统状态可测为前提，在一些实际系统中，系统状态无法全部获取，因此需要进行状态估计。

滤波是在外部干扰情况下用来估计不可测系统状态的一种有效技术手段，一直是控制领域的研究重点[186-187]。文献[188]针对时变时滞系统，基于输入-输出方法进行了鲁棒 H_∞ 全阶滤波器设计。文献[189]针对离散时滞系统，通过三项近似法和小增益法设计了全阶滤波器。现有成果中已涉及仿射系统[190]、时滞系统[191]以及线性变参系统[192]，但是较少涉及网络化切换线性系统。另外，公开报道中，网络化切换线性系统事件触发滤波问题的研究成果也很少见。

本章主要针对受外部扰动的切换线性系统，研究鲁棒事件触发滤波问题。考虑事件触发机制和网络因素的影响，进行滤波误差系统的建模，并构造相应的 Lyapunov 函数，设计满足驻留时间条件的切换信号，给出滤波误差系统稳定并具有 H_∞ 性能指标的充分条件，同时给出相应滤波器增益和事件触发参数的设计条件。在 5.2 节中研究带有量化器与数据包乱序的网络化切换线性系统的事件触发 H_∞ 滤波问题。在 5.3 节中研究在随机网络攻击和数据包乱序下切换线性 T-S 模糊系统的事件触发故障检测滤波问题。所求滤波器增益和事件触发参数均通过求解一组对应的 LMIs 得到。最后，仿真算例验证所提出方法的有效性。

5.2 鲁棒事件触发 H_∞ 滤波

5.2.1 问题描述

1. 系统描述

考虑如下受外部扰动影响的切换线性系统模型：

$$
\begin{aligned}
\dot{x}(t) &= A_{\sigma(t)}x(t) + B_{\sigma(t)}\omega(t) \\
y(t) &= C_{\sigma(t)}x(t) \\
z(t) &= L_{\sigma(t)}x(t)
\end{aligned} \tag{5.1}
$$

式中，$x(t)\in\mathbb{R}^{n_x}$ 为系统状态；$\omega(t)\in\mathbb{R}^{n_\omega}$ 为外部扰动且属于 $L_2[0,\infty)$；$y(t)\in\mathbb{R}^{n_y}$ 为测量输出；$z(t)\in\mathbb{R}^{n_z}$ 为需要被估计的系统被控输出；切换信号表示为 $\sigma(t):[0,\infty)\to \underline{N}=\{1,2,\cdots,N\}$，属于分段常值函数；$A_{\sigma(t)},B_{\sigma(t)},C_{\sigma(t)}$ 和 $L_{\sigma(t)}$ 为适当维数的常值矩阵。

如图 5.1 所示，系统的测量输出 $y(t)$ 以一个预先设置的固定采样周期 h 被采样为 $\{y(th)\}_{t\in\mathbb{N}}$，并且通过事件触发机制，采样数据在时刻 $\{t_k h\}_{k\in\mathbb{N}}$ 被释放给量化器。然后，量化器的输出信号 $f(y(t_k h))$ 通过网络发送给子滤波器，传输过程中存在延迟 $\{\tau_k\}_{k\in\mathbb{N}}$。考虑到大延迟导致的数据包乱序问题，设计一个丢包机制。通过丢包机制的数据被发送给子滤波器，然后估计出系统的被控输出 $z(t)$。此外，子系统、子滤波器和事件触发机制的工作顺序由切换律决定。

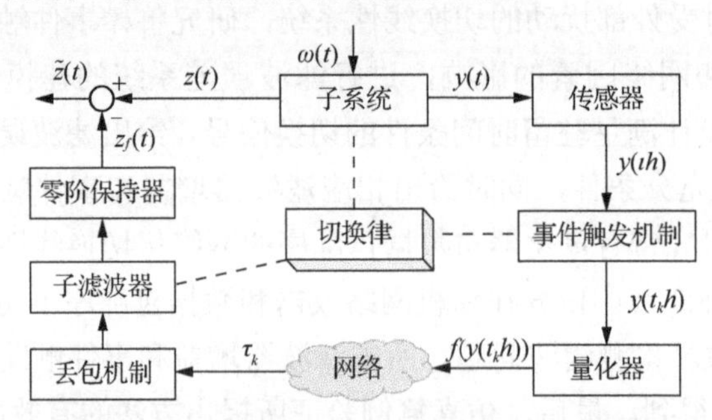

图 5.1 基于事件触发的切换线性系统滤波框图

考虑如下全阶滤波器：

$$
\begin{aligned}
\dot{x}_f(t) &= A_{f\sigma(t)}x_f(t) + B_{f\sigma(t)}f(y(t_k h)) \\
z_f(t) &= L_{f\sigma(t)}x_f(t), t\in[t_k h+\tau_k, t_{k+1}h+\tau_{k+1})
\end{aligned} \tag{5.2}
$$

式中，$x_f(t)\in\mathbb{R}^{n_x}$ 和 $z_f(t)\in\mathbb{R}^{n_z}$ 分别为滤波器的状态和输出；A_{fi},B_{fi} 和 $L_{fi}(i\in\underline{N})$ 为待求的子滤波器增益矩阵。

2. 事件触发机制

考虑如下事件触发机制：

$$t_{k+1}h=t_kh+\min_{r_k}\left\{r_kh\mid e_{t_k}^{\mathrm{T}}(t)\Omega_{\sigma(t)}e_{t_k}(t)\geqslant\alpha_{\sigma(t)}y^{\mathrm{T}}(t_kh+r_kh)\Omega_{\sigma(t)}y(t_kh+r_kh)\right\} \quad (5.3)$$

式中，$r_k\in\mathbb{N}^+$；$e_{t_k}(t)=y(t_kh)-y(t_kh+r_kh)$，$y(t_kh)$ 和 $y(t_{k+1}h)$ 为任意相邻触发时刻释放的系统输出，下一个触发时刻为 $t_{k+1}h=t_kh+r_kh$；$\alpha_i(i\in\underline{N})$ 是给定正的事件触发阈值参数；Ω_i 是未知的对称正定矩阵。$r_k\in\mathbb{N}^+$ 确保每个执行间隔的区间不少于一个采样周期，以避免 Zeno 问题。如果 α_i 设置为 0，事件触发机制就会变为传统以 h 为周期的时间触发机制。

3. 建立滤波误差系统

根据采样周期与传输延迟的大小关系，系统建模被分为两部分。

第一部分为网络延迟 τ_k 满足 $\max\limits_{k\in\mathbb{N}}\{\tau_k\}<h$，采用与 3.3.1 小节相同的方法建立时滞切换滤波误差系统。

令 $j_kh=t_kh+jh,j=0,1,\cdots,r_k-1$，定义 $\tau(t)=t-j_kh$，则有

$$y(t_kh)=e(j_kh)+y(t-\tau(t)) \quad (5.4)$$

进一步，采用与 3.3.1 小节相同的对数量化器，可得

$$f(y(t_kh))=(I+\Delta_f)y(t_kh) \quad (5.5)$$

因此，根据式（5.1）、式（5.2）、式（5.4）和式（5.5），可得出时滞切换滤波误差系统，即

$$\begin{aligned}&\dot{\xi}(t)=\bar{A}_{\sigma(t)}\xi(t)+\bar{B}_{1\sigma(t)}e(j_kh)+\bar{B}_{2\sigma(t)}\xi(t-\tau(t))+\bar{B}_{3\sigma(t)}\omega(t)\\&\tilde{z}(t)=\bar{L}_{\sigma(t)}\xi(t)\\&\xi(t)=\varphi(t),\quad\forall t\in[-\tau_M,0]\end{aligned} \quad (5.6)$$

式中，$\tau_M=\max\limits_{k\in\mathbb{N}}\{\tau_k\}+h$；$\varphi(t)$ 是 $t\in[-\tau_M,0]$ 上的连续函数；其他矩阵为

$$\bar{A}_{\sigma(t)}=\begin{bmatrix}A_{\sigma(t)}&0\\0&A_{f_{\sigma(t)}}\end{bmatrix},\bar{B}_{1\sigma(t)}=\begin{bmatrix}0\\B_{f_{\sigma(t)}}(I+\Delta_f)\end{bmatrix},\bar{B}_{2\sigma(t)}=\begin{bmatrix}0&0\\B_{f_{\sigma(t)}}(I+\Delta_f)C_{\sigma(t)}&0\end{bmatrix}$$

$$\bar{B}_{3\sigma(t)}=\begin{bmatrix}B_{\sigma(t)}\\0\end{bmatrix},\tilde{z}(t)\triangleq z(t)-z_f(t),\bar{L}_{\sigma(t)}=\begin{bmatrix}L_{\sigma(t)}&-L_{f\sigma(t)}\end{bmatrix}$$

此外，由式（5.1）、式（5.3）和式（5.4）可得出

$$e^{\mathrm{T}}(j_kh)\Omega_{\sigma(t)}e(j_kh)<\alpha_{\sigma(t)}x^{\mathrm{T}}(t-\tau(t))C_{\sigma(t)}^{\mathrm{T}}\Omega_{\sigma(t)}C_{\sigma(t)}x(t-\tau(t)) \quad (5.7)$$

第二部分为网络延迟τ_k满足$\max\limits_{k\in\mathbb{N}}\{\tau_k\}\geqslant h$，对此，下面提出一种主动丢包机制来解决数据包乱序问题。

如图 5.2 所示，数据t_kh的大延迟τ_k导致$t_{k-1}h+\tau_{k-1}<t_{k+1}h+\tau_{k+1}<\cdots<t_{k+p}h+\tau_{k+p}<t_kh+\tau_k<t_{k+p+1}h+\tau_{k+p+1}$。为了确保系统所使用的数据是最新的，主动丢掉在$t_kh+\tau_k$到达的数据，一直保持$t_{k+p}h+\tau_{k+p}$到达的数据，直到新的触发数据$t_{k+p+1}h+\tau_{k+p+1}$到达。因此，数据$\xi(t_{k-1}h+\tau_{k-1})$和数据$\xi(t_{k+p}h+\tau_{k+p})$分别在区间$[t_{k-1}h+\tau_{k-1},t_{k+1}h+\tau_{k+1})$和$[t_{k+p}h+\tau_{k+p},t_{k+p+1}h+\tau_{k+p+1})$上被使用。进而，使用和$\max\limits_{k\in\mathbb{N}}\{\tau_k\}<h$相同的时滞转化技术，可得到时滞切换滤波误差系统（5.6）和结论（5.7）。

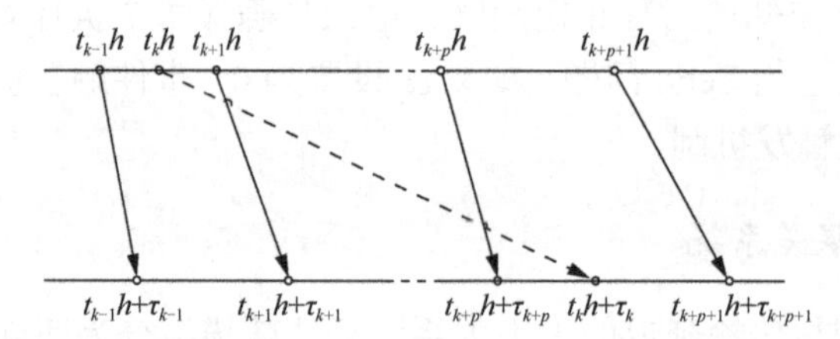

图 5.2　$t_kh+\tau_k\geqslant t_{k+1}h+\tau_{k+1}$时滤波器中的数据更新时刻

5.2.2　主要结果

针对上述系统（5.6），本小节主要研究如下两个问题：

（1）如何得到保证切换滤波误差系统（5.6）是指数稳定的且具有H_∞性能指标的充分条件？

（2）基于稳定性条件，如何求解H_∞滤波器增益和事件触发参数？

1. 稳定性分析

本小节利用分段 Lyapunov 函数方法和平均驻留时间技术，给出了保证切换系统（5.6）具有指数稳定性的充分条件。不失一般性，先考虑网络传输延迟满足$\max\limits_{k\in\mathbb{N}}\{\tau_k\}<h$的情况。

定理 5.1　对于任意的$i,j\in\underline{N}$，给定正常数$\alpha_i,\tau_M,\gamma,\theta$和$\mu>1$，如果存在实数矩阵$Y_{1i},Y_{2i}$和对称正定矩阵$P_i=\begin{bmatrix}P_{1i} & P_{2i}\\ * & P_{3i}\end{bmatrix}$，$\Omega_i,Q_i$以及$R_i$满足

$$\begin{bmatrix} \Sigma_i - \frac{1}{e^{\theta\tau_M}}\tilde{Y}_i & \Gamma_1^{\mathrm{T}} Y_{1i} & \Gamma_2^{\mathrm{T}} Y_{2i}^{\mathrm{T}} \\ * & -\frac{e^{\theta\tau_M}}{1-\chi}\tilde{R}_i & 0 \\ * & * & -\frac{e^{\theta\tau_M}}{\chi}\tilde{R}_i \end{bmatrix} < 0 \tag{5.8}$$

$$P_i \leqslant \mu P_j, Q_i \leqslant \mu Q_j, R_i \leqslant \mu R_j \tag{5.9}$$

式中，

$$\Sigma_i = \begin{bmatrix} T_{1i} & \Phi_{4i}^{\mathrm{T}} & \Phi_{5i}^{\mathrm{T}} & 0 & 0 \\ * & -\Omega_i & 0 & 0 & 0 \\ * & * & \Phi_{6i} & 0 & 0 \\ * & * & * & 0 & 0 \\ * & * & * & * & 0 \end{bmatrix}, T_{1i} = \begin{bmatrix} \Phi_{1i} & \Phi_{2i} & P_{2i}B_{fi}(I+\Delta_f)C_i & 0 \\ * & \Phi_{3i} & P_{3i}B_{fi}(I+\Delta_f)C_i & 0 \\ * & * & \alpha_i C_i^{\mathrm{T}}\Omega_i C_i & 0 \\ * & * & * & -\frac{1}{e^{\theta\tau_M}}Q_i \end{bmatrix}$$

$$\Phi_{1i} = \mathrm{sym}\{P_{1i}A_i\} + \theta P_{1i} + Q_i + \tau_M^2 A_i^{\mathrm{T}} R_i A_i + L_i^{\mathrm{T}} L_i, \Phi_{2i} = \mathrm{sym}\{P_{2i}A_{fi}\} + \theta P_{2i} - L_i^{\mathrm{T}} L_{fi}$$

$$\Phi_{3i} = \mathrm{sym}\{P_{3i}A_{fi}\} + \theta P_{3i} + L_{fi}^{\mathrm{T}} L_{fi}, \Phi_{4i} = [[P_{2i}B_{fi}(I+\Delta_f)]^{\mathrm{T}} \quad [P_{3i}B_{fi}(I+\Delta_f)]^{\mathrm{T}} \quad 0 \quad 0]$$

$$\Phi_{5i} = [B_i^{\mathrm{T}} P_{1i} + \tau_M^2 B_i^{\mathrm{T}} R_i A_i \quad B_i^{\mathrm{T}} P_{2i} \quad 0 \quad 0], \Phi_{6i} = B_i^{\mathrm{T}} R_i B_i - \gamma^2 I$$

$$\tilde{Y}_i = \tilde{Y}_{1i} + (2-\chi)\Gamma_1^{\mathrm{T}}\tilde{R}_i\Gamma_1 + (1+\chi)\Gamma_2^{\mathrm{T}}\tilde{R}_i\Gamma_2, \tilde{Y}_{1i} = \mathrm{sym}\{\Gamma_1^{\mathrm{T}}[\chi Y_{1i} + (1-\chi)Y_{2i}]\Gamma_2\}$$

$$\Gamma_1 = \begin{bmatrix} I & 0 & -I & 0 & 0 & 0 & 0 & 0 \\ I & 0 & I & 0 & 0 & 0 & -2I & 0 \end{bmatrix}, \Gamma_2 = \begin{bmatrix} 0 & 0 & I & -I & 0 & 0 & 0 & 0 \\ 0 & 0 & I & I & 0 & 0 & 0 & -2I \end{bmatrix}$$

$$\tilde{R}_i = \mathrm{diag}\{R_i, 3R_i\}, \chi = \tau(t)/\tau_M$$

那么，在事件触发机制（5.3）、滤波器（5.2）和切换信号 $\sigma(t)$ 的作用下，时滞切换滤波误差系统（5.6）具有 H_∞ 性能指标 $(\theta, \sqrt{e^{N_0 \ln\mu}}\gamma)$。并且切换信号的平均驻留时间满足

$$\tau_a \geqslant \tau_a^* = \frac{\ln\mu}{\theta} \tag{5.10}$$

证明 考虑如下分段 Lyapunov 函数：

$$\begin{aligned} V(\xi(t)) &= V_{\sigma(t)}(\xi(t)) \\ &= \xi^{\mathrm{T}}(t)P_{\sigma(t)}\xi(t) + \int_{t-\tau_M}^{t} e^{\theta(s-t)} x^{\mathrm{T}}(s)Q_{\sigma(t)}x(s)\mathrm{d}s \\ &\quad + \tau_M \int_{-\tau_M}^{0}\int_{t+s}^{0} e^{\theta(v-t)}\dot{x}^{\mathrm{T}}(v)R_{\sigma(t)}\dot{x}(v)\mathrm{d}v\mathrm{d}s \end{aligned} \tag{5.11}$$

存在正常数 a 和 b 满足

$$a\|\xi(t)\|^2 \leqslant V(\xi(t)) \leqslant b\|\xi(t)\|^2 \tag{5.12}$$

式中，

$$a=\min_{i\in\underline{N}}\{\lambda_{\min}(P_i)\}$$

$$b=\max_{i\in\underline{N}}\{\lambda_{\max}(P_i)\}+\tau_M\max_{i\in\underline{N}}\{\lambda_{\max}(Q_i)\}+\frac{\tau_M^3}{2}\max_{i\in\underline{N}}\{\lambda_{\max}(R_i)\}$$

假设$\sigma(l_q)=i$，那么，在式（5.11）中的 Lyapunov 函数对时间的导数为

$$\begin{aligned}\dot{V}_i(\xi(t))\leqslant{}&\dot{\xi}^{\mathrm{T}}(t)P_i\xi(t)+\xi^{\mathrm{T}}(t)P_i\dot{\xi}(t)+x^{\mathrm{T}}(t)Q_ix(t)-\theta V_i(\xi(t))-\mathrm{e}^{-\theta\tau_M}\Im_i(t)\\&-\mathrm{e}^{-\theta\tau_M}x^{\mathrm{T}}(t-\tau_M)Q_ix(t-\tau_M)+\tau_M^2\dot{x}^{\mathrm{T}}(t)R_i\dot{x}(t)+\theta\xi^{\mathrm{T}}(t)P_i\xi(t)\end{aligned}\tag{5.13}$$

式中，$\Im_i(t)=\tau_M\int_{t-\tau_M}^{t}\dot{x}^{\mathrm{T}}(s)R_i\dot{x}(s)\mathrm{d}s$。定义$\Im_i(t)=\Im_{1i}(t)+\Im_{2i}(t)$，$\Im_{1i}(t)=\tau_M\int_{t-\tau(t)}^{t}\dot{x}^{\mathrm{T}}(s)R_i\dot{x}(s)\mathrm{d}s,\Im_{2i}(t)=\tau_M\int_{t-\tau_M}^{t-\tau(t)}\dot{x}^{\mathrm{T}}(s)R_i\dot{x}(s)\mathrm{d}s$，进而定义$\zeta(t)\triangleq\zeta_{j_k}(t)=[x^{\mathrm{T}}(t)\ \ x_f^{\mathrm{T}}(t)\ \ x^{\mathrm{T}}(t-\tau(t))\ \ x^{\mathrm{T}}(t-\tau_M)\ \ e^{\mathrm{T}}(j_kh)\ \ \omega^{\mathrm{T}}(t)\ \ \varsigma_1^{\mathrm{T}}(t)\ \ \varsigma_2^{\mathrm{T}}(t)]^{\mathrm{T}}$，其中，$\varsigma_1(t)=\frac{1}{\tau(t)}\int_{t-\tau(t)}^{t}x(s)\mathrm{d}s$以及$\varsigma_2(t)=\frac{1}{\tau_M-\tau(t)}\int_{t-\tau_M}^{t-\tau(t)}x(s)\mathrm{d}s$。那么，根据引理 2.6，有

$$\Im_{1i}(t)\geqslant\frac{1}{\chi}\zeta^{\mathrm{T}}(t)\varGamma_1^{\mathrm{T}}\tilde{R}_i\varGamma_1\zeta(t),\Im_{2i}(t)\geqslant\frac{1}{1-\chi}\zeta^{\mathrm{T}}(t)\varGamma_2^{\mathrm{T}}\tilde{R}_i\varGamma_2\zeta(t)$$

进而，根据引理 2.7，令$\varpi_1=\varGamma_1\zeta(t),\varpi_2=\varGamma_2\zeta(t),R=S=\tilde{R}_i$和$\vartheta=\chi$，有

$$\begin{aligned}\Im_i(t)\geqslant{}&\zeta^{\mathrm{T}}(t)\varGamma_1^{\mathrm{T}}[\tilde{R}_i+(1-\chi)(\tilde{R}_i-Y_{1i}\tilde{R}_i^{-1}Y_{1i}^{\mathrm{T}})]\varGamma_1\zeta(t)\\&+\zeta^{\mathrm{T}}(t)\varGamma_2^{\mathrm{T}}[\tilde{R}_i+\chi(\tilde{R}_i-Y_{2i}^{\mathrm{T}}\tilde{R}_i^{-1}Y_{2i})]\varGamma_2\zeta(t)\\&+2\zeta^{\mathrm{T}}(t)\varGamma_1^{\mathrm{T}}[\chi Y_{1i}+(1-\chi)Y_{2i}]\varGamma_2\zeta(t)\\={}&\zeta^{\mathrm{T}}(t)(\tilde{Y}_i-\hat{Y}_i)\zeta(t)\end{aligned}\tag{5.14}$$

式中，$\hat{Y}_i=(1-\chi)\varGamma_1^{\mathrm{T}}Y_{1i}\tilde{R}_i^{-1}Y_{1i}^{\mathrm{T}}\varGamma_1+\chi\varGamma_2^{\mathrm{T}}Y_{2i}^{\mathrm{T}}\tilde{R}_i^{-1}Y_{2i}\varGamma_2$。

此外，由式（5.6）、式（5.8）、式（5.13）和式（5.14）以及$\tilde{z}^{\mathrm{T}}(t)\tilde{z}(t)=\xi^{\mathrm{T}}(t)\bar{L}_i^{\mathrm{T}}\bar{L}_i\xi(t)$，有

$$\begin{aligned}\dot{V}_i(\xi(t))\leqslant{}&\zeta^{\mathrm{T}}(t)[\varSigma_i-\mathrm{e}^{-\theta\tau_M}(\tilde{Y}_i-\hat{Y}_i)]\zeta(t)-\tilde{z}^{\mathrm{T}}(t)\tilde{z}(t)+\gamma^2\omega^{\mathrm{T}}(t)\omega(t)\\&-\alpha_ix^{\mathrm{T}}(t-\tau(t))C_i^{\mathrm{T}}\varOmega_iC_ix(t-\tau(t))+e^{\mathrm{T}}(j_kh)\varOmega_ie(j_kh)-\theta V_i(\xi(t))\end{aligned}\tag{5.15}$$

进而，由式（5.7）和式（5.8）可得

$$\dot{V}_i(\xi(t))\leqslant-\theta V_i(\xi(t))-\tilde{z}^{\mathrm{T}}(t)\tilde{z}(t)+\gamma^2\omega^{\mathrm{T}}(t)\omega(t)\tag{5.16}$$

定义函数$\bar{Y}(s)=\tilde{z}^{\mathrm{T}}(s)\tilde{z}(s)-\gamma^2\omega^{\mathrm{T}}(s)\omega(s)$，通过比较引理，可得

$$V_i(\xi(t))\leqslant\mathrm{e}^{-\theta(t-l_q)}V_i(\xi(l_q))-\int_{l_q}^{t}\mathrm{e}^{-\theta(t-s)}\bar{Y}(s)\mathrm{d}s,\quad t\in[l_q,l_{q+1})\tag{5.17}$$

另外，由式（5.9）可知，在任意切换时刻有

$$V_{\sigma(l_q)}(\xi(l_q)) \leqslant \mu V_{\sigma(l_q^-)}(\xi(l_q^-)) \tag{5.18}$$

假设 $0=l_0<l_1<l_2<\cdots<l_q=t_{N_\sigma(0,t)}<t$，其中，$l_0,l_1,\cdots,l_q$ 为切换时刻。由式（5.17）有

$$\begin{aligned}
V(\xi(t)) &\leqslant V_{\sigma(l_q)}(\xi(l_q))\mathrm{e}^{-\theta(t-l_q)} - \int_{l_q}^{t}\mathrm{e}^{-\theta(t-s)}\bar{Y}(s)\mathrm{d}s \\
&\leqslant \mu V_{\sigma(l_q^-)}(\xi(l_q^-))\mathrm{e}^{-\theta(t-l_q)} - \int_{l_q}^{t}\mathrm{e}^{-\theta(t-s)}\bar{Y}(s)\mathrm{d}s \\
&\leqslant \mu[V_{\sigma(l_{q-1})}(\xi(l_{q-1}))\mathrm{e}^{-\theta(l_q-l_{q-1})} - \int_{l_{q-1}}^{l_q}\mathrm{e}^{-\theta(l_q-s)}\bar{Y}(s)\mathrm{d}s]\mathrm{e}^{-\theta(t-l_q)} - \int_{l_q}^{t}\mathrm{e}^{-\theta(t-s)}\bar{Y}(s)\mathrm{d}s \\
&\ \ \vdots \\
&\leqslant \mathrm{e}^{-\theta(t-l_0)+(N_0+\frac{t-l_0}{\tau_a})\ln\mu}V_{\sigma(l_0)}(\xi(l_0)) - \int_{l_0}^{t}\mathrm{e}^{-\theta(t-s)+N_\sigma(s,t)\ln\mu}\bar{Y}(s)\mathrm{d}s
\end{aligned} \tag{5.19}$$

接下来，分析当外部干扰 $\omega(t)=0$ 时，时滞切换滤波误差系统（5.6）是指数稳定的。需要指出的是 $\tilde{z}^{\mathrm{T}}(t)\tilde{z}(t)\geqslant 0$，由式（5.19）可以得到下面的不等式：

$$V(\xi(t)) \leqslant \mathrm{e}^{-\theta(t-l_0)+(N_0+\frac{t-l_0}{\tau_a})\ln\mu}V_{\sigma(l_0)}(\xi(l_0)) \tag{5.20}$$

进而，由式（5.12）和式（5.20），有

$$\|\xi(t)\| \leqslant \sqrt{\frac{b}{a}\mathrm{e}^{\frac{1}{2}N_0\ln\mu}}\,\mathrm{e}^{-\frac{1}{2}(\theta-\frac{\ln\mu}{\tau_a})t}\|\xi(0)\|_{d1} \tag{5.21}$$

令 $\kappa=\sqrt{\frac{b}{a}\mathrm{e}^{\frac{1}{2}N_0\ln\mu}}$ 和 $\zeta=-\frac{1}{2}(\theta-\frac{\ln\mu}{\tau_a})$，因此，由式（5.10）、式（5.21）以及定义 2.1 可知，系统（5.6）在扰动 $\omega(t)=0$ 时是指数稳定的。

当 $\omega(t)\neq 0$ 时，将式（5.19）两边同时乘以 $\mathrm{e}^{-N_\sigma(0,t)\ln\mu}$，有

$$\mathrm{e}^{-N_\sigma(0,t)\ln\mu}V(\xi(t)) \leqslant \mathrm{e}^{-\theta t}V_{\sigma(0)}(\xi(0)) - \int_0^t \mathrm{e}^{-\theta(t-s)-N_\sigma(0,s)\ln\mu}\bar{Y}(s)\mathrm{d}s \tag{5.22}$$

由于 $V(\xi(t))\geqslant 0, N_\sigma(0,s)\leqslant N_0+\dfrac{s-0}{\tau_a}$ 以及零初始条件，由式（5.10）和式（5.22），可得

$$\int_0^t \mathrm{e}^{-\theta(t-s)-(N_0\ln\mu+\theta s)}\tilde{z}^{\mathrm{T}}(s)\tilde{z}(s)\mathrm{d}s \leqslant \int_0^t \mathrm{e}^{-\theta(t-s)}\gamma^2\omega^{\mathrm{T}}(s)\omega(s)\mathrm{d}s \tag{5.23}$$

对式（5.23）左右两边同时从 $t=0$ 到 ∞ 进行积分，则有

$$\int_0^\infty \mathrm{e}^{-\theta s}\tilde{z}^{\mathrm{T}}(s)\tilde{z}(s)\mathrm{d}s \leqslant \mathrm{e}^{N_0\ln\mu}\gamma^2\int_0^\infty \omega^{\mathrm{T}}(s)\omega(s)\mathrm{d}s \tag{5.24}$$

令 $c=\theta$ 和 $\bar{\gamma}=\sqrt{\mathrm{e}^{N_0\ln\mu}}\gamma$，那么，根据定义 2.4 可知，系统（5.6）具有 H_∞ 性能指标 $(\theta,\sqrt{\mathrm{e}^{N_0\ln\mu}}\gamma)$。

考虑 $\max\limits_{k\in\mathbb{N}}\{\tau_k\}\geqslant h$ 的情况，主动丢包方法分析与定理 5.1 的证明方法相同，不再赘述。

2. 滤波器设计

基于定理 5.1，下面定理给出了一组求解滤波器增益和事件触发参数的充分条件。

定理 5.2 对于任意的 $i,j\in\underline{N}$，给定正常数 $\alpha_i,\delta_{fs},\tau_M,\gamma,\theta,\eta$ 和 $\mu>1$，如果存在实数矩阵 Y_{1i},Y_{2i} 和对称正定矩阵 $P_i=\begin{bmatrix}P_{1i} & P_{2i}\\ * & P_{3i}\end{bmatrix},\Omega_i,Q_i,R_i,U_i$，非奇异矩阵 S_i 以及实数矩阵 $\tilde{A}_{fi},\tilde{B}_{fi},\tilde{L}_{fi}$ 满足

$$\begin{bmatrix}\Sigma_i'-\dfrac{1}{\mathrm{e}^{\theta\tau_M}}\tilde{Y}_i & \Gamma_1^{\mathrm{T}}Y_{1i} & \Gamma_2^{\mathrm{T}}Y_{2i}^{\mathrm{T}} & T_{2i}'\\ * & -\dfrac{\mathrm{e}^{\theta\tau_M}}{1-\chi}\tilde{R}_i & 0 & 0\\ * & * & -\dfrac{\mathrm{e}^{\theta\tau_M}}{\chi}\tilde{R}_i & 0\\ * & * & * & T_{3i}'\end{bmatrix}<0 \tag{5.25}$$

$$\begin{bmatrix}-\mu P_{1i} & -\mu U_j & I & 0\\ * & -\mu U_j & 0 & S_j\\ * & * & P_{1i}-2I & U_i\\ * & * & * & U_i-S_i-S_i^{\mathrm{T}}\end{bmatrix}<0 \tag{5.26}$$

$$Q_i\leqslant\mu Q_j,R_i\leqslant\mu R_j \tag{5.27}$$

$$U_i<P_{1i} \tag{5.28}$$

式中，

$$\Sigma_i'=\begin{bmatrix}T_{1i}' & \Phi_{4i}'^{\mathrm{T}} & \Phi_{5i}'^{\mathrm{T}} & 0 & 0\\ * & -\Omega_i & 0 & 0 & 0\\ * & * & \Phi_{6i} & 0 & 0\\ * & * & * & 0 & 0\\ * & * & * & * & 0\end{bmatrix},\ T_{1i}'=\begin{bmatrix}\Phi_{1i}' & \Phi_{2i}' & \tilde{B}_{fi}C_i & 0\\ * & \Phi_{3i}' & \tilde{B}_{fi}C_i & 0\\ * & * & \alpha_iC_i^{\mathrm{T}}\Omega_iC_i & 0\\ * & * & * & -\dfrac{1}{\mathrm{e}^{\theta\tau_M}}Q_i\end{bmatrix}$$

$$T_{2i}'=[\Phi_{6i}'\quad \Phi_{7i}'\quad \Phi_{8i}'],T_{3i}'=\mathrm{diag}\{-I,-\eta^{-1}\delta_{fs}^{-2}I,-\eta I\}$$

$$\Phi_{1i}'=\mathrm{sym}\{P_{1i}A_i\}+\theta P_{1i}+Q_i+\tau_M^2A_i^{\mathrm{T}}R_iA_i,\Phi_{2i}'=A_i^{\mathrm{T}}U_i+\tilde{A}_{fi}+\theta U_i$$

$$\Phi_{3i}'=\tilde{A}_{fi}^{\mathrm{T}}+\tilde{A}_{fi}+\theta U_i,\Phi_{4i}'=[\tilde{B}_{fi}^{\mathrm{T}}\quad \tilde{B}_{fi}^{\mathrm{T}}\quad 0\quad 0]$$

$\varPhi'_{5i}=[B_i^{\mathrm T}P_{1i}+\tau_M^2B_i^{\mathrm T}R_iA_i \quad B_i^{\mathrm T}U_i \quad 0 \quad 0]^{\mathrm T},\varPhi'_{6i}=[L_i \quad -\tilde L_{fi} \quad 0 \quad 0 \quad 0 \quad 0 \quad 0 \quad 0]^{\mathrm T}$

$\varPhi'_{7i}=[\tilde B_{fi}^{\mathrm T} \quad \tilde B_{fi}^{\mathrm T} \quad 0 \quad 0 \quad 0 \quad 0 \quad 0 \quad 0]^{\mathrm T},\varPhi'_{8i}=[0 \quad 0 \quad C_i \quad 0 \quad I \quad 0 \quad 0 \quad 0]^{\mathrm T}$

那么，可得到相对应的事件触发滤波器增益矩阵，即

$$A_{fi}=S_i^{\mathrm T}U_i^{-1}\tilde A_{fi}(S_i^{-1})^{\mathrm T},B_{fi}=S_i^{\mathrm T}U_i^{-1}\tilde B_{fi},L_{fi}=\tilde L_{fi}(S_i^{-1})^{\mathrm T} \tag{5.29}$$

证明 定义不等式（5.8）小于号左边的矩阵为 $\bar\varSigma_i$，然后利用引理 2.2 可得

$$\bar\varSigma_i=\bar\varSigma_{1i}+\mathrm{sym}\{H_{fi}^{\mathrm T}\varDelta_fH_{gi}\}<0 \tag{5.30}$$

式中，

$$\bar\varSigma_{1i}=\begin{bmatrix}\bar\varSigma'_{1i}-\dfrac{1}{\mathrm e^{\theta\tau_M}}\tilde Y_i & \varGamma_1^{\mathrm T}Y_{1i} & \varGamma_2^{\mathrm T}Y_{2i}^{\mathrm T} & \bar T_{2i}\\ * & -\dfrac{\mathrm e^{\theta\tau_M}}{1-\chi}\tilde R_i & 0 & 0\\ * & * & -\dfrac{\mathrm e^{\theta\tau_M}}{\chi}\tilde R_i & 0\\ * & * & * & -I\end{bmatrix}$$

$$\bar\varSigma'_{1i}=\begin{bmatrix}\bar T_{1i} & \bar\varPhi_{4i}^{\mathrm T} & \varPhi_{5i}^{\mathrm T} & 0 & 0\\ * & -\varOmega_i & 0 & 0 & 0\\ * & * & \varPhi_{6i} & 0 & 0\\ * & * & * & 0 & 0\\ * & * & * & * & 0\end{bmatrix}$$

$$\bar T_{1i}=\begin{bmatrix}\varPhi'_{1i} & \bar\varPhi_{2i} & P_{2i}B_{fi}C_i & 0\\ * & \bar\varPhi_{3i} & P_{3i}B_{fi}C_i & 0\\ * & * & \alpha_iC_i^{\mathrm T}\varOmega_iC_i & 0\\ * & * & * & -\dfrac{1}{\mathrm e^{\theta\tau_M}}Q_i\end{bmatrix}$$

$\bar T_{2i}=[L_i \quad -L_{fi} \quad 0 \quad 0 \quad 0 \quad 0 \quad 0 \quad 0]^{\mathrm T},\bar\varPhi_{2i}=A_i^{\mathrm T}P_{2i}+P_{2i}A_{fi}+\theta P_{2i}$

$\bar\varPhi_{3i}=A_{fi}^{\mathrm T}P_{3i}+P_{3i}A_{fi}+\theta P_{3i},\bar\varPhi_{4i}=[B_{fi}^{\mathrm T}P_{2i}^{\mathrm T} \quad B_{fi}^{\mathrm T}P_{3i} \quad 0 \quad 0]$

$H_{gi}=[0 \quad 0 \quad C_i \quad 0 \quad I \quad 0 \quad 0 \quad 0 \quad 0 \quad 0 \quad 0 \quad 0 \quad 0]$

$H_{fi}=[B_{fi}^{\mathrm T}P_{2i}^{\mathrm T} \quad B_{fi}^{\mathrm T}P_{3i} \quad 0 \quad 0 \quad 0 \quad 0 \quad 0 \quad 0 \quad 0 \quad 0 \quad 0 \quad 0 \quad 0]$

此外，根据引理 2.1 和 $\varDelta_{fs}\in[-\delta_{fs},\delta_{fs}]$，存在一个标量 $\eta>0$ 满足

$$\mathrm{sym}\{H_{fi}^{\mathrm T}\varDelta_fH_{gi}\}\leqslant\eta\delta_{fs}^2H_{fi}^{\mathrm T}H_{fi}+\eta^{-1}H_{gi}^{\mathrm T}H_{gi}$$

因此，利用引理 2.2，不等式（5.30）可以转化为

$$\begin{bmatrix} \bar{\Sigma}_{1i} & H_{fi}^{\mathrm{T}} & H_{gi}^{\mathrm{T}} \\ * & -\eta^{-1}\delta_{fs}^{-2}I & 0 \\ * & * & -\eta I \end{bmatrix} < 0 \tag{5.31}$$

进一步，定义$U_i = S_i P_{2i}^{\mathrm{T}}$和$S_i = P_{2i}P_{3i}^{-1}$，其中，$P_{2i}$是非奇异的实矩阵，$P_{3i}$是对称正定矩阵。因此，$P_i = \begin{bmatrix} P_{1i} & P_{2i} \\ * & P_{3i} \end{bmatrix} > 0$的正定性可以由式（5.28）来保证。

定义$\tilde{A}_{fi} = U_i S_i^{-\mathrm{T}} A_{fi} S_i^{\mathrm{T}}, \tilde{B}_{fi} = P_{2i} B_{fi}$和$\tilde{L}_{fi} = L_{fi} S_i^{\mathrm{T}}$，然后对不等式（5.31）两边同时乘以$\mathrm{diag}\{I,S_i,I,I,I,I,I,I,I,I,I,I,I,I,I\}$以及它的转置，可得到条件（5.25），进而，保证式（5.8）满足。

另外，利用引理 2.2，根据$P_i \leqslant \mu P_j$，可得

$$\begin{bmatrix} -\mu P_j & I \\ * & -P_i^{-1} \end{bmatrix} < 0 \tag{5.32}$$

然后，对不等式（5.32）两边同时乘以$\mathrm{diag}\{H_j^{\mathrm{T}}, I\}$以及它的转置（其中$H_j = \mathrm{diag}\{I, S_j^{\mathrm{T}}\}$），则有

$$\begin{bmatrix} -\delta H_j^{\mathrm{T}} P_j H_j & H_j^{\mathrm{T}} \\ * & -P_i^{-1} \end{bmatrix} < 0 \tag{5.33}$$

已知P_i是对称正定矩阵，因此由不等式$(H_i^{\mathrm{T}} - P_i^{-1})P_i(H_i^{\mathrm{T}} - P_i^{-1})^{\mathrm{T}} \geqslant 0$可知$-P_i^{-1} \leqslant H_i^{\mathrm{T}} P_i H_i - H_i - H_i^{\mathrm{T}}$。那么，由式（5.33）可以得到条件（5.26），即表明$P_i \leqslant \mu P_j$。

综上所述，根据定理 5.2，如果条件式（5.25）～式（5.28）是满足的，那么，时滞切换滤波误差系统（5.6）是指数稳定的，并且具有H_∞性能指标$(\theta, \sqrt{\mathrm{e}^{N_0 \ln \mu}}\gamma)$。

5.2.3 仿真算例

本小节给出一个仿真算例来验证提出方法的有效性。考虑初始状态为$x(0) = [0.8 \quad -0.9]^{\mathrm{T}}$的具有两个子系统的切换线性系统，各矩阵参数如下：

$$A_1 = \begin{bmatrix} -1.5 & -2 \\ 0.8 & -1.2 \end{bmatrix}, A_2 = \begin{bmatrix} -2.1 & -1 \\ 1.5 & -1.4 \end{bmatrix}, B_1 = \begin{bmatrix} 0.2 \\ 0.5 \end{bmatrix}, B_2 = \begin{bmatrix} 0.2 \\ 0.3 \end{bmatrix}$$

$$C_1 = [-0.5 \quad 0.5], C_2 = [-0.7 \quad 0.4], L_1 = [0.2 \quad 0.8], L_2 = [0.5 \quad 0.3]$$

外部扰动信号为

$$\omega(t)=\begin{cases}0.05\sin(2\pi t), & t\in[0,20)\\ 0, & t\in[20,30)\end{cases}$$

事件触发参数选取为 $\alpha_1=0.3$ 和 $\alpha_2=0.5$，其他参数选取为 $\tau_M=0.2,\gamma=0.4,\theta=1.2,\eta=1.2,\mu=150$ 及量化密度 $\rho_{fs}=0.8180$。变量 $\tau(t)$ 满足 $0\leqslant\tau(t)\leqslant0.2$。那么，通过求解 LMIs 式（5.25）～式（5.28），可以得到相应的事件触发参数和滤波器增益为

$$\Omega_1=7.9361,\Omega_2=24.1154$$

$$A_{f1}=\begin{bmatrix}-2.5100 & -6.4528\\ 2.4552 & -12.0803\end{bmatrix},B_{f1}=\begin{bmatrix}70.7116\\ -114.5158\end{bmatrix},L_{f1}=\begin{bmatrix}0.0033 & -0.1084\end{bmatrix}$$

$$A_{f2}=\begin{bmatrix}-6.4699 & 10.9701\\ 4.6805 & -19.0481\end{bmatrix},B_{f2}=\begin{bmatrix}460.6976\\ -302.2093\end{bmatrix},L_{f2}=\begin{bmatrix}-0.0033 & -0.0904\end{bmatrix}$$

此外，可计算平均驻留时间为 $\tau_a=4.2\geqslant\tau_a^*=4.1755$，设置颤抖界 $N_0=1$。

采样周期选取 $h=0.05$，考虑传输延迟 $\max\limits_{k\in\mathbb{N}}\{\tau_k\}<h$ 和 $\max\limits_{k\in\mathbb{N}}\{\tau_k\}\geqslant h$，分别选取 $\tau_k\in[0,0.04]$ 和 $\tau_k\in[0,0.15]$。对于两种情况，被控输出 $z(t)$ 和给定的切换信号分别在图 5.3（a）、（b）进行了描述。对于 $\max\limits_{k\in\mathbb{N}}\{\tau_k\}<h$ 的情况，图 5.4 展示了事件触发机制的执行间隔，图 5.5 的（a）、（b）分别给出了滤波器输出 $z_f(t)$ 和滤波误差信号 $\tilde{z}(t)$。对于 $\max\limits_{k\in\mathbb{N}}\{\tau_k\}\geqslant h$ 的情况，图 5.6 的（a）、（b）分别给出了相应的结果，图 5.7 展示了事件触发机制的执行间隔，图 5.8 描述了丢包时刻及其相邻间隔。可以看出，两种情况下时滞切换滤波误差系统（5.6）都是稳定的。

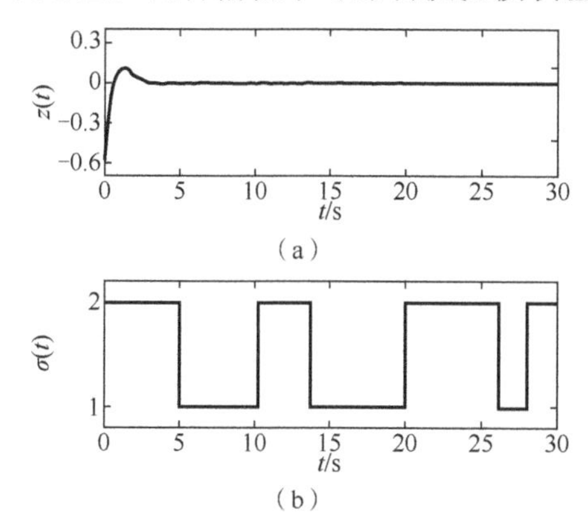

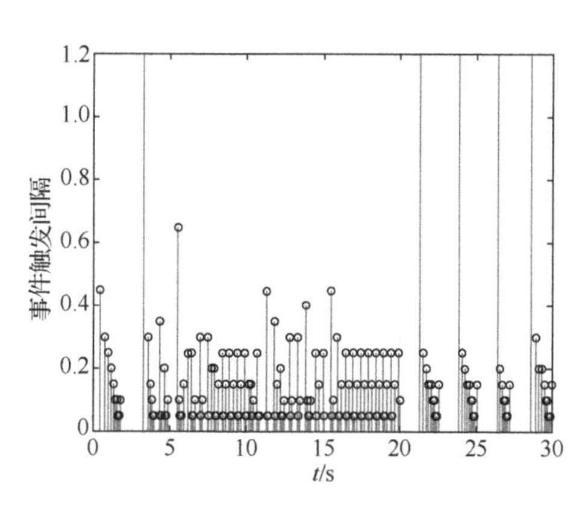

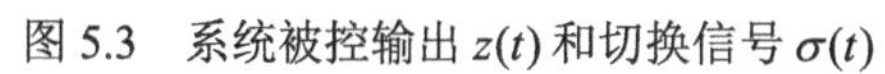
图 5.3 系统被控输出 $z(t)$ 和切换信号 $\sigma(t)$

图 5.4 事件触发相邻执行间隔（$\tau_k\in[0,0.04]$）

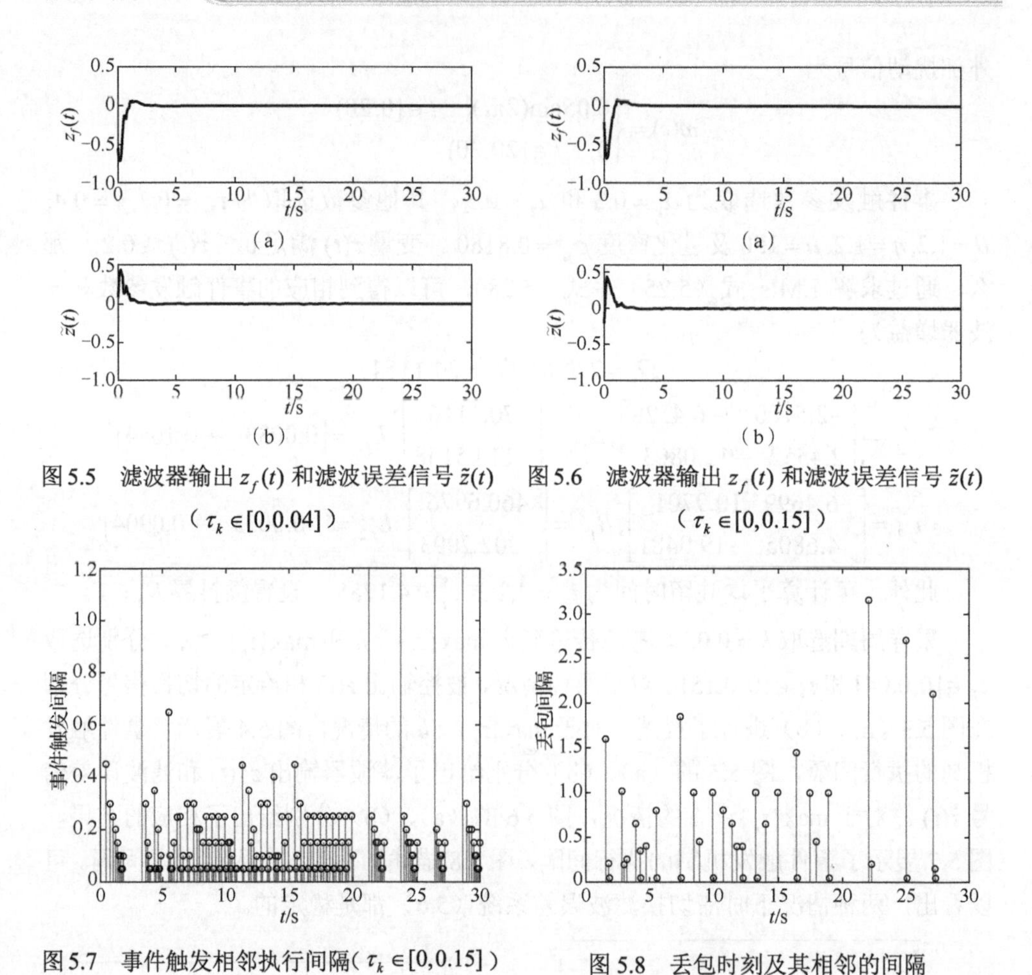

图 5.5　滤波器输出 $z_f(t)$ 和滤波误差信号 $\tilde{z}(t)$（$\tau_k \in [0,0.04]$）

图 5.6　滤波器输出 $z_f(t)$ 和滤波误差信号 $\tilde{z}(t)$（$\tau_k \in [0,0.15]$）

图 5.7　事件触发相邻执行间隔（$\tau_k \in [0,0.15]$）

图 5.8　丢包时刻及其相邻的间隔

5.3　鲁棒事件触发故障检测滤波

5.3.1　问题描述

1. 系统描述

考虑如下连续时间带有 r 个切换规则的切换线性 T-S 模糊系统。

规则 $R^l_{\sigma(t)}$：如果 $z_{\sigma(t)1}(t)$ 是 $\hat{\Omega}^l_{\sigma(t)1}(z_{\sigma(t)}(t))$ 且……且 $z_{\sigma(t)p}(t)$ 是 $\hat{\Omega}^l_{\sigma(t)p}(z_{\sigma(t)}(t))$，则

$$\begin{aligned} \dot{x}(t) &= A_{\sigma(t)l}x(t) + B_{\sigma(t)l}\omega(t) + D_{\sigma(t)l}f(t) \\ y(t) &= C_{\sigma(t)l}x(t) \end{aligned} \tag{5.34}$$

式中，$x(t)\in\mathbb{R}^{n_x}$ 为系统状态；$\omega(t)\in\mathbb{R}^{n_\omega}$ 为扰动信号且属于 $L_2[0,\infty)$；$f(t)\in\mathbb{R}^{n_f}$ 为故障向量，是 L_∞ 有界范数；$y(t)\in\mathbb{R}^{n_y}$ 为测量输出；$\sigma(t):[0,\infty)\to\underline{S}=\{1,2,\cdots,S\}$ 是切换信号，属于分段常值函数；$\hat{\Omega}^l_{\sigma(t)1}(z_{\sigma(t)}(t)),\cdots,\hat{\Omega}^l_{\sigma(t)p}(z_{\sigma(t)}(t))$ 是模糊集，$\sigma(t)\in\underline{S},\ l\in\underline{N}=\{1,2,\cdots,N_{\sigma(t)}\}$，$N_{\sigma(t)}$ 为模糊规则的数量，前件变量定义为 $z_{\sigma(t)}(t)=[z_{\sigma(t)1}(t),z_{\sigma(t)2}(t),\cdots,z_{\sigma(t)p}(t)]$；$A_{\sigma(t)l},B_{\sigma(t)l},C_{\sigma(t)l}$ 和 $D_{\sigma(t)l}$ 为适当维数的常值矩阵。

利用“模糊拟合”的方法，第 i 个模糊子系统的全局模型描述为

$$
\begin{aligned}
\dot{x}(t)&=\sum_{l=1}^{N_{\sigma(t)}}h_{\sigma(t)l}(z_{\sigma(t)}(t))(A_{\sigma(t)l}x(t)+B_{\sigma(t)l}\omega(t)+D_{\sigma(t)l}f(t))\\
y(t)&=\sum_{l=1}^{N_{\sigma(t)}}h_{\sigma(t)l}(z_{\sigma(t)}(t))C_{\sigma(t)l}x(t)
\end{aligned}
\tag{5.35}
$$

式中，

$$
h_{\sigma(t)l}(z_{\sigma(t)}(t))=\frac{\prod_{g=1}^{p}\hat{\Omega}^l_{\sigma(t)g}(z_{\sigma(t)g}(t))}{\sum_{l=1}^{N_{\sigma(t)}}\prod_{g=1}^{p}\hat{\Omega}^l_{\sigma(t)g}(z_{\sigma(t)g}(t))}
$$

$\hat{\Omega}^l_{\sigma(t)g}(z_{\sigma(t)g}(t))$ 表示前件变量 $z_{\sigma(t)g}(t)$ 在 $\hat{\Omega}^l_{\sigma(t)g}$ 中的隶属度函数等级。对于 $\sigma(t)\in\underline{S}$ 和 $l\in\underline{N}$，有 $0\leqslant h_{\sigma(t)l}(z_{\sigma(t)}(t))\leqslant 1$，$\sum_{l=1}^{N_{\sigma(t)}}h_{\sigma(t)l}(z_{\sigma(t)}(t))=1$。

如图 5.9 所示，系统输出 $y(t)$ 以一个固定的采样周期 h 被采样为 $\{y(vh)\}_{v\in\mathbb{N}}$。然后，由事件触发机制决定是否释放，释放的采样数据 $y(t_kh)$ 通过受网络攻击和传输延迟影响下的通信网络传输到模糊子滤波器。设计一个丢包机制来解决大传输时延导致的数据包乱序问题。另外，为了提高系统故障检测性能，采用一个只受故障影响的参考模型产生信号 $f_\omega(t)$。此外，模糊子系统、模糊子滤波器和事件触发机制的工作顺序由切换律决定。

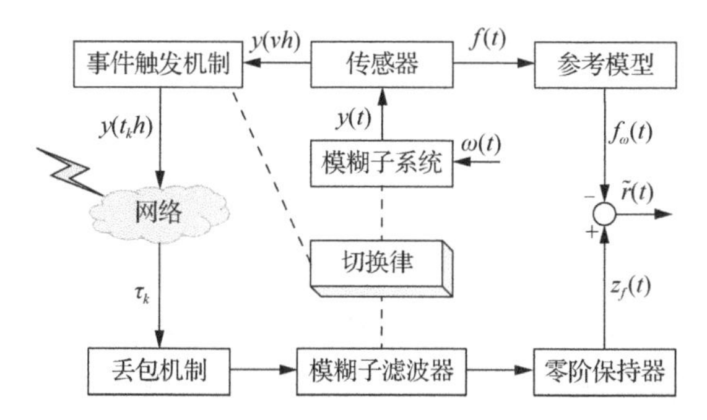

图 5.9　基于事件触发的网络攻击下切换 T-S 模糊系统故障检测滤波框图

2. 事件触发机制

考虑如下离散型事件触发机制：

$$t_{k+1}h = t_k h + \min_{r_k \geqslant 1}\{r_k h \mid e_{t_k}^{\mathrm{T}}(t)\Omega_{\sigma(t)}e_{t_k}(t) \geqslant \alpha_{\sigma(t)} y^{\mathrm{T}}(t_k h + r_k h)\Omega_{\sigma(t)} y(t_k h + r_k h)\} \tag{5.36}$$

式中，$r_k \in \mathbb{N}^+$；$t_k h$ 为触发时刻；$\alpha_i > 0\,(i \in \underline{S})$为事件触发阈值参数；$\Omega_i$ 为对称正定矩阵；$e_{t_k}(t) = y(t_k h) - y(t_k h + r_k h)$，$y(t_k h)$ 是最新传输数据，$y(t_k h + r_k h)$ 是当前采样数据；$t_{k+1}h = t_k h + r_k h$ 是下一次触发时刻。

3. 模糊故障检测滤波器

故障检测由残差生成器和残差评价组成。评价函数和阈值形成了残差评价阶段。为了能够灵活地设计模糊故障检测滤波器，使用了与系统不同的前件变量。滤波器生成的残差信号用于检测系统是否发生故障。

滤波器规则 R_i^r：如果 $z_{i1}(t_k h)$ 是 $\hat{\Omega}_{i1}^r(z_i(t_k h))$ 且……且 $z_{ip}(t_k h)$ 是 $\hat{\Omega}_{ip}^r(z_i(t_k h))$，则

$$\begin{aligned} \dot{x}_f(t) &= A_{fir} x_f(t) + B_{fir}\hat{y}(t) \\ z_f(t) &= C_{fir} x_f(t) + D_{fir}\hat{y}(t) \end{aligned} \tag{5.37}$$

式中，$x_f(t) \in \mathbb{R}^{n_x}$ 为滤波器状态；$z_f(t) \in \mathbb{R}^{n_z}$ 为残差信号；$\hat{y}(t) \in \mathbb{R}^{n_y}$ 为模糊滤波器的实际输入；$A_{fir}, B_{fir}, C_{fir}$ 和 D_{fir} 为滤波器增益矩阵，其中，$i \in \underline{S}, r \in \underline{N} = \{1, 2, \cdots, N_i\}$。此外，前件变量用 $z_i(t_k h) = [z_{i1}(t_k h), z_{i2}(t_k h), \cdots, z_{ip}(t_k h)]$ 来表示。相似于式（5.35），模糊滤波器去模糊化后可被描述为

$$\begin{aligned} \dot{x}_f(t) &= \sum_{r=1}^{N_i} h_{ir}(z_i(t_k h))(A_{fir} x_f(t) + B_{fir}\hat{y}(t)) \\ z_f(t) &= \sum_{r=1}^{N_i} h_{ir}(z_i(t_k h))(C_{fir} x_f(t) + D_{fir}\hat{y}(t)) \end{aligned} \tag{5.38}$$

为提高系统故障检测的性能，采用一个参考残差模型 $f_\omega(s) = W(s)f(s)$ [193]，$W(s)$ 为给定的传递函数，其状态空间可表示为

$$\begin{aligned} \dot{x}_\omega(t) &= A_\omega x_\omega(t) + B_\omega f(t) \\ f_\omega(t) &= C_\omega x_\omega(t) + D_\omega f(t) \end{aligned} \tag{5.39}$$

式中，$x_\omega(t) \in \mathbb{R}^{n_\omega}$ 是状态变量；$A_\omega, B_\omega, C_\omega, D_\omega$ 是已知常值矩阵。

4. 欺骗攻击

在网络传输过程中，欺骗攻击者可对通过共享网络传输的数据进行随机修改。这里利用伯努利分布来描述这种随机性质，然后，将攻击信号与采样数据一起传输到模糊滤波器。在欺骗攻击影响下，模糊滤波器实际输入可表示为

$$\hat{y}(t)=y(t_k h)+\delta(t)\eta(t) \tag{5.40}$$

式中，$\eta(t)\in\mathbb{R}^{n_y}$ 为攻击者发送的干扰信号；$\delta(t)$ 为随机变量，用来描述欺骗攻击的发生概率并且满足

$$\text{Prob}\{\delta(t)=1\}=\bar{\delta},\ \text{Prob}\{\delta(t)=0\}=1-\bar{\delta} \tag{5.41}$$

其中，$\bar{\delta}\in[0,1)$ 是一个已知常数，表示随机变量 $\delta(t)$ 的期望。

攻击者发送的干扰信号表示为

$$\eta(t)=-y(t_k h)+\xi(t) \tag{5.42}$$

式中，$\xi(t)$ 为未知的攻击信号，满足约束条件 $\|\xi(t)\|_2\leqslant\|Lx(t)\|_2$，$L$ 是常值矩阵。

5. 建立模糊残差系统

考虑 $\max\limits_{k\in\mathbb{N}}\{\tau_k\}<h$ 的情况，利用与 3.3.1 小节相同的时滞转化技术，定义 $e(j_k h)=y(t_k h)-y(j_k h)$，则有

$$y(t_k h)=e(j_k h)+y(t-\tau(t)) \tag{5.43}$$

由条件式（5.40）、式（5.42）和式（5.43），可得

$$\hat{y}(t)=(1-\delta(t))(y(t-\tau(t))+e(j_k h))+\delta(t)\xi(t) \tag{5.44}$$

定义 $\tilde{x}(t)=[x^{\mathrm{T}}(t)\quad x_f^{\mathrm{T}}(t)\quad x_{\omega}^{\mathrm{T}}(t)]^{\mathrm{T}},\tilde{\omega}(t)=[\omega^{\mathrm{T}}(t)\quad f^{\mathrm{T}}(t)]^{\mathrm{T}}$ 和 $\tilde{r}(t)=2f(t)-f_{\omega}(t)$。结合条件式（5.35）、式（5.38）、式（5.39）和式（5.44），可得时滞切换模糊残差系统，即

$$\begin{aligned}\dot{\tilde{x}}(t)&=\sum_{l=1}^{N_i}\sum_{r=1}^{N_i}h_{il}(z_i(t))h_{ir}(z_i(t_k h))(\bar{A}_{ilr}\tilde{x}(t)+\bar{B}_{ilr}\tilde{x}(t-\tau(t))+\bar{C}_{ilr}\tilde{\omega}(t)\\&\quad+(1-\delta(t))\bar{B}_{ir}e(j_k h)+\delta(t)\bar{B}_{ir}\xi(t))\\\tilde{r}(t)&=\sum_{l=1}^{N_i}\sum_{r=1}^{N_i}h_{il}(z_i(t))h_{ir}(z_i(t_k h))(\bar{D}_{ilr}\tilde{x}(t)+\bar{E}_{ilr}\tilde{x}(t-\tau(t))+\bar{F}_{ilr}\tilde{\omega}(t)\\&\quad+(1-\delta(t))D_{fir}e(j_k h)+\delta(t)D_{fir}\xi(t))\\\tilde{x}(t)&=\varphi(t),\quad\forall t\in[-\tau_M,0]\end{aligned} \tag{5.45}$$

式中，

$$\bar{A}_{ilr}=\begin{bmatrix}A_{il}&0&0\\0&A_{fir}&0\\0&0&A_{\omega}\end{bmatrix},\bar{B}_{ilr}=\begin{bmatrix}0&0&0\\(1-\delta(t))B_{fir}C_{ir}&0&0\\0&0&0\end{bmatrix},\bar{B}_{ir}=\begin{bmatrix}0\\B_{fir}\\0\end{bmatrix},\bar{C}_{ilr}=\begin{bmatrix}B_{il}&D_{il}\\0&0\\0&B_{\omega}\end{bmatrix}$$

$$\bar{D}_{ilr}=\begin{bmatrix}0&C_{fir}&-C_{\omega}\end{bmatrix},\bar{E}_{ilr}=\begin{bmatrix}(1-\delta(t))D_{fir}C_{il}&0&0\end{bmatrix},\bar{F}_{ilr}=\begin{bmatrix}0&-D_{\omega}\end{bmatrix}$$

由式（5.34）、式（5.36）和式（5.43）可得以下条件：

$$e^{\mathrm{T}}(j_k h)\varOmega_{\sigma(t)}e(j_k h)<\alpha_{\sigma(t)}x^{\mathrm{T}}(t-\tau(t))C_{\sigma(t)l}^{\mathrm{T}}\varOmega_{\sigma(t)}C_{\sigma(t)l}x(t-\tau(t)) \tag{5.46}$$

考虑 $\max\limits_{k\in\mathbb{N}}\{\tau_k\}\geqslant h$ 的情况，采用与 5.2.1 小节相同的处理方法。

定义阈值 J_{th} 和残差评价函数 Q_{z_f} [193]。当 Q_{z_f} 的值大于阈值 J_{th} 时，系统故障可以被检测到。评估函数和阈值可表示为

$$Q_{z_f}=\left(\int_{s_0}^{s_0+s^*} z_f^{\mathrm{T}}(t)z_f(t)\mathrm{d}t\right)^{\frac{1}{2}} \tag{5.47}$$

和

$$J_{th}=\sup_{\omega\in L_2, f=0} Q_{z_f} \tag{5.48}$$

式中，s_0 和 s^* 分别为初始评估时刻和评估时刻。可使用以下判断结构来检测故障。

$$Q_{z_f}>J_{th}\Rightarrow \text{故障}\Rightarrow \text{报警}$$

$$Q_{z_f}\leqslant J_{th}\Rightarrow \text{无故障}$$

5.3.2 主要结果

针对上述系统（5.45），本小节主要研究如下两个问题：

（1）如何得到保证模糊残差系统（5.45）是均方指数稳定的且具有 H_∞ 性能指标的充分条件？

（2）基于稳定性条件，如何求解 H_∞ 模糊故障检测滤波器增益和事件触发参数？

1. 稳定性分析

本小节利用分段 Lyapunov 函数方法和持续驻留时间技术，给出了保证时滞切换模糊残差系统（5.45）具有均方指数稳定性的充分条件。

定理 5.3 对任意的 $i,j\in\underline{S}$，$i\neq j$，$l,r\in\underline{N}$ 和固定周期 T，给定正标量 $\alpha_i,\tau_M,\gamma,\theta,\bar{\delta}$ 和 $\mu>1$，如果存在对称正定矩阵 $P_i=\begin{bmatrix}P_{1i} & P_{2i} & 0\\ * & P_{3i} & 0\\ * & * & V_i\end{bmatrix}$，$Q_i$，$R_i$ 和 Ω_i 满足

$$\begin{bmatrix}\Xi_i & Y_{6i}^{\mathrm{T}}\\ * & -I\end{bmatrix}<0 \tag{5.49}$$

$$P_i\leqslant \mu P_j,\ Q_i\leqslant \mu Q_j,\ R_i\leqslant \mu R_j \tag{5.50}$$

式中，

$$\Xi_i=\begin{bmatrix}T_{1i} & Y_i^{\mathrm{T}} & Y_{2i}^{\mathrm{T}} & Y_{5i}^{\mathrm{T}}\\ * & Y_{1i} & Y_{3i} & 0\\ * & * & Y_{4i} & 0\\ * & * & * & -\bar{\delta}I\end{bmatrix}$$

$$T_{1i}=\begin{bmatrix}\Phi_{1i} & \Phi_{2i} & 0 & \Phi_{5i} & 0 & \Phi_{9i}\\ * & \Phi_{3i} & 0 & \Phi_{6i} & 0 & \Phi_{10i}\\ * & * & \Phi_{4i} & 0 & 0 & 0\\ * & * & * & \Phi_{7i} & \mathrm{e}^{-\theta\tau_M}R_i & 0\\ * & * & * & * & \Phi_{8i} & 0\\ * & * & * & * & * & -\Omega_i\end{bmatrix}$$

$\Phi_{1i}=\mathrm{sym}\{P_{1i}A_{il}\}+\theta P_{1i}+Q_i+\bar{\delta}L^{\mathrm{T}}L+\tau_M^2A_{il}^{\mathrm{T}}R_iA_{il}-\mathrm{e}^{-\theta\tau_M}R_i,\Phi_{2i}=\mathrm{sym}\{P_{2i}A_{fir}\}+\theta P_{2i}$

$\Phi_{3i}=\mathrm{sym}\{P_{3i}A_{fir}\}+\theta P_{3i},\Phi_{4i}=\mathrm{sym}\{V_i^{\mathrm{T}}A_{\omega}\}+\theta V_i,\Phi_{5i}=\mathrm{e}^{-\theta\tau_M}R_i+(1-\bar{\delta})P_{2i}B_{fir}C_{il}$

$\Phi_{6i}=(1-\bar{\delta})P_{3i}B_{fir}C_{il},\Phi_{7i}=\alpha_iC_{il}^{\mathrm{T}}\Omega_iC_{il}-2\mathrm{e}^{-\theta\tau_M}R_i,\Phi_{8i}=-(\mathrm{e}^{-\theta\tau_M}Q_i+\mathrm{e}^{-\theta\tau_M}R_i)$

$\Phi_{9i}=(1-\bar{\delta})P_{2i}B_{fir},\Phi_{10i}=(1-\bar{\delta})P_{3i}B_{fir},Y_i=[\tau_M^2A_{il}^{\mathrm{T}}R_iB_{il}+P_{1i}B_{il}\quad P_{2i}^{\mathrm{T}}B_{il}\quad 0\quad 0\quad 0\quad 0]$

$Y_{1i}=\tau_M^2B_{il}^{\mathrm{T}}R_iB_{il}-\gamma^2I,Y_{2i}=[\tau_M^2A_{il}^{\mathrm{T}}R_iD_{il}+P_{1i}D_{il}\quad P_{2i}^{\mathrm{T}}D_{il}\quad V_i^{\mathrm{T}}B_{\omega}\quad 0\quad 0\quad 0]$

$Y_{3i}=\tau_M^2B_{il}^{\mathrm{T}}R_iD_{il},Y_{4i}=\tau_M^2D_{il}^{\mathrm{T}}R_iD_{il}-\gamma^2I,Y_{5i}=[\bar{\delta}P_{2i}B_{fir}\quad \bar{\delta}P_{3i}B_{fir}\quad 0\quad 0\quad 0\quad 0]$

$Y_{6i}=[0\quad C_{fir}^{\mathrm{T}}\quad -C_{\omega}^{\mathrm{T}}\quad (1-\bar{\delta})C_{il}^{\mathrm{T}}D_{fir}^{\mathrm{T}}\quad 0\quad (1-\bar{\delta})D_{fir}^{\mathrm{T}}\quad 0\quad -D_{\omega}^{\mathrm{T}}\quad \bar{\delta}D_{fir}^{\mathrm{T}}]$

那么，在事件触发机制（5.36）、模糊故障检测滤波器（5.37）和切换信号$\sigma(t)$的作用下，切换模糊残差系统（5.45）具有H_{∞}性能指标$\sqrt{\theta\mu^{T+1}/(\theta-(T+1)\ln\mu/(T+\tau_D))}\gamma$，并且切换信号的驻留时间满足

$$\tau_D>\tau_D^*=\frac{(T+1)\ln\mu}{\theta}-T \tag{5.51}$$

证明 考虑以下 Lyapunov 函数：

$$\begin{aligned}V(\tilde{x}(t))&=V_{\sigma(t)}(\tilde{x}(t))\\&=\tilde{x}^{\mathrm{T}}(t)P_{\sigma(t)}\tilde{x}(t)+\int_{t-\tau_M}^{t}\mathrm{e}^{\theta(s-t)}x^{\mathrm{T}}(s)Q_{\sigma(t)}x(s)\mathrm{d}s\\&\quad+\tau_M\int_{-\tau_M}^{0}\int_{t+s}^{t}\mathrm{e}^{\theta(v-t)}\dot{x}^{\mathrm{T}}(v)R_{\sigma(t)}\dot{x}(v)\mathrm{d}v\mathrm{d}s\end{aligned} \tag{5.52}$$

存在正常数a和b满足

$$a\|\tilde{x}(t)\|^2\leqslant V(\tilde{x}(t))\leqslant b\|\bar{G}(t)\|^2 \tag{5.53}$$

式中，

$$a=\min_{i\in\underline{S}}\{\lambda_{\min}(P_i)\}$$

$$b=\max_{i\in\underline{S}}\{\lambda_{\max}(P_i)\}+\frac{1}{\theta}\max_{i\in\underline{S}}\{\lambda_{\max}(Q_i)\}+\frac{\tau_M^2}{\theta}\max_{i\in\underline{S}}\{\lambda_{\max}(R_i)\}$$

$$\|\bar{G}(t)\|^2=\max\{\|\tilde{x}(t)\|^2,\|\tilde{x}(t-\tau_M)\|^2,\|\dot{\tilde{x}}(t)\|^2\}$$

对于$\sigma(t)=i\in\underline{S}$和$t\in[t_q,t_{q+1})$，对式（5.52）中的 Lyapunov 函数$V(\tilde{x}(t))$求导并对其求期望，有

$$\begin{aligned}\mathrm{E}\{\dot{V}_i(\tilde{x}(t))\} \leqslant & \mathrm{E}\{\dot{\tilde{x}}^{\mathrm{T}}(t)P_i\tilde{x}(t)+\tilde{x}^{\mathrm{T}}(t)P_i\dot{\tilde{x}}(t)+x^{\mathrm{T}}(t)Q_ix(t) \\ & -\mathrm{e}^{-\theta\tau_M}x^{\mathrm{T}}(t-\tau_M)Q_ix(t-\tau_M)+\tau_M^2\dot{x}^{\mathrm{T}}(t)R_i\dot{x}(t) \\ & +\theta\tilde{x}^{\mathrm{T}}(t)P_i\tilde{x}(t)-\theta V_i(\tilde{x})-\tau_M\mathrm{e}^{-\theta\tau_M}\int_{t-\tau_M}^{t}\dot{x}^{\mathrm{T}}(s)R_i\dot{x}(s)\mathrm{d}s\}\end{aligned} \tag{5.54}$$

令 $e(t)\triangleq e(j_kh),\eta(t)=[x^{\mathrm{T}}(t)\quad x_f^{\mathrm{T}}(t)\quad x_\omega^{\mathrm{T}}(t)\quad x^{\mathrm{T}}(t-\tau(t))\quad x^{\mathrm{T}}(t-\tau_M)\quad e^{\mathrm{T}}(t)$ $\omega^{\mathrm{T}}(t)\quad f^{\mathrm{T}}(t)\quad \xi^{\mathrm{T}}(t)]^{\mathrm{T}}$。

根据引理 2.4 和条件式（5.45）、式（5.49）和式（5.54），可得

$$\begin{aligned}\mathrm{E}\{\dot{V}_i(\tilde{x}(t))\} \leqslant & \sum_{l=1}^{N_i}\sum_{r=1}^{N_i}h_{il}(z_i(t))h_{ir}(z_i(t_kh))\mathrm{E}\{\eta(t)^{\mathrm{T}}(\varXi_i+Y_{6i}^{\mathrm{T}}Y_{6i})\eta(t)\} \\ & -\mathrm{E}\{\tilde{r}^{\mathrm{T}}(t)\tilde{r}(t)\}+\mathrm{E}\{\gamma^2\tilde{\omega}^{\mathrm{T}}(t)\tilde{\omega}(t)\}-\mathrm{E}\{\theta V_i(\tilde{x}(t))\} \\ & -\alpha_ix^{\mathrm{T}}(t-\tau(t))C_{il}^{\mathrm{T}}\varOmega_iC_{il}x(t-\tau(t))+e^{\mathrm{T}}(t)\varOmega_ie(t)\end{aligned} \tag{5.55}$$

然后，根据式（5.46）、式（5.49）和式（5.55），有

$$\mathrm{E}\{\dot{V}_i(\tilde{x}(t))\}\leqslant -\theta\mathrm{E}\{V_i(\tilde{x}(t))\}+\mathrm{E}\{\gamma^2\tilde{\omega}^{\mathrm{T}}(t)\tilde{\omega}(t)-\tilde{r}^{\mathrm{T}}(t)\tilde{r}(t)\} \tag{5.56}$$

令 $\bar{\varphi}(s)=\tilde{r}^{\mathrm{T}}(s)\tilde{r}(s)-\gamma^2\tilde{\omega}^{\mathrm{T}}(s)\tilde{\omega}(s)$，进一步有

$$\mathrm{E}\{V_i(\tilde{x}(t))\}\leqslant \mathrm{e}^{-\theta(t-t_q)}\mathrm{E}\{V_i(\tilde{x}(t_q))\}-\mathrm{E}\left\{\int_{t_q}^{t}\mathrm{e}^{-\theta(t-s)}\bar{\varphi}(s)\mathrm{d}s\right\},\quad t\in[t_q,t_{q+1}) \tag{5.57}$$

由式（5.50）可知，对于每一个切换时刻，都有以下条件成立：

$$\mathrm{E}\{V_{\sigma(t_s)}(\tilde{x}(t_s))\}\leqslant \mu\mathrm{E}\{V_{\sigma(t_s^-)}(\tilde{x}(t_s^-))\} \tag{5.58}$$

假设 $0=t_0<t_1<t_2<\cdots<t_s\cdots$ 和切换时刻序列为 $t_0,t_1,t_2,\cdots,t_s$。当系统在第 p 个阶段被激活时，$t\in[t_{s_p},t_{s_{p+1}})$，$p\in\mathbb{N}$，以及 $t_{s_p},t_{s_p+1},t_{s_p+2},\cdots,t_{s_{p+1}}$ 是在间隔 $[t_{s_p},t_{s_{p+1}})$ 上的切换时刻。进一步，根据条件式（5.57）和式（5.58）可得

$$\begin{aligned}\mathrm{E}\{V_{\sigma(t_{s_{p+1}})}(\tilde{x}(t_{s_{p+1}}))\} \leqslant & \mathrm{E}\{V_{\sigma(t_{s_{p+1}-1})}(\tilde{x}(t_{s_{p+1}-1}))\}\mathrm{e}^{-\theta(t_{s_{p+1}}-t_{s_{p+1}-1})}-\mathrm{E}\left\{\int_{t_{s_{p+1}-1}}^{t_{s_{p+1}}}\mathrm{e}^{-\theta(t_{s_{p+1}}-s)}\bar{\varphi}(s)\mathrm{d}s\right\} \\ \leqslant & \mu\mathrm{E}\{V_{\sigma(t_{s_{p+1}-1}^-)}(\tilde{x}(t_{s_{p+1}-1}^-))\}\mathrm{e}^{-\theta(t_{s_{p+1}}-t_{s_{p+1}-1})}-\mathrm{E}\left\{\int_{t_{s_{p+1}-1}}^{t_{s_{p+1}}}\mathrm{e}^{-\theta(t_{s_{p+1}}-s)}\bar{\varphi}(s)\mathrm{d}s\right\} \\ \leqslant & \mu(\mathrm{E}\{V_{\sigma(t_{s_{p+1}-2})}(\tilde{x}(t_{s_{p+1}-2}))\}\mathrm{e}^{-\theta(t_{s_{p+1}-1}-t_{s_{p+1}-2})}-\mathrm{E}\left\{\int_{t_{s_{p+1}-2}}^{t_{s_{p+1}-1}}\mathrm{e}^{-\theta(t_{s_{p+1}-1}-s)}\right. \\ & \left.\times\bar{\varphi}(s)\mathrm{d}s\right\})\mathrm{e}^{-\theta(t_{s_{p+1}}-t_{s_{p+1}-1})}-\mathrm{E}\left\{\int_{t_{s_{p+1}-1}}^{t_{s_{p+1}}}\mathrm{e}^{-\theta(t_{s_{p+1}}-s)}\bar{\varphi}(s)\mathrm{d}s\right\} \\ & \vdots \\ \leqslant & \mu^{N_\sigma(t_{s_1},t_{s_{p+1}})}\mathrm{e}^{-\theta(t_{s_{p+1}}-t_{s_1})}\mathrm{E}\{V_{\sigma(t_{s_1})}(\tilde{x}(t_{s_1}))\} \\ & -\mathrm{E}\left\{\int_{t_{s_1}}^{t_{s_{p+1}}}\mu^{N_\sigma(s,t_{s_{p+1}})}\mathrm{e}^{-\theta(t_{s_{p+1}}-s)}\bar{\varphi}(s)\mathrm{d}s\right\}\end{aligned} \tag{5.59}$$

当外部扰动 $\tilde{\omega}(t)=0$ 时，由条件式（5.59），可得

$$\mathrm{E}\{V(\tilde{x}(t))\} \leqslant \mathrm{e}^{-\theta(t-t_0)+N_\sigma(t_0,t)\ln\mu}\mathrm{E}\{V_{\sigma(t_0)}(\tilde{x}(t_0))\} \tag{5.60}$$

此外，$\tau_p + T_p$ 是在第 p 个阶段上总的运行时间。τ_p 和 T_p 分别是在 τ 部分和 T 部分上的运行时间，有 $T_p \leqslant T$ 和 $\tau_p \geqslant \tau_D$，假设时间段 $[s,t)$ 是在第 p 个阶段上，有

$$\left(\frac{t-s}{T_p+\tau_D}+1\right)(T_p+1) \leqslant \left(\frac{t-s}{T+\tau_D}+1\right)(T+1) \tag{5.61}$$

对于任意阶段在时间间隔 $[s,t)$ 上，有

$$0 \leqslant N_\sigma(s,t) \leqslant \left(\frac{t-s}{T+\tau_D}+1\right)(T+1) \tag{5.62}$$

从条件式（5.60）和式（5.62）得

$$\mathrm{E}\{V(\tilde{x}(t))\} \leqslant \mathrm{e}^{(T+1)\ln\mu}\mathrm{e}^{(\frac{(T+1)\ln\mu}{T+\tau_D}-\theta)t}\mathrm{E}\{V_{\sigma(0)}(\tilde{x}(0))\} \tag{5.63}$$

然后，从条件式（5.53）、式（5.63）和定义 2.7，有以下不等式成立：

$$\mathrm{E}\{\|\tilde{x}(t)\|\} \leqslant \sqrt{\frac{b}{a}}\mathrm{e}^{\frac{1}{2}(T+1)\ln\mu}\mathrm{e}^{-\frac{1}{2}(\theta-\frac{(T+1)\ln\mu}{T+\tau_D})t}\|\bar{G}(0)\|_{d1} \tag{5.64}$$

令 $\kappa=\sqrt{\frac{b}{a}}\mathrm{e}^{\frac{1}{2}(T+1)\ln\mu}$ 及 $\varpi=-\frac{1}{2}(\theta-\frac{(T+1)\ln\mu}{T+\tau_D})$，根据式（5.51）、式（5.64）和定义 2.7，当 $\tilde{\omega}(t)=0$ 时，受欺骗攻击影响的切换模糊残差系统（5.45）是均方指数稳定的。

当 $\tilde{\omega}(t)\neq 0$ 时，对于 $t_{s_1}=t_0$，在零初始条件下，可得 $\mathrm{E}\{V_{\sigma(t_{s_1})}(\tilde{x}(t_{s_1}))\}=0$，根据 $\forall t\in[t_{s_p},t_{s_{p+1}})$ 和式（5.51）以及式（5.59），则有

$$\mathrm{E}\left\{\int_{t_0}^{t}\mu^{N_\sigma(s,t)}\mathrm{e}^{-\theta(t-s)}\bar{\varphi}(s)\mathrm{d}s\right\} \leqslant 0 \tag{5.65}$$

然后，根据式（5.62）和式（5.65），可得

$$\mathrm{E}\left\{\int_{t_0}^{t}\mathrm{e}^{-\theta(t-s)}\tilde{r}^{\mathrm{T}}(s)\tilde{r}(s)\mathrm{d}s\right\} \leqslant \gamma^2\mu^{T+1}\mathrm{E}\left\{\int_{t_0}^{t}\mathrm{e}^{\left(\frac{(T+1)\ln\mu}{T+\tau_D}-\theta\right)(t-s)}\tilde{\omega}^{\mathrm{T}}(s)\tilde{\omega}(s)\mathrm{d}s\right\} \tag{5.66}$$

对式（5.66）从 $t=0$ 到 ∞ 积分可得

$$\mathrm{E}\left\{\int_{t_0}^{\infty}\tilde{r}^{\mathrm{T}}(s)\tilde{r}(s)\mathrm{d}s\right\} \leqslant \bar{\gamma}^2\mathrm{E}\left\{\int_{t_0}^{\infty}\tilde{\omega}^{\mathrm{T}}(s)\tilde{\omega}(s)\mathrm{d}s\right\} \tag{5.67}$$

式中，$\bar{\gamma}=\sqrt{\theta\mu^{T+1}/(\theta-(T+1)\ln\mu/(T+\tau_D))}\gamma$。根据定义 2.8，得到切换模糊残差系统（5.45）在欺骗攻击下的 H_∞ 性能指标 $\sqrt{\theta\mu^{T+1}/(\theta-(T+1)\ln\mu/(T+\tau_D))}\gamma$。

2. 滤波器设计

基于定理 5.3，下面定理给出了一组模糊故障检测滤波器增益和事件触发参数的充分条件。

定理 5.4 对任意的$i,j\in \underline{S}$，$i\neq j$，$l,r\in \underline{N}$和固定周期 T，给定正标量$\alpha_i,\tau_M,\gamma,\theta,\bar{\delta}$和$\mu>1$，如果存在对称正定矩阵$P_i=\begin{bmatrix} P_{1i} & P_{2i} & 0 \\ * & P_{3i} & 0 \\ * & * & V_i \end{bmatrix}$,$Q_i,R_i,U_i,\Omega_i$、非奇异矩阵$M_i$和实矩阵$\tilde{A}_{fir},\tilde{B}_{fir},\tilde{C}_{fir}$和$\tilde{D}_{fir}$满足

$$\begin{bmatrix} \Xi_i' & Y_{6i}'^{\mathrm{T}} \\ * & -I \end{bmatrix}<0 \tag{5.68}$$

$$\begin{bmatrix} -\mu P_{1j} & -\mu U_j & 0 & I & 0 & 0 \\ * & -\mu U_j & 0 & 0 & M_j & 0 \\ * & * & -\mu V_j & 0 & 0 & I \\ * & * & * & P_{1i}-2I & U_i & 0 \\ * & * & * & * & \Pi' & 0 \\ * & * & * & * & * & V_i-2I \end{bmatrix}<0 \tag{5.69}$$

$$Q_i\leqslant \mu Q_j,\ R_i\leqslant \mu R_j \tag{5.70}$$

$$U_i<P_{1i} \tag{5.71}$$

式中，

$$\Xi_i'=\begin{bmatrix} T_{1i}' & Y_i'^{\mathrm{T}} & Y_{2i}'^{\mathrm{T}} & Y_{5i}'^{\mathrm{T}} \\ * & Y_{1i} & Y_{3i} & 0 \\ * & * & Y_{4i} & 0 \\ * & * & * & -\bar{\delta}I \end{bmatrix}$$

$$T_{1i}'=\begin{bmatrix} \Phi_{1i} & \Phi_{2i}' & 0 & \Phi_{5i}' & 0 & \Phi_{9i}' \\ * & \Phi_{3i}' & 0 & \Phi_{6i}' & 0 & \Phi_{10i}' \\ * & * & \Phi_{4i} & 0 & 0 & 0 \\ * & * & * & \Phi_{7i} & \mathrm{e}^{-\theta\tau_M}R_i & 0 \\ * & * & * & * & \Phi_{8i} & 0 \\ * & * & * & * & * & -\Omega_i \end{bmatrix}$$

$\Phi_{1i}=\mathrm{sym}\{P_{1i}A_{il}\}+\theta P_{1i}+Q_i+\bar{\delta}L^{\mathrm{T}}L+\tau_M^2A_{il}^{\mathrm{T}}R_iA_{il}-\mathrm{e}^{-\theta\tau_M}R_i,\Phi_{2i}'=A_{il}^{\mathrm{T}}U_i+\tilde{A}_{fir}+\theta U_i$

$\Phi_{3i}'=\mathrm{sym}\{\tilde{A}_{fir}\}+\theta U_i,\Phi_{4i}=\mathrm{sym}\{V_i^{\mathrm{T}}A_{\omega}\}+\theta V_i,\Phi_{5i}'=\mathrm{e}^{-\theta\tau_M}R_i+(1-\bar{\delta})\tilde{B}_{fir}C_{il}$

$\Phi_{6i}'=(1-\bar{\delta})\tilde{B}_{fir}C_{il},\Phi_{7i}=\alpha_iC_{il}^{\mathrm{T}}\Omega_iC_{il}-2\mathrm{e}^{-\theta\tau_M}R_i,\Phi_{8i}=-\mathrm{e}^{-\theta\tau_M}(Q_i+R_i),\Phi_{9i}'=(1-\bar{\delta})\tilde{B}_{fir}$

$\Phi_{10i}'=(1-\bar{\delta})\tilde{B}_{fir},Y_i'=[\tau_M^2A_{il}^{\mathrm{T}}R_iB_{il}+P_{1i}B_{il}\quad U_iB_{il}\quad 0\quad 0\quad 0\quad 0],Y_{1i}=\tau_M^2B_{il}^{\mathrm{T}}R_iB_{il}-\gamma^2I$

$Y_{2i}'=[\tau_M^2A_{il}^{\mathrm{T}}R_iD_{il}+P_{1i}D_{il}\quad U_iD_{il}\quad V_i^{\mathrm{T}}B_{\omega}\quad 0\quad 0\quad 0]$

$Y_{3i}=\tau_M^2B_{il}^{\mathrm{T}}R_iD_{il},Y_{4i}=\tau_M^2D_{il}^{\mathrm{T}}R_iD_{il}-\gamma^2I$

$Y'_{5i}=[\bar{\delta}\tilde{B}_{fir} \quad \bar{\delta}\tilde{B}_{fir} \quad 0 \quad 0 \quad 0 \quad 0]$

$Y'_{6i}=[0 \quad \tilde{C}_{fir}^{\mathrm{T}} \quad -C_{\omega}^{\mathrm{T}} \quad (1-\bar{\delta})C_{il}^{\mathrm{T}}D_{fir}^{\mathrm{T}} \quad 0 \quad (1-\bar{\delta})D_{fir}^{\mathrm{T}} \quad 0 \quad -D_{\omega}^{\mathrm{T}} \quad \bar{\delta}D_{fir}^{\mathrm{T}}]$

$\Pi'=U_i-M_i-M_i^{\mathrm{T}}$

那么，可以得到相对应的事件触发模糊故障检测滤波器矩阵，即

$$A_{fir}=M_i^{\mathrm{T}}U_i^{-1}\tilde{A}_{fir}M_i^{-\mathrm{T}},B_{fir}=M_i^{\mathrm{T}}U_i^{-1}\tilde{B}_{fir},C_{fir}=\tilde{C}_{fir}M_i^{-\mathrm{T}},D_{fir}=\tilde{D}_{fir} \quad (5.72)$$

证明 本小节证明过程与 5.2 节类似，不再赘述。

5.3.3 仿真算例

本小节给出一个仿真算例来验证提出方法的有效性。考虑初始状态为 $x(0)=[0 \quad 0]^{\mathrm{T}},x_f(0)=[0 \quad 0]^{\mathrm{T}}$ 和 $x_{\omega}(0)=0$ 的具有两个子系统的切换线性系统，各矩阵参数如下：

$$A_{11}=\begin{bmatrix}0.1 & 2.9\\ -1.6 & -4\end{bmatrix},A_{12}=\begin{bmatrix}-5 & 1.6\\ 1 & -7.2\end{bmatrix},A_{21}=\begin{bmatrix}-2.5 & -2\\ 0.8 & -1.5\end{bmatrix},A_{22}=\begin{bmatrix}-2.3 & -1.1\\ 1.6 & -2\end{bmatrix}$$

$$B_{11}=\begin{bmatrix}-1.9\\ 2.2\end{bmatrix},B_{12}=\begin{bmatrix}-1.2\\ 1.5\end{bmatrix},B_{21}=\begin{bmatrix}2.2\\ 1.6\end{bmatrix},B_{22}=\begin{bmatrix}2.4\\ 1.3\end{bmatrix},C_{11}=\begin{bmatrix}-1 & 0\end{bmatrix},C_{12}=\begin{bmatrix}-1.5 & 0\end{bmatrix}$$

$$C_{21}=\begin{bmatrix}1.5 & 0\end{bmatrix},C_{22}=\begin{bmatrix}1.2 & 0\end{bmatrix},D_{11}=\begin{bmatrix}-1\\ -0.5\end{bmatrix},D_{12}=\begin{bmatrix}1.2\\ 1.5\end{bmatrix},D_{21}=\begin{bmatrix}1.1\\ 1.0\end{bmatrix},D_{22}=\begin{bmatrix}1.4\\ -1.4\end{bmatrix}$$

切换 T-S 模糊系统的隶属度函数选择为

$$h_{11}(z_i(t))=1-\mathrm{e}^{-\frac{x_1^2(t)}{5}}\in[0,1],h_{12}(z_i(t))=\mathrm{e}^{-\frac{x_1^2(t)}{5}}$$

$$h_{21}(z_i(t))=1-\frac{\sin^2(x_2(t))}{2}\in[0,1],h_{22}(z_i(t))=\frac{\sin^2(x_2(t))}{2}$$

故障加权系统（5.39）的参数设定为 $A_{\omega}=-5,B_{\omega}=5,C_{\omega}=1$ 和 $D_{\omega}=0.5$。扰动信号 $\omega(t)$ 和故障 $f(t)$ 分别选择为

$$\omega(t)=\begin{cases}0.02\sin(2\pi t), & t\in[0,15)\\ 0, & \text{其他}\end{cases}$$

和

$$f(t)=\begin{cases}2, & t\in[7,10)\\ 0, & \text{其他}\end{cases}$$

其他参数选取为 $\alpha_1=0.23,\alpha_2=0.35,\mu=2.5,\theta=0.64,\gamma=4.9,\tau_M=0.2,\bar{\delta}=0.15$，攻击信号设为 $\xi(t)=[-0.3\sin(x_1(t)) \quad \tanh(0.3x_2(t))]^{\mathrm{T}}$。存在矩阵 $L=\mathrm{diag}\{0.3,\ 0.3\}$ 使攻击信号满足约束条件 $\|\xi(t)\|_2\leqslant\|Lx(t)\|_2$，变量 $\tau(t)$ 满足 $0\leqslant\tau(t)\leqslant0.2$。通过求解 LMIs 式（5.68）～式（5.71），可以得到相应的事件触发参数和滤波器增益为

$$\Omega_1 = 0.8729, \Omega_2 = 1.5093$$

$$A_{f11} = -\begin{bmatrix} 3.6730 & 0.5081 \\ 4.5554 & 14.1768 \end{bmatrix}, A_{f12} = -\begin{bmatrix} 23.7609 & 18.4950 \\ 17.8375 & 46.4539 \end{bmatrix}, A_{f21} = -\begin{bmatrix} 16.2836 & 5.8219 \\ 5.3392 & 6.8879 \end{bmatrix}$$

$$A_{f22} = \begin{bmatrix} -11.2131 & -2.7003 \\ 0.0558 & -11.8483 \end{bmatrix}, B_{f11} = \begin{bmatrix} 1.4158 \\ 0.5389 \end{bmatrix}, B_{f12} = \begin{bmatrix} 1.7863 \\ 0.6592 \end{bmatrix}, B_{f21} = -\begin{bmatrix} 2.5146 \\ 0.6648 \end{bmatrix}$$

$$B_{f22} = -\begin{bmatrix} 2.1621 \\ 0.5981 \end{bmatrix}, C_{f11} = \begin{bmatrix} 0.1352 & 0.1651 \end{bmatrix}, C_{f12} = -\begin{bmatrix} 0.0001 & 0.0985 \end{bmatrix}$$

$$C_{f21} = -\begin{bmatrix} 0.0944 & 0.0376 \end{bmatrix}, C_{f22} = \begin{bmatrix} -0.0233 & 0.1476 \end{bmatrix}, D_{f11} = 7.0990 \times 10^{-4}$$

$$D_{f12} = -1.3884 \times 10^{-4}, D_{f21} = 8.1010 \times 10^{-4}, D_{f22} = 3.9881 \times 10^{-4}$$

选择$T = 3$，计算得$\tau_D^* = 2.7268$。取采样周期$h = 0.05$和传输时滞$\tau_k \in [0, 0.15]$。图 5.10 给出了持续驻留时间切换信号。图 5.11 描述了事件触发相邻执行间隔，可见事件触发的任意相邻执行间隔都不少于一个采样周期 h，避免了 Zeno 问题。

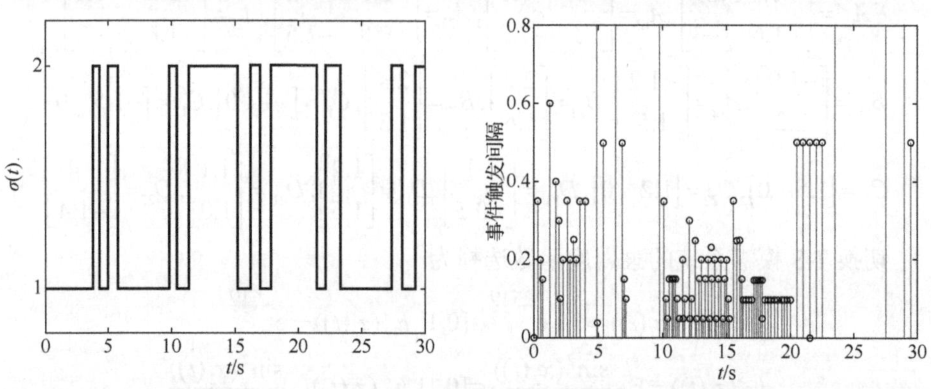

图 5.10　持续驻留时间切换信号 $\sigma(t)$　　图 5.11　事件触发相邻执行间隔

对于情况$\max_{k\in\mathbb{N}}\{\tau_k\} < h$，故障检测结果为图 5.12～图 5.14。残差信号$z_f(t)$如图 5.12 所示。图 5.13 描述了评价函数Q_{z_f}和阈值J_{th}。然后，通过设计的故障检测阈值计算$\sup_{\omega\neq 0, f=0}\left(\int_0^{30} z_f^{\mathrm{T}}(t) z_f(t)\mathrm{d}t\right)^{\frac{1}{2}} = 0.000627 > J_{th}$。因此，系统故障能被检测到。图 5.14 表示有故障发生和没有故障发生情况下的评价函数Q_{z_f}，结果表明，残差信号能在系统故障发生后及时检测出故障。

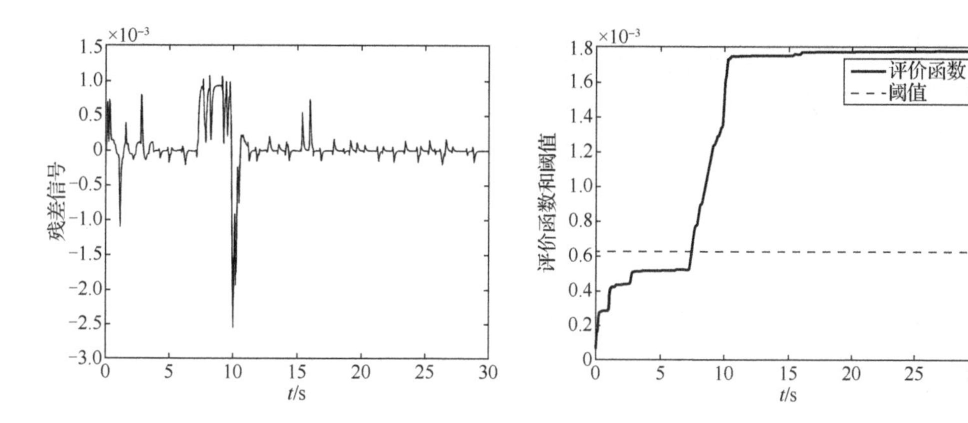

图 5.12　在 $\tau_k \in [0, 0.045]$ 下的残差信号 $z_f(t)$

图 5.13　在 $\tau_k \in [0, 0.045]$ 下的评价函数 Q_{z_f} 和阈值 J_{th}

对于情况 $\max\limits_{k\in\mathbb{N}}\{\tau_k\} \geqslant h$，残差信号 $z_f(t)$ 如图 5.15 所示。图 5.16 描述了评价函数 Q_{z_f} 和评价函数阈值 J_{th}。同理，可计算故障检测阈值为 $0.000628 > J_{th}$。因此，设计的模糊故障检测滤波器可检测出故障的发生。丢包次数及其相邻触发间隔如图 5.17 所示。

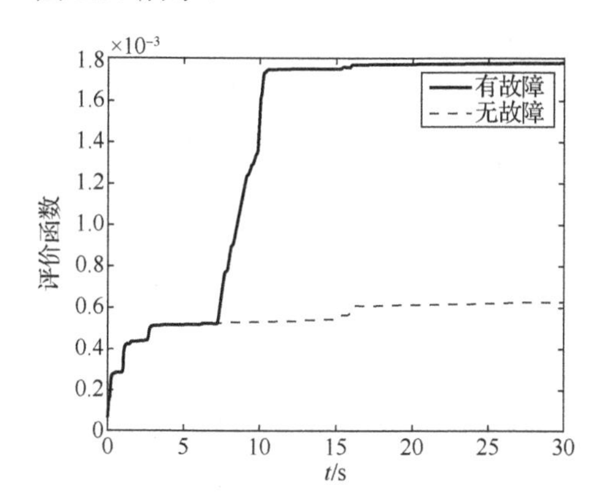

图 5.14　在 $\tau_k \in [0, 0.045]$ 下有故障和无故障情况的评价函数 Q_{z_f}

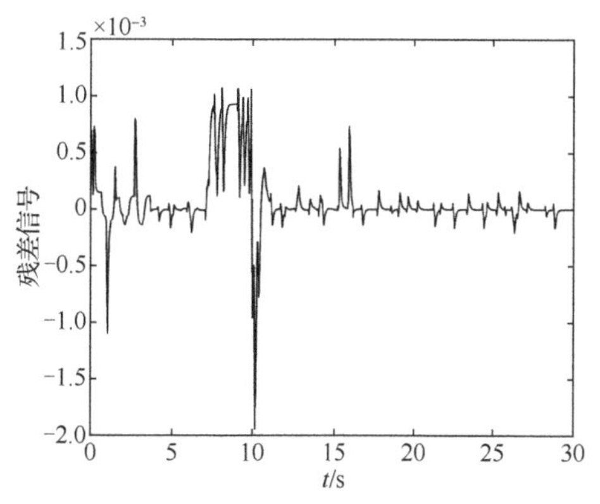

图 5.15　在 $\tau_k \in [0, 0.15]$ 下残差信号 $z_f(t)$

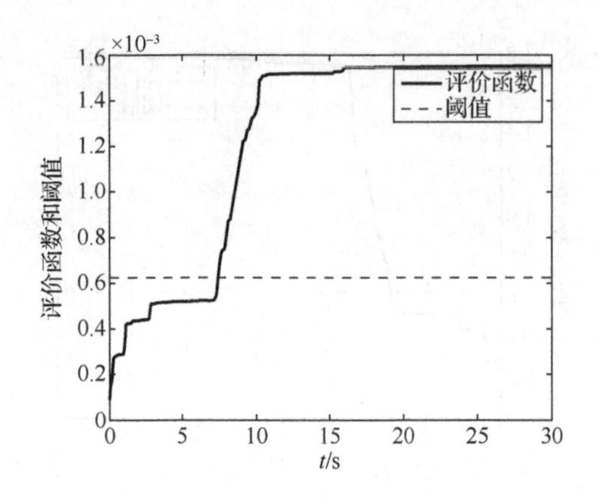

图 5.16　在 $\tau_k \in [0, 0.15]$ 下的评价函数 Q_{z_f} 和阈值 J_{th}

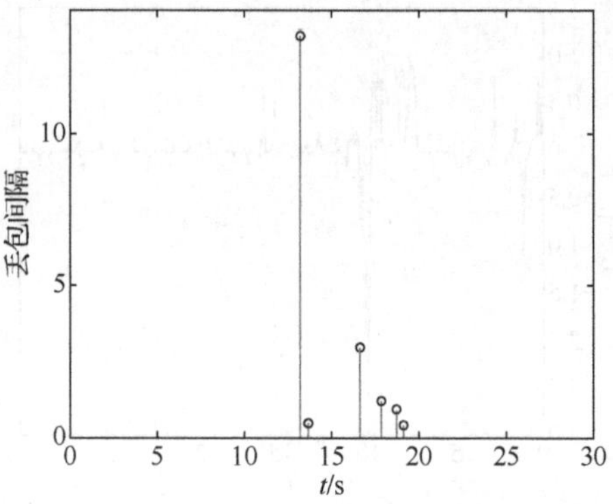

图 5.17　在 $\tau_k \in [0, 0.15]$ 下的丢包次数及其相邻触发间隔

5.4 小　　结

首先，研究了切换线性系统的鲁棒事件触发 H_∞ 滤波问题。采用了具有切换结构的离散型事件触发机制，避免了 Zeno 问题。针对事件触发机制的实现和网络中存在的传输延迟问题，提出了一种主动丢包机制以避免大延迟下数据乱序现象。通过时滞系统建模方法，建立了时滞切换滤波误差系统。利用分段 Lyapunov 函数方法和平均驻留时间技术，得到了一组能够保证系统具有 H_∞ 滤波性能的充分条件。在此基础上，给出了一组设计滤波器增益和事件触发参数的充分条件。通过给出的仿真算例表明，所设计的鲁棒事件触发 H_∞ 滤波方法是可行的。

然后，研究了切换线性系统的鲁棒事件触发故障检测滤波问题。使用离散型事件触发机制减少了不必要的数据传输。考虑到非同步前件变量和网络传输时延，设计了一种欺骗攻击影响下的模糊故障检测滤波器。它可用于生成残差信号并检测系统的故障发生。欺骗攻击是随机发起的且概率服从伯努利分布。此外，针对大网络传输时延引起的数据乱序问题，采用了主动丢包方法。利用分段 Lyapunov 函数方法和持续驻留时间技术，对于受欺骗攻击影响的切换模糊残差系统，构造了一组充分条件以确保其是均方指数稳定的并具有 H_∞ 性能。给出了一组事件触发参数和模糊故障检测滤波器增益的协同设计条件。通过给出的仿真算例表明，所设计的鲁棒事件触发故障检测滤波方法是有效的。

6 切换线性系统受限事件触发控制

6.1 概　　述

前面章节中所考虑的系统输入输出信号都是较理想的、不受限的。但是，在实际工程中，应用对象往往受限，如状态约束[194]、输出约束[195]、执行器饱和[196-197]等。在控制系统中，执行器受限或饱和是较为常见的约束形式。当饱和发生时，系统实际处于常值开环控制，性能将受严重影响，如何保证切换线性系统的稳定性是有意义的问题。已有文献将执行器饱和现象与各类问题一同分析与综合，如网络化控制问题[198]、滤波问题[199]、模型预测控制问题[200]等。目前，对在执行器饱和影响下切换线性系统事件触发控制的研究成果还不多见。

此外，网络攻击是网络控制系统中的一个重要问题。在系统运行过程中，存在遭受各类攻击的风险，如数据注入攻击[201]、拒绝服务攻击[202]、随机攻击[203]等，会严重破坏系统的稳定性，使系统性能下降。文献可见网络攻击作用在多类系统下的研究成果，如模糊系统[204]、线性变参系统[205]、切换系统[206]等。目前，对在网络攻击和执行器饱和综合影响下切换线性系统事件触发控制的研究还在初期阶段。

本章主要针对受执行器饱和影响的切换线性系统，研究受限事件触发控制问题。考虑事件触发机制和网络因素的影响，进行时滞闭环系统建模，并构造相应的 Lyapunov 函数，设计满足对应条件的切换信号，给出时滞闭环系统稳定的充分条件，同时给出相应控制器增益和事件触发参数的设计条件。在 6.2 节中研究在等待时间策略下切换线性系统的受限事件触发控制问题。在 6.3 节中研究在数据注入攻击下切换线性系统的受限事件触发控制问题。控制器增益和触发参数均通过求解一组对应的 LMIs 得到。最后，用仿真算例验证所提出方法的有效性。

6.2　受限事件触发控制

6.2.1　问题描述

1. 系统描述

考虑如下受执行器饱和影响的切换线性系统模型：

$$\dot{x}(t)=A_{\sigma(t)}x(t)+B_{\sigma(t)}\text{sat}(u(t)) \tag{6.1}$$

式中，$x(t)\in\mathbb{R}^{n_x}$ 为系统状态；$u(t)\in\mathbb{R}^m$ 为系统控制输入；$\text{sat}(u(t)):\mathbb{R}^m\to\mathbb{R}^m$ 为向量值标准饱和函数，定义为

$$\text{sat}(u)=[\text{sat}(u^1)\ \ \cdots\ \ \text{sat}(u^m)]^{\text{T}}$$

$$\text{sat}(u^\nu)=\text{sgn}(u^\nu)\min\{1,|u^\nu|\},\ \ \nu\in\underline{m}=\{1,2,\cdots,m\}$$

其中，$\text{sat}(\cdot)$ 为标量值和向量值的饱和函数；切换信号表示为 $\sigma(t):[0,\infty)\to\underline{N}=\{1,2,\cdots,N\}$，属于分段常值函数；$A_{\sigma(t)}$ 和 $B_{\sigma(t)}$ 为适当维数的常值矩阵。

如图 6.1 所示，首先，系统状态 $x(t)$ 经固定周期 $h>0$ 采样为 $\{x(\nu h)\}_{\nu\in\mathbb{N}}$；然后，事件触发机制决定是否在 $\{\nu h\}_{\nu\in\mathbb{N}}$ 时刻释放数据。释放的系统状态 $\{x(t_k h)\}_{k\in\mathbb{N}}$ 通过延迟为 $\{\tau_k\}_{k\in\mathbb{N}}$ 的网络被传输给子控制器，控制输入 $u(t)$ 被更新，进而传输给带有饱和限制的执行器。此外，子系统、子控制器和事件触发机制都由切换律决定。

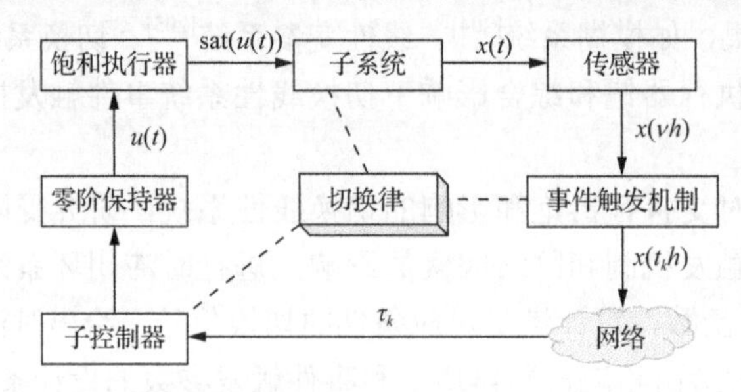

图 6.1　基于事件触发的执行器饱和影响下切换线性系统控制框图

采用状态反馈控制器 $u(t)=F_{\sigma(t)}x(t)$，由于网络传输延迟 τ_k，控制器可写为

$$u(t)=F_{\sigma(t)}x(t_k h),\ \ t\in[t_k h+\tau_k,t_{k+1}h+\tau_{k+1}) \tag{6.2}$$

2. 事件触发机制

采用如下事件触发机制：

$$t_{k+1}h = t_k h + \min_{r_k}\{r_k h \geqslant T_w \mid e^{\mathrm{T}}(r_k h)\Omega_{1\sigma(t)}e(r_k h) \geqslant \alpha_{\sigma(t)}x^{\mathrm{T}}(t_k h + r_k h)\Omega_{2\sigma(t)}x(t_k h + r_k h)\} \tag{6.3}$$

式中，$r_k \in \mathbb{N}_+$；$e(r_k h) = x(t_k h) - x(t_k h + r_k h)$表示最新发送状态$x(t_k h)$和当前采样状态$x(t_k h + r_k h)$之间的误差；$\Omega_{1i}$和$\Omega_{2i}$ $(i \in \underline{N})$为对称正定矩阵；α_i为给定的事件触发阈值参数；$T_w > 0$是恒定的等待时间。

3. 建立闭环系统

假设传输延迟τ_k满足$\max\limits_{k\in\mathbb{N}}\{\tau_k\} \leqslant h$，不等式$t_k h + \tau_k < t_{k+1}h + \tau_{k+1}$成立。区间$[t_k h + \tau_k, t_{k+1}h + \tau_{k+1})$分为等待时间阶段$[t_k h + \tau_k, t_k h + \tau_k + T_w)$和判断事件触发条件阶段$[t_k h + \tau_k + T_w, t_{k+1}h + \tau_{k+1})$。对于$t \in [t_k h + \tau_k, t_k h + \tau_k + T_w)$，定义$\tau(t) = t - t_k h$和$\tau_M = \max\{\tau_k\} + T_w$，可以得到不等式$0 \leqslant \tau(t) \leqslant \tau_M$。根据式（6.1）～式（6.3），时滞闭环切换系统可写为

$$\dot{x}(t) = A_{\sigma(t)}x(t) + B_{\sigma(t)}\mathrm{sat}(F_{\sigma(t)}x(t - \tau(t))) \tag{6.4}$$

对于$t \in [t_k h + \tau_k + T_w, t_{k+1}h + \tau_{k+1})$，定义$j_k h = t_k h + jh, j = \rho, \rho+1, \cdots, r_k - 1$，则可将该区间划分为若干子区间，即

$$[t_k h + \tau_k + T_w, t_{k+1}h + \tau_{k+1}) = \bigcup_{j=\rho}^{r_k - 1}\Phi_j^{t_k} \tag{6.5}$$

式中，

$$\Phi_j^{t_k} = \begin{cases}[t_k h + jh + \tau_k, t_k h + (j+1)h + \tau_k), & j = \rho, \rho+1, \cdots, r_k - 2 \\ [t_k h + jh + \tau_k, t_{k+1}h + \tau_{k+1}), & j = r_k - 1\end{cases}$$

定义$\eta(t) = t - j_k h$，利用条件式（6.5）可以得到

$$\eta(t) = \begin{cases}t - (t_k + \rho)h, & t \in \Phi_\rho^{t_k} \\ t - (t_k + \rho + 1)h, & t \in \Phi_{\rho+1}^{t_k} \\ \quad\vdots \\ t - (t_k + r_k - 1)h, & t \in \Phi_{r_k - 1}^{t_k}\end{cases} \tag{6.6}$$

得到$\tau_k \leqslant \eta(t) \leqslant h + \tau_k, t \in \Phi_j^{t_k}$及$\tau_k \leqslant \eta(t) \leqslant h + \tau_{k+1}, t \in \Phi_{r_k-1}^{t_k}$。令$\eta_M = \max\limits_{k\in\mathbb{N}}\{\tau_k\} + h$，可得$0 \leqslant \eta(t) \leqslant \eta_M$。因此，根据式（6.1）～式（6.3）和式（6.6），当$t \in [t_k h + \tau_k + T_w, t_{k+1}h + \tau_{k+1})$时，时滞闭环切换系统被写为

$$\dot{x}(t) = A_{\sigma(t)}x(t) + B_{\sigma(t)}\mathrm{sat}(F_{\sigma(t)}(x(t - \eta(t)) + e(j_k h))) \tag{6.7}$$

式中，$e(j_k h) = x(t_k h) - x(j_k h), x(j_k h) = x(t - \eta(t))$。

根据上述讨论，对于$t \in [t_k h + \tau_k, t_{k+1}h + \tau_{k+1})$，可将时滞闭环切换系统写成

$$\begin{aligned}\dot{x}(t) &= A_{\sigma(t)}x(t) + \lambda(t)B_{\sigma(t)}\text{sat}(F_{\sigma(t)}x(t-\tau(t))) \\ &\quad + (1-\lambda(t))B_{\sigma(t)}\text{sat}(F_{\sigma(t)}(x(t-\eta(t))+e(j_k h))) \\ x(t) &= \phi(t), \quad \forall t\in[-\tau_M, 0]\end{aligned} \tag{6.8}$$

式中，$\lambda(t)=\begin{cases}1, t\in[t_k h+\tau_k, t_k h+\tau_k+T_w) \\ 0, t\in[t_k h+\tau_k+T_w, t_{k+1}h+\tau_{k+1})\end{cases}$，根据事件触发机制（6.3）可以得到

$$e^{\mathrm{T}}(j_k h)\Omega_{1\sigma(t)}e(j_k h) < \alpha_{\sigma(t)}x^{\mathrm{T}}(t-\eta(t))\Omega_{2\sigma(t)}x(t-\eta(t)) \tag{6.9}$$

6.2.2 主要结果

针对上述闭环系统（6.8），本小节主要研究如下两个问题：

（1）如何得到保证时滞闭环切换系统（6.8）是指数稳定的充分条件？

（2）基于稳定性条件，如何求解状态反馈子控制器增益和事件触发参数？

1. 稳定性分析

本小节利用多 Lyapunov 函数方法和平均驻留时间技术，给出了保证时滞闭环切换系统（6.8）具有指数稳定性的充分条件。

定理 6.1 对于任意的$i, j\in \underline{N}$，给定正常数$T_w, \alpha_i, \tau_M, \eta_M, \theta$和$\mu>1$，如果存在正定矩阵$P_i, Q_i, R_i, S_i, W_i, \Omega_{1i}, \Omega_{2i}$和矩阵$G_{0i}, G_{1i}, H_i$满足

$$\begin{bmatrix}\Sigma_{1i}^{\varsigma} & \Sigma_{2i}^{\varsigma} \\ * & \Sigma_{3i}^{\varsigma}\end{bmatrix}<0 \tag{6.10}$$

$$\begin{bmatrix}R_i & G_{0i} \\ * & R_i\end{bmatrix}\geqslant 0, \quad \begin{bmatrix}W_i & G_{1i} \\ * & W_i\end{bmatrix}\geqslant 0 \tag{6.11}$$

$$P_i\leqslant \mu P_j, Q_i\leqslant \mu Q_j, R_i\leqslant \mu R_j, S_i\leqslant \mu S_j, W_i\leqslant \mu W_j, G_{0i}\leqslant \mu G_{0j}, G_{1i}\leqslant \mu G_{1j} \tag{6.12}$$

式中，

$$\Sigma_{1i}^{\varsigma}|_{\varsigma=1}=\begin{bmatrix}\Upsilon_i & \mathrm{e}^{-\theta\eta_M}R_i & 0 \\ * & \mathrm{e}^{-\theta\eta_M}(S_i-Q_i-R_i)-\mathrm{e}^{-\theta\tau_M}W_i & \mathrm{e}^{-\theta\tau_M}G_{1i} \\ * & * & -\mathrm{e}^{\theta\tau_M}(S_i+W_i)\end{bmatrix}$$

$$\Sigma_{2i}^{\varsigma}|_{\varsigma=1}=\begin{bmatrix}P_i\overline{B}_i & A_i^{\mathrm{T}}P_i \\ \mathrm{e}^{-\theta\tau_M}(W_i-G_{1i}) & 0 \\ \mathrm{e}^{-\theta\tau_M}(W_i-G_{1i}^{\mathrm{T}}) & 0\end{bmatrix}$$

$$\Sigma_{3i}^{\varsigma}|_{\varsigma=1}=\begin{bmatrix}-\mathrm{e}^{\theta\tau_M}(-2W_i+G_{1i}^{\mathrm{T}}+G_{1i}) & \overline{B}_i^{\mathrm{T}}P_i \\ * & \eta_M^2R_i+T_w^2W_i-2P_i\end{bmatrix}$$

$$\Sigma_{1i}^{\varsigma}|_{\varsigma=2}=\begin{bmatrix}\varUpsilon_i & \mathrm{e}^{-\theta\eta_M}G_{0i} & 0\\ * & \mathrm{e}^{-\theta\eta_M}(S_i-Q_i-R_i)-\mathrm{e}^{-\theta\tau_M}W_i & \mathrm{e}^{-\theta\tau_M}W_i\\ * & * & -\mathrm{e}^{\theta\tau_M}(S_i+W_i)\end{bmatrix}$$

$$\Sigma_{2i}^{\varsigma}|_{\varsigma=2}=\begin{bmatrix}P_i\bar{B}_i+\mathrm{e}^{-\theta\eta_M}(R_i-G_{0i}) & P_i\bar{B}_i & A_i^{\mathrm{T}}P_i\\ \mathrm{e}^{-\theta\eta_M}(R_i-G_{0i}^{\mathrm{T}}) & 0 & 0\\ 0 & 0 & 0\end{bmatrix}$$

$$\Sigma_{3i}^{\varsigma}|_{\varsigma=2}=\begin{bmatrix}-\mathrm{e}^{\theta\eta_M}(-2R_i+G_{0i}^{\mathrm{T}}+G_{0i})+\alpha_i\varOmega_{2i} & 0 & \bar{B}_i^{\mathrm{T}}P\\ * & -\varOmega_{1i} & \bar{B}_i^{\mathrm{T}}P\\ * & * & \eta_M^2R_i+T_w^2W_i-2P_i\end{bmatrix}$$

$$\bar{B}_i=B_i(D_sF_i+D_s^-H_i),\varOmega(P_i)\subset L(H_i),\varUpsilon_i=\mathrm{sym}\{P_iA_i\}+\theta P_i+Q_i-\mathrm{e}^{-\theta\eta_M}R_i$$

那么，在事件触发机制（6.3）、状态反馈控制器（6.2）和切换信号 $\sigma(t)$ 的作用下，时滞闭环切换系统（6.8）是指数稳定的。估计的吸引域由 $\bigcup_{i=1}^{N}(\varOmega(P_i)\subset L(H_i))$ 给出，并且切换信号的平均驻留时间满足

$$\tau_a\geqslant\tau_a^*=\frac{\ln\mu}{\theta}\tag{6.13}$$

证明 对于 $x\in\varOmega(P_i)\subset L(H_i)$，$\mathrm{sat}(F_ix)\in\mathrm{co}\{D_sF_ix+D_s^-H_ix,s\in Q\}$，由引理2.8，可得

$$A_ix+B_i\mathrm{sat}(F_ix)\in\mathrm{co}\{A_ix+B_i(D_sF_i+D_s^-H_i)x,s\in Q\}$$

由于切换时刻和数据更新时刻可能相互交错，因此讨论以下两种情况。

情况 1：在切换区间 $[l_q,l_{q+1})$ 内执行器未更新数据，考虑如下三种情形。

情形 1：切换区间在事件触发的事件间隔等待时间内，也就是时间序列满足 $t_kh+\tau_k\leqslant l_q<l_{q+1}\leqslant t_kh+\tau_k+T_w<t_{k+1}h+\tau_{k+1}$。

对于 $t\in[l_q,l_{q+1})$，考虑 $\lambda(t)=1$ 和以下形式的 Lyapunov 函数：

$$V_i(x(t))=x^{\mathrm{T}}(t)P_ix(t)+\int_{t-\eta_M}^{t}\mathrm{e}^{\theta(s-t)}x^{\mathrm{T}}(s)Q_ix(s)\mathrm{d}s+\int_{t-\tau_M}^{t-\eta_M}\mathrm{e}^{\theta(s-t)}x^{\mathrm{T}}(s)S_ix(s)\mathrm{d}s$$
$$+\eta_M\int_{-\eta_M}^{0}\int_{t+\theta}^{t}\mathrm{e}^{\theta(s-t)}\dot{x}^{\mathrm{T}}(v)R_i\dot{x}(v)\mathrm{d}s\mathrm{d}v+T_\omega\int_{-\tau_M}^{-\eta_M}\int_{t+\theta}^{t}\mathrm{e}^{\theta(s-t)}\dot{x}^{\mathrm{T}}(v)W_i\dot{x}(v)\mathrm{d}s\mathrm{d}v\tag{6.14}$$

然后，式（6.14）中 $V_i(x(t))$ 的导数为

$$\begin{aligned}\dot{V}_i(x(t)) \leqslant & -\theta V_i(x(t)) + \theta x^{\mathrm{T}}(t)P_i x(t) + \dot{x}^{\mathrm{T}}(t)P_i x(t) + x^{\mathrm{T}}(t)P_i\dot{x}(t) \\ & + x^{\mathrm{T}}(t)Q_i x(t) - \mathrm{e}^{-\theta\eta_M}x^{\mathrm{T}}(t-\eta_M)Q_i x(t-\eta_M) \\ & + \mathrm{e}^{-\theta\eta_M}x^{\mathrm{T}}(t-\eta_M)S_i x(t-\eta_M) + T_w^2\dot{x}^{\mathrm{T}}(t)W_i\dot{x}(t) \\ & - \mathrm{e}^{-\theta\tau_M}x^{\mathrm{T}}(t-\tau_M)S_i x(t-\tau_M) + \eta_M^2\dot{x}^{\mathrm{T}}(t)R_i\dot{x}(t) \\ & - \eta_M\int_{t-\eta_M}^{t}\mathrm{e}^{\theta(s-t)}\dot{x}^{\mathrm{T}}(s)R_i\dot{x}(s)\mathrm{d}s - T_w\int_{t-\tau_M}^{t-\eta_M}\mathrm{e}^{\theta(s-t)}\dot{x}^{\mathrm{T}}(s)W_i\dot{x}(s)\mathrm{d}s \\ & + 2\dot{x}^{\mathrm{T}}(t)P_i[A_i x(t) + B_i\sum_{s=1}^{2^m}\eta_s(D_sF_i + D_s^{-}H_i)x(t-\tau(t)) - \dot{x}(t)]\end{aligned} \quad (6.15)$$

在此基础上，利用引理 2.4 和 Park 定理[207]，可得

$$\begin{aligned}& -\eta_M\int_{t-\eta_M}^{t}\mathrm{e}^{\theta(s-t)}\dot{x}^{\mathrm{T}}(s)R_i\dot{x}(s)\mathrm{d}s \\ \leqslant & -\mathrm{e}^{-\theta\eta_M}[x(t)-x(t-\eta_M)]^{\mathrm{T}}R_i[x(t)-x(t-\eta_M)] \\ & -T_w\int_{t-\tau_M}^{t-\eta_M}\mathrm{e}^{\theta(s-t)}\dot{x}^{\mathrm{T}}(s)W_i\dot{x}(s)\mathrm{d}s \\ \leqslant & -\mathrm{e}^{-\theta\tau_M}\begin{bmatrix}x(t-\eta_M)-x(t-\tau(t)) \\ x(t-\tau(t))-x(t-\eta_M)\end{bmatrix}^{\mathrm{T}}\begin{bmatrix}W_i & G_{1i} \\ * & W_i\end{bmatrix}\begin{bmatrix}x(t-\eta_M)-x(t-\tau(t)) \\ x(t-\tau(t))-x(t-\eta_M)\end{bmatrix}\end{aligned}$$

定义$\zeta(t) \triangleq \zeta_1(t) = [x^{\mathrm{T}}(t) \quad x^{\mathrm{T}}(t-\eta_M) \quad x^{\mathrm{T}}(t-\tau_M) \quad x^{\mathrm{T}}(t-\tau(t)) \quad \dot{x}^{\mathrm{T}}(t)]^{\mathrm{T}}$，则

$$\dot{V}_i(x(t)) \leqslant -\theta V_i(x(t)) + \zeta^{\mathrm{T}}(t)\varphi_1\zeta(t) \quad (6.16)$$

式中，φ_1代表当$\varsigma=1$时式（6.10）的左侧。同时，利用比较引理，可以得到

$$V(x(t)) \leqslant \mathrm{e}^{-\theta(t-l_q)}V(x(l_q)),\quad t\in[l_q, l_{q+1}) \quad (6.17)$$

情形 2：切换区间跨越事件触发等待间隔。对于$t\in[l_q, t_kh+\tau_k+T_w)$的系统性能分析与情形 1 的区间$[l_q, l_{q+1})$相同，可以得到式(6.17)。对于$t\in[t_kh+\tau_k+T_w, l_{q+1})$，考虑$\lambda(t)=0$，根据式（6.9）和式（6.14）可以得到

$$\begin{aligned}\dot{V}_i(x(t)) \leqslant & -\theta V_i(x(t)) + \theta x^{\mathrm{T}}(t)P_i x(t) + \dot{x}^{\mathrm{T}}(t)P_i x(t) + x^{\mathrm{T}}(t)P_i\dot{x}(t) \\ & + x^{\mathrm{T}}(t)Q_i x(t) - \mathrm{e}^{-\theta\eta_M}x^{\mathrm{T}}(t-\eta_M)Q_i x(t-\eta_M) \\ & + \mathrm{e}^{-\theta\eta_M}x^{\mathrm{T}}(t-\eta_M)S_i x(t-\eta_M) + \eta_M^2\dot{x}^{\mathrm{T}}(t)R_i\dot{x}(t) \\ & - \mathrm{e}^{-\theta\tau_M}x^{\mathrm{T}}(t-\tau_M)S_i x(t-\tau_M) + T_w^2\dot{x}^{\mathrm{T}}(t)W_i\dot{x}(t) \\ & - \eta_M\int_{t-\eta_M}^{t}\mathrm{e}^{\theta(s-t)}\dot{x}^{\mathrm{T}}(s)R_i\dot{x}(s)\mathrm{d}s - T_w\int_{t-\tau_M}^{t-\eta_M}\mathrm{e}^{\theta(s-t)}\dot{x}^{\mathrm{T}}(s)W_i\dot{x}(s)\mathrm{d}s \\ & + 2\dot{x}^{\mathrm{T}}(t)P_i[A_i x(t) + B_i\sum_{s=1}^{2^m}\eta_s(D_sF_i + D_s^{-}H_i)x(t-\tau(t)) - \dot{x}(t)] \\ & + \alpha_i x^{\mathrm{T}}(t-\eta(t))\Omega_{2i}x(t-\eta(t)) - e^{\mathrm{T}}(j_kh)\Omega_{1i}e(j_kh)\end{aligned} \quad (6.18)$$

然后，利用引理 2.4 和 Park 定理可得

$$
\begin{aligned}
&-\eta_M\int_{t-\eta_M}^{t}\mathrm{e}^{\theta(s-t)}\dot{x}^{\mathrm{T}}(s)R_i\dot{x}(s)\mathrm{d}s\\
&\leqslant -\mathrm{e}^{-\theta\eta_M}\begin{bmatrix}x(t)-x(t-\eta(t))\\ x(t-\eta(t))-x(t-\eta_M)\end{bmatrix}^{\mathrm{T}}\begin{bmatrix}R_i & G_{0i}\\ * & R_i\end{bmatrix}\begin{bmatrix}x(t)-x(t-\eta(t))\\ x(t-\eta(t))-x(t-\eta_M)\end{bmatrix}\\
&-T_w\int_{t-\tau_M}^{t-\eta_M}\mathrm{e}^{\theta(s-t)}\dot{x}^{\mathrm{T}}(s)W_i\dot{x}(s)\mathrm{d}s\\
&\leqslant -\mathrm{e}^{-\theta\tau_M}\{[x(t-\eta_M)-x(t-\tau_M)]^{\mathrm{T}}W_i[x(t-\eta_M)-x(t-\tau_M)]\}
\end{aligned}
$$

定义 $\zeta(t)\triangleq\zeta_{0j_k}(t)=[x^{\mathrm{T}}(t)\quad x^{\mathrm{T}}(t-\eta_M)\quad x^{\mathrm{T}}(t-\tau_M)\quad x^{\mathrm{T}}(t-\eta(t))\quad e^{\mathrm{T}}(j_kh)\quad \dot{x}^{\mathrm{T}}(t)]^{\mathrm{T}}$ 和 $e(\nu h)\triangleq e(j_kh)$，则

$$\dot{V}_i(x(t))\leqslant -\theta V_i(x(t))+\zeta^{\mathrm{T}}(t)\varphi_2\zeta(t) \tag{6.19}$$

式中，φ_2 代表当 $\varsigma=2$ 时式（6.10）的左侧。同时，利用比较引理，可以得到

$$V(x(t))\leqslant \mathrm{e}^{-\theta(t-t_kh-\tau_k-T_w)}V(x(t_kh+\tau_k+T_w)),\quad t\in[t_kh+\tau_k+T_w,l_{q+1}) \tag{6.20}$$

情形 3：切换区间在判断事件触发条件的阶段内。对于 $t\in[l_q,l_{q+1})$ 的系统性能分析与情形 2 的区间 $[t_kh+\tau_k+T_w,l_{q+1})$ 相同，可以得到式（6.17）。

情况 2：在切换区间 $[l_q,l_{q+1})$ 内执行器更新数据，考虑了如下两种情形。

情形 1：切换间隔 $[l_q,l_{q+1})$ 包含触发时刻且在触发等待时间内，切换区间分为

$$
\begin{aligned}
&[l_q,t_{k+1}h+\tau_{k+1})=[l_q,t_kh+\tau_k+T_w)\cup[t_kh+\tau_k+T_w,t_{k+1}h+\tau_{k+1})\\
&[t_{k+\iota}h+\tau_{k+\iota},t_{k+\iota+1}h+\tau_{k+\iota+1})=\bigcup_{j=\rho}^{r_k-1}\varPhi_j^{t_k}\cup\bigcup_{\iota=1}^{n-1}\bigcup_{j=\rho}^{r_{k+\iota}-1}\varPhi_j^{t_{k+\iota}}\\
&[t_{k+n}h+\tau_{k+n},l_{q+1})=\bigcup_{j=\rho}^{\bar{m}'-1}\varPhi_j^{t_{k+n}}\cup[(t_{k+n}+\bar{m}')h+\tau_{k+n},l_{q+1})
\end{aligned}
\tag{6.21}
$$

式中，$\varPhi_j^{t_{k+n}}$ 定义与 $\varPhi_j^{t_{k+\iota}}$ 定义类似，

$$
\varPhi_j^{t_{k+\iota}}=\begin{cases}[t_{k+\iota}h+\tau_{k+\iota},(t_{k+\iota}+j)h+\tau_{k+\iota}), & j=\rho\\ [(t_{k+\iota}+j)h+\tau_{k+\iota},(t_{k+\iota}+j+1)h+\tau_{k+\iota}), & \rho\leqslant j\leqslant r_{k+\iota}-2\\ [(t_{k+\iota}+r_k-1)h+\tau_{k+\iota},t_{k+\iota+1}h+\tau_{k+\iota+1}), & j=r_{k+\iota}-1\end{cases}
$$

对于 $t\in[l_q,t_kh+\tau_k+T_w)$，分析与结果和情况 1 中情形 2 的 $[l_q,t_kh+\tau_k+T_w)$ 相同，并且式（6.16）可以进一步得到。

另外，对于 $t\in[t_kh+\tau_k+T_w,l_{q+1})$，定义 $e(\nu h)\triangleq e(j_{k+p}h)$ 以及

$$
\zeta(t)\triangleq\begin{cases}\zeta_1(t), & t\in[t_{k+\iota}h+\tau_{k+\iota},t_{k+\iota}+\tau_{k+\iota}+T_w)\\ \zeta_{0j_{k+p}}(t), & t\in[t_{k+\iota}+\tau_{k+\iota}+T_w,t_{k+\iota+1}h+\tau_{k+\iota+1})\end{cases}
\tag{6.22}
$$

式中，$\zeta_{0j_{k+p}}(t)=[x^{\mathrm{T}}(t)\quad x^{\mathrm{T}}(t-\eta_M)\quad x^{\mathrm{T}}(t-\tau_M)\quad x^{\mathrm{T}}(t-\eta(t))\quad e^{\mathrm{T}}(j_{k+p}h)\quad \dot{x}^{\mathrm{T}}(t)]^{\mathrm{T}}$，$p=0,1,\cdots,\iota$，并且式（6.16）可以进一步得到。

情形 2：切换间隔$[l_q,l_{q+1})$包含触发时刻但不在触发等待时间内，即

$$
\begin{aligned}
&[l_q,t_{k+1}h+\tau_{k+1})=[l_q,t_kh+\tau_k+T_w)\cup[t_kh+\tau_k+T_w,t_{k+1}h+\tau_{k+1})\\
&[t_{k+\iota}h+\tau_{k+\iota},t_{k+\iota+1}h+\tau_{k+\iota+1})=\bigcup_{j=\rho}^{r_k-1}\varPhi_j^{t_k}\cup\bigcup_{\iota=1}^{n-1}\bigcup_{j=\rho}^{r_{k+\iota}-1}\varPhi_j^{t_{k+\iota}}\\
&[t_{k+n}h+\tau_{k+n},l_{q+1})=\bigcup_{j=\rho}^{\bar{m}'-1}\varPhi_j^{t_{k+n}}\cup[(t_{k+n}+\bar{m}')h+\tau_{k+n},l_{q+1})
\end{aligned}
\tag{6.23}
$$

该区间的系统性能分析和结果与情况 2 中情形 1 的区间$[t_kh+\tau_k+T_w,l_{q+1})$相同。根据式（6.12），对任何切换时刻，有

$$
V_{\sigma(l_q)}(x(l_q))\leqslant\mu V_{\sigma(l_q^-)}(x(l_q^-))
\tag{6.24}
$$

切换信号$\sigma(t)$序列为$0=l_0<l_1<\cdots<l_{N_{\sigma(0,t)}}<t$，其中$l_0,l_1,\cdots,l_{N_{\sigma(0,t)}}$是切换时刻。由式（6.16）和式（6.19）可得

$$
\begin{aligned}
&V(x(t))\leqslant\mathrm{e}^{-\theta(t-l_q)}V(x(l_q)),\ t\in[l_q,t_kh+\tau_k+T_w)\\
&V(x(t))\leqslant\mathrm{e}^{-\theta(t-t_kh-\tau_k-T_w)}V(x(t_kh+\tau_k+T_w)),\ t\in[t_kh+\tau_k+T_w,l_{q+1})
\end{aligned}
\tag{6.25}
$$

根据式（6.24）和式（6.25）得到

$$
\begin{aligned}
V(x(t))&\leqslant\mathrm{e}^{-\theta(t-l_q)}V(x(l_q))\\
&\leqslant\mathrm{e}^{-\theta(t-t_kh-\tau_k-T_w)}V(x(t_kh+\tau_k+T_w))\\
&\leqslant\mu\mathrm{e}^{-\theta(t-l_q)}\mathrm{e}^{-\theta(t-l_{q-1})}V(x(l_{q-1}))\\
&\ \ \vdots\\
&\leqslant\mu^{N_{\sigma(0,t)}}\mathrm{e}^{\theta(t-l_0)}V(x(0))\\
&\leqslant\mathrm{e}^{\theta(t-l_0)+(N_0+\frac{t-l_0}{\tau_a})\ln\mu}V(x(0))
\end{aligned}
\tag{6.26}
$$

此外，对于 Lyapunov 函数（6.14），存在正常数$a>0$和$b>0$满足

$$
a\|x(t)\|^2\leqslant V(x(t))\leqslant b\|x(t)\|^2
\tag{6.27}
$$

式中，

$$
\begin{aligned}
a&=\min_{i\in\underline{N}}\{\lambda_{\min}(P_i)\}\\
b&=\max_{i\in\underline{N}}\{\lambda_{\max}(P_i)\}+\eta_M\max_{i\in\underline{N}}\{\lambda_{\max}(Q_i)\}+\frac{\eta_M^3}{2}\mathrm{e}^{\beta\tau_M}\max_{i\in\underline{N}}\{\lambda_{\max}(R_i)\}\\
&\quad+(\tau_M-\eta_M)\max_{i\in\underline{N}}\{\lambda_{\max}(S_i)\}+\frac{\tau_M-\eta_M}{2}\max_{i\in\underline{N}}\{\lambda_{\max}(W_i)\}
\end{aligned}
$$

因此，可以根据式（6.26）得到

$$
\|x(t)\|\leqslant\sqrt{\frac{b}{a}}\mathrm{e}^{\frac{1}{2}N_0\ln\mu}\mathrm{e}^{-\frac{1}{2}(\theta-\frac{\ln\mu}{\tau_a})t}\|x(0)\|_{d1}
\tag{6.28}
$$

令 $\kappa=\sqrt{\frac{b}{a}}\mathrm{e}^{\frac{1}{2}N_0\ln\mu}$ 和 $\zeta=-\frac{1}{2}(\theta-\frac{\ln\mu}{\tau_a})$，由式（6.13）、式（6.28）和定义 2.1 可知，时滞闭环系统（6.8）在扰动 $\omega(t)=0$ 时是指数稳定的。

2. 控制器设计

基于定理 6.1，下面定理给出了一组求解状态反馈控制器增益和事件触发参数的充分条件。

定理 6.2 对于任意 $i,j\in\underline{N}$，给定正常数 $\theta,T_w,\alpha_i,\tau_M,\eta_M,\lambda_\kappa>0$，$\kappa\in\{4,6,10,\cdots,14\}$，$\lambda_{\kappa'}>1,\kappa'\in\{1,5,15\},0<\lambda_{\kappa''}<1,\kappa''\in\{2,3,7,\cdots,9\}$ 和 $\mu\geqslant1$，若存在正定矩阵 $X_i,\Omega'_{1i},\Omega'_{2i},\hat{Q}_i,R'_i,\hat{S}_i,W'_i$ 和矩阵 M_i,N_i,G'_{0i},G'_{1i} 满足

$$\begin{bmatrix}\Sigma'^{\varsigma}_{1i} & \Sigma'^{\varsigma}_{2i}\\ * & \Sigma'^{\varsigma}_{3i}\end{bmatrix}<0 \tag{6.29}$$

$$\begin{bmatrix}R'_i & G'_{0i}\\ * & R'_i\end{bmatrix}\geqslant0,\quad \begin{bmatrix}W'_i & G'_{1i}\\ * & W'_i\end{bmatrix}\geqslant0 \tag{6.30}$$

$$\begin{gathered}\begin{bmatrix}-\mu X_j & X_j\\ * & -X_i\end{bmatrix}\leqslant0,\begin{bmatrix}-\mu\hat{Q}_j & \hat{Q}_j\\ * & -\hat{Q}_i\end{bmatrix}\leqslant0,\begin{bmatrix}-\mu R'_j & R'_j\\ * & -R'_i\end{bmatrix}\leqslant0\\ \begin{bmatrix}-\mu\hat{S}_j & \hat{S}_j\\ * & -\hat{S}_i\end{bmatrix}\leqslant0,\begin{bmatrix}-\mu W'_j & W'_j\\ * & -W'_i\end{bmatrix}\leqslant0,\begin{bmatrix}-\mu G'_{0j} & G'_{0j}\\ * & -G'_{0i}\end{bmatrix}\leqslant0,\begin{bmatrix}-\mu G'_{1j} & G'_{1j}\\ * & -G'_{1i}\end{bmatrix}\leqslant0\end{gathered} \tag{6.31}$$

$$\begin{bmatrix}I & N_i^{v}\\ * & X_i\end{bmatrix}\geqslant0 \tag{6.32}$$

式中，

$$\Sigma'^{\varsigma}_{1i}\big|_{\varsigma=1}=\begin{bmatrix}\Theta_{11} & 0 & 0 & \Theta_{12} & X_iA_i^{\mathrm{T}}\\ * & \Theta_{13} & 0 & 0 & 0\\ * & * & -\mathrm{e}^{\theta\tau_M}\hat{S}_i & 0 & 0\\ * & * & * & \Theta_{14} & \Theta_{12}^{\mathrm{T}}\\ * & * & * & * & -2X_i\end{bmatrix}$$

$$\Sigma'^{\varsigma}_{2i}\big|_{\varsigma=1}=\begin{bmatrix}0 & 0 & 0 & 0 & 0 & 0 & 0 & 0\\ X_i & X_i & 0 & 0 & 0 & 0 & 0 & 0\\ 0 & 0 & X_i & X_i & 0 & 0 & 0 & 0\\ 0 & 0 & 0 & 0 & X_i & X_i & 0 & 0\\ 0 & 0 & 0 & 0 & 0 & 0 & X_i & X_i\end{bmatrix}$$

$$\Sigma_{3i}^{\prime\varsigma}\big|_{\varsigma=1}=\mathrm{diag}\{\frac{-R_{1i}^{\prime}}{\mathrm{e}^{-\theta\eta_M}(\lambda_5-1)},\frac{-W_i^{\prime}}{\mathrm{e}^{-\theta\tau_M}(\lambda_2^{-1}-1)},\frac{-W_i^{\prime}}{\mathrm{e}^{-\theta\tau_M}(\lambda_3^{-1}-1)},\frac{-G_{1i}^{\prime\mathrm{T}}}{\mathrm{e}^{-\theta\tau_M}(1-\lambda_3)},$$

$$\frac{-G_{1i}^{\prime}}{\mathrm{e}^{-\theta\tau_M}(1-\lambda_2)},\frac{-G_{1i}^{\prime}}{\mathrm{e}^{-\theta\tau_M}(1-\lambda_2)},\frac{-R_i^{\prime}}{\eta_M^2},\frac{-W_i^{\prime}}{T_w^2}\}$$

$$\Sigma_{1i}^{\prime\varsigma}\big|_{\varsigma=2}=\begin{bmatrix}\Theta_{21} & 0 & 0 & \Theta_{12} & \Theta_{12} & X_iA_i^{\mathrm{T}}\\ * & \mathrm{e}^{-\theta\eta_M}(\hat{S}_i-\hat{Q}_i) & 0 & 0 & 0 & 0\\ * & * & \Theta_{23} & 0 & 0 & 0\\ * & * & * & \Theta_{24} & 0 & \Theta_{12}^{\mathrm{T}}\\ * & * & * & * & \Theta_{25} & \Theta_{12}^{\mathrm{T}}\\ * & * & * & * & * & -2X_i\end{bmatrix}$$

$$\Sigma_{2i}^{\prime\varsigma}\big|_{\varsigma=2}=\begin{bmatrix}X_i & 0 & 0 & 0 & 0 & 0 & 0 & 0 & 0\\ 0 & X_i & X_i & X_i & 0 & 0 & 0 & 0 & 0\\ 0 & 0 & 0 & 0 & 0 & 0 & 0 & 0 & 0\\ 0 & 0 & 0 & 0 & X_i & X_i & X_i & 0 & 0\\ 0 & 0 & 0 & 0 & 0 & 0 & 0 & 0 & 0\\ 0 & 0 & 0 & 0 & 0 & 0 & 0 & X_i & X_i\end{bmatrix}$$

$$\Sigma_{3i}^{\prime\varsigma}\big|_{\varsigma=2}=\mathrm{diag}\{\frac{-R_i^{\prime}}{\mathrm{e}^{-\theta\eta_M}(\lambda_7^{-1}-1)},\frac{-R_i^{\prime}}{\mathrm{e}^{-\theta\eta_M}(\lambda_9^{-1}-1)},\frac{-W_i^{\prime}}{\mathrm{e}^{-\theta\eta_M}(\lambda_8^{-1}-1)},\frac{-G_{0i}^{\prime\mathrm{T}}}{\mathrm{e}^{-\theta\eta_M}(\lambda_{15}-\lambda_9^{-1})},$$

$$\frac{-G_{0i}^{\prime\mathrm{T}}}{\mathrm{e}^{-\theta\eta_M}(1-\lambda_7)},\frac{-G_{0i}^{\prime}}{\mathrm{e}^{-\theta\eta_M}(1-\lambda_9)},\frac{-\Omega_{2i}^{\prime}}{\varepsilon_i},\frac{-R_i^{\prime}}{\eta_M^2},\frac{-W_i^{\prime}}{T_w^2}\}$$

$$\Theta_{11}=2X_iA_i^{\mathrm{T}}+\theta X_i+\hat{Q}_i+\mathrm{e}^{-\theta\eta_M}(1-\lambda_5^{-1})(\lambda_6^2R_i^{\prime}-2\lambda_6X_i),\Theta_{12}=B_i\sum_{s=1}^{2^s}(D_sM_i+D_s^{-}N_i)$$

$$\Theta_{13}=\mathrm{e}^{-\theta\eta_M}(\hat{S}_i-\hat{Q}_i)+\mathrm{e}^{-\theta\tau_M}(\lambda_2^{-1}-\lambda_1^{-1})(\lambda_{14}^2G_{1i}^{\prime}-2\lambda_{14}X_i)$$

$$\Theta_{14}=\mathrm{e}^{-\theta\tau_M}(2-\lambda_2-\lambda_3)(\lambda_4^{-1}W_i^{\prime}-2\lambda_4X_i)$$

$$\Theta_{21}=2X_iA_i^{\mathrm{T}}+\theta X_i+\hat{Q}_i+\mathrm{e}^{-\theta\eta_M}(\lambda_7^{-1}-\lambda_{15}^{-1})(\lambda_8^2G_{0i}^{\prime}-2\lambda_{10}X_i)$$

$$\Theta_{23}=-\mathrm{e}^{\theta\eta_M}\hat{S}_i+(1-\lambda_8)(\lambda_{11}^2W_i^{\prime}-2\lambda_{11}X_i)$$

$$\Theta_{24}=(2-\lambda_7-\lambda_9)(\lambda_{12}^2R_i^{\prime}-2\lambda_{12}X_i),\Theta_{25}=\lambda_{13}^2\Omega_{1i}^{\prime-1}-2\lambda_{13}X_i$$

N_i^{ν} 表示矩阵 N_i 的第 ν 行，那么，可以得到相对应的事件触发状态反馈控制器增益矩阵，即 $F_i=M_iX_i^{-1}$ 和 $H_i=N_iX_i^{-1}$ 与 $\Omega_{1i}=\Omega_{1i}^{\prime-1}$ 和 $\Omega_{2i}=\Omega_{2i}^{\prime-1}$，且初始信号满足 $\forall x_0\in\bigcup_{i=1}^{N}(\Omega(P_i)\subset L(H_i))$。

证明 根据引理 2.1，在式（6.10）中 LMIs 的成立可以由下面的不等式来保证：

$$\begin{bmatrix} \tilde{\Sigma}_{1i}^{\varsigma} & \tilde{\Sigma}_{2i}^{\varsigma} \\ * & \tilde{\Sigma}_{3i}^{\varsigma} \end{bmatrix} < 0 \tag{6.33}$$

式中，

$$\tilde{\Sigma}_{1i}^{\varsigma}|_{\varsigma=1} = \mathrm{diag}\{\mathrm{sym}\{P_iA_i\} + \theta P_i + Q_i - \mathrm{e}^{-\theta\eta_M}R_i - \lambda_5^{-1}\mathrm{e}^{-\theta\eta_M}R_i, \mathrm{e}^{-\theta\eta_M}(S_i - Q_i - R_i)$$
$$- \mathrm{e}^{-\theta\tau_M}W_i + \lambda_1^{-1}\mathrm{e}^{-\theta\tau_M}G_{1i} + \lambda_2^{-1}\mathrm{e}^{-\alpha\tau_M}(W_i - G_{1i}) + \lambda_5\mathrm{e}^{-\theta\eta_M}R_i,$$
$$- \mathrm{e}^{\theta\tau_M}(S_i + W_i) + \lambda_1\mathrm{e}^{-\theta\tau_M}G_{1i}^{\mathrm{T}} + \lambda_3^{-1}\mathrm{e}^{-\theta\tau_M}(W_i - G_{1i}^{\mathrm{T}})\}$$

$$\tilde{\Sigma}_{2i}^{\varsigma}|_{\varsigma=1} = \begin{bmatrix} P_i\bar{B}_i & A_i^{\mathrm{T}}P_i \\ 0 & 0 \\ 0 & 0 \end{bmatrix}$$

$$\tilde{\Sigma}_{3i}^{\varsigma}|_{\varsigma=1} = \begin{bmatrix} \tilde{\Theta}_1 & \bar{B}_i^{\mathrm{T}}P_i \\ * & \eta_M^2R_i + T_w^2W_i - 2P_i \end{bmatrix}$$

$$\tilde{\Sigma}_{1i}^{\varsigma}|_{\varsigma=2} = \mathrm{diag}\{\mathrm{sym}\{P_iA_i\} + \theta P_i + Q_i - \mathrm{e}^{-\theta\eta_M}R_i + \lambda_{15}^{-1}\mathrm{e}^{-\theta\eta_M}G_{0i} + \lambda_7^{-1}\mathrm{e}^{-\theta\eta_M}(R_i - G_{0i}),$$
$$\mathrm{e}^{-\theta\eta_M}(S_i - Q_i - R_i) - \mathrm{e}^{-\theta\tau_M}W_i + \lambda_{15}\mathrm{e}^{-\theta\eta_M}G_{0i}^{\mathrm{T}} + \lambda_8^{-1}\mathrm{e}^{-\theta\tau_M}W_i$$
$$+ \lambda_9^{-1}\mathrm{e}^{-\theta\eta_M}(R_i - G_{0i}^{\mathrm{T}}), -\mathrm{e}^{\theta\tau_M}(S_i + W_i) + \lambda_8\mathrm{e}^{-\theta\tau_M}W_i\}$$

$$\tilde{\Sigma}_{2i}^{\varsigma}|_{\varsigma=2} = \begin{bmatrix} P_i\bar{B}_i & P_i\bar{B}_i & A_i^{\mathrm{T}}P_i \\ 0 & 0 & 0 \\ 0 & 0 & 0 \end{bmatrix}, \tilde{\Sigma}_{3i}^{\varsigma}|_{\varsigma=2} = \begin{bmatrix} \tilde{\Theta}_2 & 0 & \bar{B}_i^{\mathrm{T}}P_i \\ * & -\Omega_{1i} & \bar{B}_i^{\mathrm{T}}P_i \\ * & * & \eta_M^2R_i + T_w^2W_i - 2P_i \end{bmatrix}$$

$$\tilde{\Theta}_1 = -\mathrm{e}^{\theta\tau_M}(-2W_i + G_{1i}^{\mathrm{T}} + G_{1i}) + \lambda_2\mathrm{e}^{\theta\tau_M}(W_i - G_{1i}^{\mathrm{T}}) + \lambda_3\mathrm{e}^{\theta\tau_M}(W_i - G_{1i})$$
$$\tilde{\Theta}_2 = -\mathrm{e}^{\theta\eta_M}(-2R_i + G_{0i}^{\mathrm{T}} + G_{0i}) + \alpha_i\Omega_{2i} + \lambda_7\mathrm{e}^{-\theta\eta_M}(R_i - G_{0i}^{\mathrm{T}}) + \lambda_9\mathrm{e}^{-\theta\eta_M}(R_i - G_{0i})$$

定义 $P_i = X_i^{-1}, F_iX_i = M_i$ 和 $H_iX_i = N_i$。对不等式（6.33）两边分别同时乘以 $\mathrm{diag}\{X_i, X_i, X_i, X_i, X_i\}$ 以及它的转置，可得

$$\begin{bmatrix} \tilde{\Sigma}_{1i}'^{\varsigma} & \tilde{\Sigma}_{2i}'^{\varsigma} \\ * & \tilde{\Sigma}_{3i}'^{\varsigma} \end{bmatrix} < 0 \tag{6.34}$$

式中，

$$\tilde{\Sigma}_{1i}'^{\varsigma}|_{\varsigma=1} = \mathrm{diag}\{2A_i^{\mathrm{T}}X_i + \theta X_i + \hat{Q}_i - \mathrm{e}^{-\theta\eta_M}X_iR_iX_i - \lambda_5^{-1}\mathrm{e}^{-\theta\eta_M}X_iR_iX_i,$$
$$\mathrm{e}^{-\theta\eta_M}(\hat{S}_i - \hat{Q}_i - X_iR_iX_i) - \mathrm{e}^{-\theta\tau_M}X_iW_iX_i + \lambda_1^{-1}\mathrm{e}^{-\theta\tau_M}X_iG_{1i}X_i$$
$$+ \lambda_2^{-1}\mathrm{e}^{-\theta\tau_M}(X_iW_iX_i - X_iG_{1i}X_i) + \lambda_5\mathrm{e}^{-\theta\eta_M}X_iR_iX_i, -\mathrm{e}^{\theta\tau_M}(\hat{S}_i + X_iW_iX_i)$$
$$+ \lambda_1\mathrm{e}^{-\theta\tau_M}X_iG_{1i}^{\mathrm{T}}X_i + \lambda_3^{-1}\mathrm{e}^{-\theta\tau_M}(X_iW_iX_i - X_iG_{1i}^{\mathrm{T}}X_i)\}$$

$$\tilde{\Sigma}_{2i}'^{\varsigma}|_{\varsigma=1} = \begin{bmatrix} \bar{B}_iX_i & X_iA_i^{\mathrm{T}} \\ 0 & 0 \\ 0 & 0 \end{bmatrix}$$

$$\tilde{\Sigma}_{3i}'^{\varsigma}\big|_{\varsigma=1}=\begin{bmatrix}\tilde{\Theta}_1' & X_i\bar{B}_i^{\mathrm{T}}\\ * & \eta_M^2X_iR_iX_i+T_w^2X_iW_iX_i-2X_i\end{bmatrix}$$

$$\begin{aligned}\tilde{\Sigma}_{1i}'^{\varsigma}\big|_{\varsigma=2}=\operatorname{diag}\{&2A_i^{\mathrm{T}}X_i+\theta X_i+\hat{Q}_i-\mathrm{e}^{-\theta\eta_M}X_iR_iX_i+\lambda_{15}^{-1}\mathrm{e}^{-\theta\eta_M}X_iG_{0i}X_i\\&+\lambda_7^{-1}\mathrm{e}^{-\theta\eta_M}(X_iR_iX_i-X_iG_{0i}X_i),\mathrm{e}^{-\theta\eta_M}(\hat{S}_i-\hat{Q}_i-X_iR_iX_i)\\&-\mathrm{e}^{-\theta\tau_M}X_iW_iX_i+\lambda_{15}\mathrm{e}^{-\theta\eta_M}X_iG_{0i}^{\mathrm{T}}X_i+\lambda_8^{-1}\mathrm{e}^{-\theta\tau_M}X_iW_iX_i\\&+\lambda_9^{-1}\mathrm{e}^{-\theta\eta_M}(X_iR_iX_i-X_iG_{0i}^{\mathrm{T}}X_i),-\mathrm{e}^{\theta\tau_M}(\hat{S}_i+X_iW_iX_i)+\lambda_8\mathrm{e}^{-\theta\tau_M}X_iW_iX_i\}\end{aligned}$$

$$\tilde{\Sigma}_{2i}'^{\varsigma}\big|_{\varsigma=2}=\begin{bmatrix}\bar{B}_iX_i & \bar{B}_iX_i & X_iA_i^{\mathrm{T}}\\ 0&0&0\\0&0&0\end{bmatrix}$$

$$\tilde{\Sigma}_{3i}'^{\varsigma}\big|_{\varsigma=2}=\begin{bmatrix}\tilde{\Theta}_2' & 0 & X_i\bar{B}^{\mathrm{T}}\\ * & -\alpha_iX_i\Omega_{1i}X_i & X_i\bar{B}^{\mathrm{T}}\\ * & * & \eta_M^2X_iR_iX_i+T_w^2X_iW_iX_i-2X_i\end{bmatrix}$$

$$\begin{aligned}\tilde{\Theta}_1'=&-\mathrm{e}^{\theta\tau_M}(-2X_iW_iX_i+X_iG_{1i}^{\mathrm{T}}X_i+X_iG_{1i}X_i)+\lambda_2\mathrm{e}^{\theta\tau_M}(X_iW_iX_i-X_iG_{1i}^{\mathrm{T}}X_i)\\&+\lambda_3\mathrm{e}^{\theta\tau_M}(X_iW_iX_i-X_iG_{1i}X_i)\end{aligned}$$

$$\begin{aligned}\tilde{\Theta}_2'=&-\mathrm{e}^{\theta\eta_M}(-2X_iR_iX_i+X_iG_{0i}^{\mathrm{T}}X_i+X_iG_{0i}X_i)+\alpha_iX_i\Omega_{2i}X_i+\lambda_7\mathrm{e}^{-\theta\eta_M}(X_iR_iX_i-X_iG_{0i}^{\mathrm{T}}X_i)\\&+\lambda_9\mathrm{e}^{-\theta\eta_M}(X_iR_iX_i-X_iG_{0i}X_i)\end{aligned}$$

另外，由引理 2.5 可知

$$\begin{aligned}&-X_iR_iX_i\leqslant\lambda_6^2R_i^{-1}-2\lambda_6X_i,-X_iG_{0i}X_i\leqslant\lambda_{10}^2G_{0i}^{-1}-2\lambda_{10}X_i\\&-X_iW_iX_i\leqslant\lambda_{11}^2W_i^{-1}-2\lambda_{11}X_i,-X_i\Omega_{1i}X_i\leqslant\lambda_{13}^2\Omega_{1i}^{-1}-2\lambda_{13}X_i\\&-X_iG_{1i}X_i\leqslant\lambda_{14}^2G_{1i}^{-1}-2\lambda_{14}X_i\end{aligned}\tag{6.35}$$

定义 $\Omega_{1i}'=\Omega_{1i}^{-1},\Omega_{2i}'=\Omega_{1i}^{-1},R_i'=R_i^{-1},G_{0i}'=G_{0i}^{-1},G_{1i}'=G_{1i}^{-1},\hat{S}_i=X_iS_iX_i$ 和 $\hat{Q}_i=X_iQ_iX_i$，结合条件（6.35）可知，式（6.29）可由式（6.34）来保证。同时，对式（6.11）和式（6.12）两边分别同时乘以 $\operatorname{diag}\{X_i,X_i\}$ 和 $X_i,Q_i^{-1},R_i^{-1},S_i^{-1},W_i^{-1},G_{0i}^{-1},G_{1i}^{-1}$ 以及它们的转置，根据比较引理可知，式（6.11）和式（6.12）可以由式（6.30）和式（6.31）分别来保证。

对式（6.32）中的不等式使用相似的方法，可以得到

$$\begin{bmatrix}I & H_i^{\nu}\\ * & P_i\end{bmatrix}\geqslant 0\tag{6.36}$$

式中，H_i^{ν} 表示矩阵 H_i 的第 ν 行。

那么，条件 $\Omega(P_i)\subset L(H_i)$ 可由式（6.36）得到。由于 $x^{\mathrm{T}}P_ix\leqslant1$ 以及 $x^{\mathrm{T}}H_i^{\nu}x\leqslant1$，有

$$2x^{\mathrm{T}}H_i^{\nu\mathrm{T}} \leqslant x^{\mathrm{T}}P_ix + H_i^{\nu\mathrm{T}}P_iH_i^{\nu\mathrm{T}} \leqslant 2$$

因此，对不等式（6.36）两边分别同时乘以 $\mathrm{diag}\{I, X_i\}$ 以及它的转置可得式（6.32）。

选择 P_i 来最大化估计一个与形状参考集 X_R 有关的闭环系统的吸引域。令 $X_R \subset \mathbb{R}^n$ 表示包含原点的预定的有界凸集。对于一个包含原点的集合 $\Xi \subset \mathbb{R}^n$，定义 $\theta_R(\Xi) := \sup\{\theta > 0 : \theta_R(\Xi)\}$。如果 $\theta_R(\Xi) \geqslant 1$，那么 $X_R \subset \Xi$。一种典型的 X_R 是一个椭球体，表示为 $X_R = \{x \in \mathbb{R}^n : x^{\mathrm{T}}Rx \leqslant 1, R > 0\}$。因此，在吸引域里最大的集合 $\bigcap_{i=1}^{N}(\Omega(P_i) \subset L(H_i))$ 可以用下面的优化问题来计算。

$$\begin{aligned}
&\sup_{\{X_i, M_i, N_i, P_i, Q_i, R_i, S_i, G_{0i}, G_{1i}, \alpha_i, \Omega_{1i}, \Omega_{2i}\}} \theta \\
&\text{s.t.} \quad \text{(a)} \ \theta X_R \subset \Omega(X_i^{-1}), \quad i \in \underline{N} \\
&\qquad\ \ \text{(b)} \ \text{式（6.29），式（6.30），式（6.31），} \quad i \in \underline{N}, s \in Q \\
&\qquad\ \ \text{(c)} \ \text{式（6.32），} \quad i \in \underline{N}, \nu \in \underline{m}
\end{aligned} \tag{6.37}$$

选择 X_R 作为一个椭球，令 $\frac{1}{\theta^2} = \gamma$，优化问题（6.37）可以重新写为

$$\begin{aligned}
&\sup_{\{X_i, M_i, N_i, P_i, Q_i, R_i, S_i, G_{0i}, G_{1i}, \alpha_i, \Omega_{1i}, \Omega_{2i}\}} \theta \\
&\text{s.t.} \quad \text{(a)} \ \begin{bmatrix} \frac{1}{\theta^2}R & I \\ * & X_i \end{bmatrix} \geqslant 0, \quad i \in \underline{N} \\
&\qquad\ \ \text{(b)} \ \text{式（6.29），式（6.30），式（6.31），} \quad i \in \underline{N}, s \in Q \\
&\qquad\ \ \text{(c)} \ \text{式（6.32），} \quad i \in \underline{N}, \nu \in \underline{m}
\end{aligned} \tag{6.38}$$

6.2.3 仿真算例

本小节给出一个仿真算例来验证提出方法的有效性。考虑初始状态为 $x(0) = [-0.6 \quad 0.5]^{\mathrm{T}}$ 的具有两个子系统的切换线性系统，各矩阵参数如下：

$$A_1 = \begin{bmatrix} -0.2 & 0 \\ 0 & -0.2 \end{bmatrix}, B_1 = \begin{bmatrix} 1 & 0 \\ 0 & -0.5 \end{bmatrix}, A_2 = \begin{bmatrix} -0.2 & 0 \\ 0 & -0.5 \end{bmatrix}, B_2 = \begin{bmatrix} 0.5 & 1 \\ 0 & -1 \end{bmatrix}$$

事件触发参数选择为 $\alpha_1 = 0.8, \alpha_2 = 1.5$，其他参数选择为 $\tau_M = 1, \eta_M = 0.25, T_w = 0.1s$，$\theta = 0.14, \mu = 10, \lambda_1 = 1.2, \lambda_2 = 0.8, \lambda_3 = 0.9, \lambda_6 = \lambda_{11} = \lambda_{12} = 1.1, \lambda_4 = \lambda_{10} = \lambda_{13} = \lambda_{14} = 0.1$ 以及 $\lambda_5 = 1.2, \lambda_7 = \lambda_8 = \lambda_9 = 0.9, \lambda_{15} = 1.5, h = 0.05$。通过求解LMIs式(6.29)～式（6.32），可以得到相应的事件触发参数和状态反馈控制器增益为

$$\Omega_{11}=\begin{bmatrix}0.0501 & 0\\ 0 & 0.0551\end{bmatrix},\Omega_{12}=\begin{bmatrix}0.0741 & 0\\ 0 & 0.0319\end{bmatrix},\Omega_{21}=10^{-3}\times\begin{bmatrix}0.9114 & 0\\ 0 & 0.9706\end{bmatrix}$$

$$\Omega_{22}=\begin{bmatrix}0.0033 & 0\\ 0 & 0.0051\end{bmatrix},X_1=\begin{bmatrix}5.4619 & -0.0001\\ -0.0001 & 4.9321\end{bmatrix},X_2=\begin{bmatrix}3.6030 & 0\\ 0 & 9.4291\end{bmatrix}$$

$$M_1=\begin{bmatrix}0.0022 & 0\\ 0 & 0.0047\end{bmatrix},M_2=\begin{bmatrix}0.1232 & -0.0545\\ -0.0597 & 0.0511\end{bmatrix}$$

$$N_1=\begin{bmatrix}0.0022 & 0\\ 0 & 0.0047\end{bmatrix},N_2=\begin{bmatrix}0.1213 & -0.0743\\ -0.0607 & 0.0637\end{bmatrix},H_1=10^{-3}\times\begin{bmatrix}0.4041 & 0\\ 0 & 0.9514\end{bmatrix}$$

$$H_2=\begin{bmatrix}0.0337 & -0.0079\\ -0.0169 & 0.0068\end{bmatrix},F_1=10^{-3}\times\begin{bmatrix}0.4040 & 0\\ 0 & 0.9513\end{bmatrix},F_2=\begin{bmatrix}0.0342 & -0.0058\\ -0.0166 & 0.0054\end{bmatrix}$$

此外，可计算平均驻留时间为$\tau_a=16.5\geqslant\tau_a^*=16.4470$，设置颤抖界$N_0=3$。

如图 6.2 所示，在设计的事件触发机制和状态反馈控制器下，二维闭环状态响应$x(t)$是渐近趋于零的。此外，对于机制（6.3），从图 6.3 可以看出任意的事件间隔都不小于T_w，避免了类 Zeno 问题。

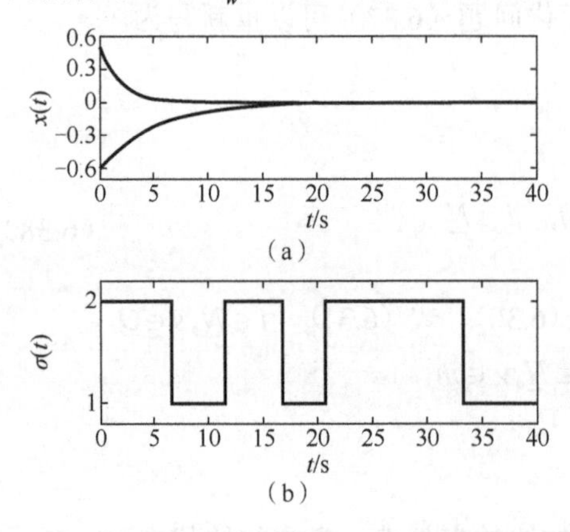

图 6.2　系统状态 $x(t)$ 和切换信号 $\sigma(t)$

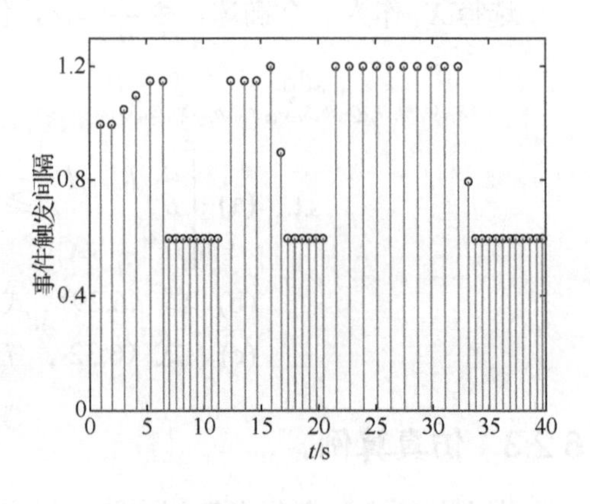

图 6.3　事件触发相邻执行间隔

6.3　网络攻击下受限事件触发控制

6.3.1　问题描述

1. 系统描述

考虑如下受外部扰动的主从切换系统模型：

$$\mathcal{M}:\begin{cases}\dot{x}(t)=A_{\sigma(t)}x(t)\\ z(t)=C_{\sigma(t)}x(t)\end{cases} \tag{6.39}$$

$$\mathcal{S}:\begin{cases}\dot{\hat{x}}(t)=A_{\sigma(t)}\hat{x}(t)+B_{\sigma(t)}\mathrm{sat}(u(t))+G_{\sigma(t)}\omega(t)\\ \hat{z}(t)=C_{\sigma(t)}\hat{x}(t)\end{cases} \tag{6.40}$$

式中，$x(t)\in\mathbb{R}^{n_x}$ 为主系统状态；$\hat{x}(t)\in\mathbb{R}^{n_x}$ 为从系统状态；$z(t)\in\mathbb{R}^{n_z}$ 为主系统被控输出；$\hat{z}(t)\in\mathbb{R}^{n_z}$ 为从系统被控输出；$u(t)\in\mathbb{R}^{n_u}$ 为控制输入。饱和函数的向量值与式（6.1）描述相同，$\omega(t)\in\mathbb{R}^{n_\omega}$ 为扰动信号且属于 $L_2[0,\infty)$。$A_{\sigma(t)},B_{\sigma(t)},C_{\sigma(t)}$ 和 $G_{\sigma(t)}$ 为适当维数的常值矩阵。

如图 6.4 所示，首先，得到系统的误差状态 $e(t)=\hat{x}(t)-x(t)$，再以固定周期 $h>0$ 将 $e(t)$ 采样为 $\{e(\iota h)\}_{\iota\in\mathbb{N}}$；然后，自适应事件触发机制将决定是否释放采样状态。此外，在网络中存在的数据攻击 $a(t)$ 会通过在正常传输数据中注入冗余数据来降低系统性能或破坏稳定性。考虑两种类型的延迟影响（即攻击延迟和传输延迟），状态依赖切换律 $\sigma(t)$ 受触发误差状态 $\{e(t_k h)\}_{k\in\mathbb{N}}$ 和攻击信号 $a(t)$ 影响，这可描述为

$$\sigma(t)=\mathrm{argmin}\{[e(t_k h)+a(t)]^{\mathrm{T}}P_i[e(t_k h)+a(t)]\} \tag{6.41}$$

式中，P_i 是正定矩阵。主从子系统和子控制器的工作顺序由受攻击的状态依赖切换律 $\sigma(t)$ 决定。另外，受 $\sigma(t)$ 攻击之后的状态 $e(t_k h)$ 也发送给子控制器。

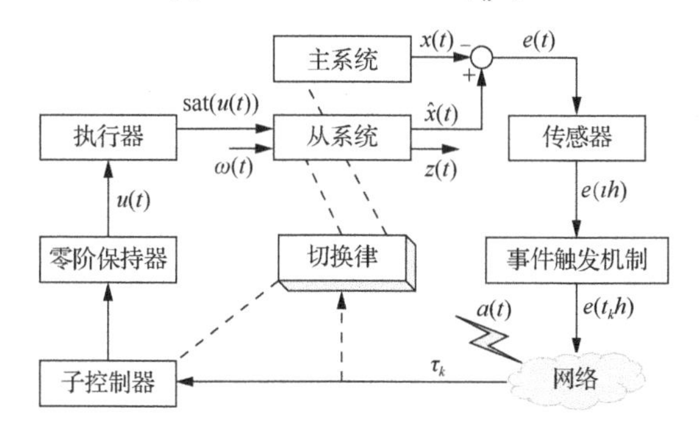

图 6.4 基于事件触发的数据注入攻击下主从切换线性系统控制框图

定义 $\{\tau_k\}_{k\in\mathbb{N}}$ 为误差状态的传输延迟，采用如下状态反馈控制器：

$$u(t)=F_{\sigma(t)}[e(t_k h)+a(t)],\quad t\in[t_k h+\tau_k,t_{k+1}h+\tau_{k+1}) \tag{6.42}$$

2. 事件触发机制

采用如下自适应事件触发机制：

$$t_{k+1}h=t_k h+\min_{r_k}\{r_k h\,|\,\tilde{e}^{\mathrm{T}}(r_k h)\varOmega\tilde{e}(r_k h)\geqslant\alpha(t_k h)e^{\mathrm{T}}(t_k h+r_k h)\varOmega e(t_k h+r_k h)\} \tag{6.43}$$

式中，$\tilde{e}(r_k h)=e(t_k h)-e(t_k h+r_k h)$；$\Omega$为正定矩阵。$\alpha(t_k h)$的取值由以下自适应规则决定：

$$\alpha(t_k h)=\min\left\{\alpha_M,\max\{\alpha_m,\alpha(t_{k-1}h)[1-\beta(1-\mathrm{e}^{-\delta|\psi|})\mathrm{sgn}(\psi)]\}\right\} \tag{6.44}$$

式中，$\psi=\|e(t_k h)\|-\|e(t_{k-1}h)\|$；$\delta,\beta$为正常数；$\alpha_m,\alpha_M$分别为给定的$\alpha(t_k h)$的上下界，初始值$\alpha(t_0)$设置为$\alpha_m$。

3. 建立闭环系统

定义$\eta(t)$作为注入攻击延迟，假设$\max\limits_{k\in\mathbb{N}}\{\tau_k\}<h$，$\max\{\eta(t)\}\leqslant\eta_M<h$。采用与 3.3.1 小节相同的方法建立时滞闭环系统，在区间$[t_k h+\tau_k,t_{k+1}h+\tau_{k+1})$上可以得到$e(j_k h)=e(t-\tau(t))$和$e(t_k h)=\tilde{e}(j_k h)+e(t-\tau(t))$。

同时，定义传输后的攻击信号为$\pi(t-\eta(t))$。在式（6.41）中，切换信号$\sigma(t)$可以重新表示为

$$\sigma(t)=\mathrm{argmin}\{[\tilde{e}(j_k h)+e(t-\tau(t))+\pi(t-\eta(t))]^{\mathrm{T}}P_i[\tilde{e}(j_k h)+e(t-\tau(t))+\pi(t-\eta(t))]\} \tag{6.45}$$

此外，状态反馈控制器（6.42）也可以重新表示为

$$u(t)=F_{\sigma(t)}[\tilde{e}(j_k h)+e(t-\tau(t))+\pi(t-\eta(t))] \tag{6.46}$$

结合$e(t)=\hat{x}(t)-x(t)$和$\tilde{z}(t)=\hat{z}(t)-z(t)$，得到时滞误差切换系统，即

$$\begin{aligned}&\dot{e}(t)=A_{\sigma(t)}e(t)+B_{\sigma(t)}\mathrm{sat}(F_{\sigma(t)}(\tilde{e}(j_k h)+e(t-\tau(t))+\pi(t-\eta(t))))+G_{\sigma(t)}\omega(t)\\&\tilde{z}(t)=C_{\sigma(t)}e(t)\\&e(t)=\varphi(t),\forall t\in[-\tau_M,0]\end{aligned} \tag{6.47}$$

同时，触发机制（6.43）改写为

$$\tilde{e}^{\mathrm{T}}(j_k h)\Omega\tilde{e}(j_k h)<\alpha(t_k h)e^{\mathrm{T}}(t-\tau(t))\Omega e(t-\tau(t)) \tag{6.48}$$

6.3.2 主要结果

针对上述闭环系统（6.47），本小节主要研究如下两个问题：

（1）如何得到保证误差闭环切换系统（6.47）是渐近稳定的且具有H_∞性能指标的充分条件？

（2）基于稳定性条件，如何求解H_∞状态反馈控制器增益和事件触发参数？

1. 稳定性分析

本小节利用多 Lyapunov 函数方法和所考虑的受攻击的状态依赖切换律，给出保证误差闭环切换系统（6.47）具有渐近稳定性的充分条件。

定理 6.3 对于任意的$i,j\in\underline{N}$，给定正参数$\alpha_M,\tau_M,\eta_M,\gamma,\sigma$和一组标量

$\beta_{ij} \geqslant 0$，以及矩阵 D_θ，如果存在对称正定矩阵 $P_i, Q_1, Q_2, R_1, R_2, \Omega$ 和 H_i 满足

$$\begin{bmatrix} \Psi_i & T_{1i} & T_2 \\ * & -\tau_M^{-2} R_1^{-1} - \eta_M^{-2} R_2^{-1} & 0 \\ * & * & -\Sigma_{j=1}^N \beta_{ij}^{-1} P_j^{-1} \end{bmatrix} < 0 \tag{6.49}$$

式中，

$$\Psi_i = \begin{bmatrix} \Psi_{1i} & \Psi_{2i} \\ * & \Psi_{3i} \end{bmatrix}, \Psi_{3i} = \begin{bmatrix} \Psi_{4i} & \Psi_{5i} \\ * & \Psi_{6i} \end{bmatrix}$$

$$\Psi_{1i} = \text{sym}\{P_i A_i\} + Q_1 + Q_2 - R_1 - R_2 + C_i^{\text{T}} C_i + \sigma I$$

$$\Psi_{2i} = [P_i \bar{B}_i \quad 0 \quad 0 \quad P_i \bar{B}_i + R_1 + R_2 \quad P_i \bar{B}_i \quad P_i G_i]$$

$$\Psi_{4i} = \text{diag}\{-\Omega - \Sigma_i, -Q_1 - R_1, -Q_2 - R_2\}$$

$$\Psi_{5i} = \begin{bmatrix} -\Sigma_i & -\Sigma_i & 0 \\ R_1 & 0 & 0 \\ R_2 & 0 & 0 \end{bmatrix}, \Psi_{6i} = \begin{bmatrix} \alpha_M \Omega - 2R_1 - 2R_2 - \Sigma_i & -\Sigma_i & 0 \\ * & -I - \Sigma_i & 0 \\ * & * & -\gamma^2 I \end{bmatrix}$$

$$T_{1i} = [A_i \quad \bar{B}_i \quad 0 \quad 0 \quad \bar{B}_i \quad \bar{B}_i \quad G_i]^{\text{T}}, T_2 = [0 \quad I \quad 0 \quad 0 \quad I \quad I \quad 0]^{\text{T}}$$

$$\Sigma_i = \sum_{j=1}^N \beta_{ij} P_i, \bar{B}_i = B_i \max_{\theta \in Q}(D_\theta F_i + D_\theta^- H_i), \Omega(P_i) \cap \Xi_i \subset L(H_i)$$

那么，在事件触发机制（6.43）、状态反馈控制器（6.42）和切换信号 $\sigma(t)$ 的作用下，误差闭环切换系统（6.47）具有 H_∞ 性能指标 γ，并且切换信号满足式（6.41）以及估计的吸引域为 $\bigcup_{i=1}^N (\Omega(P_i) \cap \Xi_i \subset L(H_i))$，式中，$\Xi_i = \{e(t) \in \mathbb{R}^n \mid [e(t_k h) + \pi(t)]^{\text{T}} (P_j - P_i)[e(t_k h) + \pi(t)] \geqslant 0\}$。

证明 根据引理 2.8 和式（6.47），对于任意 $e(t) \in \Omega(P_{\sigma(t)}) \cup \Xi_{\sigma(t)} \subset L(H_{\sigma(t)})$，有

$$\begin{aligned} & A_{\sigma(t)} e(t) + B_{\sigma(t)} \text{sat}(F_{\sigma(t)}(\tilde{e}(j_k h) + e(t - \tau(t)) + \pi(t - \eta(t)))) + G_{\sigma(t)} \omega(t) \\ \leqslant & A_{\sigma(t)} e(t) + B_{\sigma(t)} \max_{\theta \in Q}\{(D_\theta F_{\sigma(t)} + D_\theta^- H_{\sigma(t)})\}[\tilde{e}(j_k h) + e(t - \tau(t)) \\ & + \pi(t - \eta(t))] + G_{\sigma(t)} \omega(t) \end{aligned} \tag{6.50}$$

构造下面的分段 Lyapunov 函数：

$$\begin{aligned} V_{\sigma(t)}(e(t)) = & e^{\text{T}}(t) P_{\sigma(t)} e(t) + \int_{t-\tau_M}^t e^{\text{T}}(s) Q_1 e(s) \text{d}s + \int_{t-\eta_M}^t e^{\text{T}}(s) Q_2 e(s) \text{d}s \\ & + \tau_M \int_{-\tau_M}^0 \int_{t+s}^t \dot{e}^{\text{T}}(v) R_1 \dot{e}(v) \text{d}v \text{d}s + \eta_M \int_{-\eta_M}^0 \int_{t+s}^t \dot{e}^{\text{T}}(v) R_2 \dot{e}(v) \text{d}v \text{d}s \end{aligned} \tag{6.51}$$

假设切换区间为 $[l_q, l_{q+1})$，$\sigma(l_q) = i$，在式（6.51）中 $V_i(e(t))$ 对于时间 t 的导数为

$$
\begin{aligned}
\dot{V}_i(e(t)) &= \dot{e}^{\mathrm{T}}(t)P_i e(t) + e^{\mathrm{T}}(t)P_i\dot{e}(t) + e^{\mathrm{T}}(t)(Q_1+Q_2)e(t) - e^{\mathrm{T}}(t-\tau_M)Q_1 e(t-\tau_M) \\
&\quad - e^{\mathrm{T}}(t-\eta_M)Q_2 e(t-\eta_M) + \dot{e}^{\mathrm{T}}(t)(\tau_M^2 R_1 + \eta_M^2 R_2)\dot{e}(t) \\
&\quad - \tau_M\int_{t-\tau_M}^{t}\dot{e}^{\mathrm{T}}(s)R_1\dot{e}(s)\mathrm{d}s - \eta_M\int_{t-\eta_M}^{t}\dot{e}^{\mathrm{T}}(s)R_2\dot{e}(s)\mathrm{d}s
\end{aligned}
\tag{6.52}
$$

令$\zeta(t) \triangleq \zeta_{j_k}(t) = [e^{\mathrm{T}}(t) \quad \tilde{e}^{\mathrm{T}}(j_k h) \quad e^{\mathrm{T}}(t-\tau_M) \quad e^{\mathrm{T}}(t-\eta_M) \quad e^{\mathrm{T}}(t-\tau(t)) \quad \pi^{\mathrm{T}}(t-\eta(t)) \quad \omega^{\mathrm{T}}(t)]^{\mathrm{T}}$。根据式（6.47）、式（6.50）、式（6.52）和引理 2.2，可得

$$
\dot{V}_i(e(t)) \leqslant \zeta^{\mathrm{T}}(t)[T_{1i}^{\mathrm{T}}(\tau_M^2 R_1 + \eta_M^2 R_2)T_{1i} + \bar{R}]\zeta(t)
\tag{6.53}
$$

式中，

$$
\bar{R} = \begin{bmatrix}
-R_1-R_2 & 0 & 0 & 0 & R_1+R_2 & 0 & 0 \\
* & 0 & 0 & 0 & 0 & 0 & 0 \\
* & * & -R_1 & 0 & R_1 & 0 & 0 \\
* & * & * & -R_2 & R_2 & 0 & 0 \\
* & * & * & * & -2R_1-2R_2 & 0 & 0 \\
* & * & * & * & * & 0 & 0 \\
* & * & * & * & * & * & 0
\end{bmatrix}
$$

同时，由于在真实情况下能量是有限制的，因此假设$\|\pi(t)\|^2 \leqslant \sigma\|e(t)\|^2$，其中$\sigma$是一个给定的正常数，用来表示攻击的能量有界。基于条件式（6.45）～式（6.50）和式（6.52），可以得到

$$
\begin{aligned}
\dot{V}_i(e(t)) &< \dot{V}_i(e(t)) + \tilde{z}^{\mathrm{T}}(t)\tilde{z}(t) - \gamma^2\omega^{\mathrm{T}}(t)\omega(t) - \tilde{z}^{\mathrm{T}}(t)\tilde{z}(t) + \gamma^2\omega^{\mathrm{T}}(t)\omega(t) \\
&\quad + \sum_{j=1}^{N}\beta_{ij}\{[\tilde{e}(j_k h) + e(t-\tau(t)) + \pi(t-\eta(t))]^{\mathrm{T}}(P_j - P_i)[\tilde{e}(j_k h) \\
&\quad + e(t-\tau(t)) + \pi(t-\eta(t))]\} + \delta(t_k h)e^{\mathrm{T}}(t-\tau(t))\Omega e(t-\tau(t)) \\
&\quad - \tilde{e}^{\mathrm{T}}(j_k h)\Omega\tilde{e}(j_k h) - \pi^{\mathrm{T}}(t-\eta(t))\pi(t-\eta(t)) + \pi^{\mathrm{T}}(t-\eta(t))\pi(t-\eta(t))
\end{aligned}
\tag{6.54}
$$

另外，从（6.44）可知$\alpha(t_k h) \leqslant \alpha_M$，则从式（6.54）可以推导得到下面的不等式：

$$
\dot{V}_i(e(t)) < \zeta^{\mathrm{T}}(t)[\varPsi_i + T_{1i}^{\mathrm{T}}(\tau_M^2 R_1 + \eta_M^2 R_2)T_{1i} + \sum_{j=1}^{N}\beta_{ij}P_j]\zeta(t) - \tilde{z}^{\mathrm{T}}(t)\tilde{z}(t) + \gamma^2\omega^{\mathrm{T}}(t)\omega(t)
\tag{6.55}
$$

进而，从式（6.49）可得

$$
\dot{V}_i(e(t)) < -\tilde{z}^{\mathrm{T}}(s)\tilde{z}(s) + \gamma^2\omega^{\mathrm{T}}(s)\omega(s)
\tag{6.56}
$$

进一步，在区间$[l_q, l_{q+1})$上可得

$$
V(e(t)) < V(e(l_q)) + \int_{l_q}^{t}(\gamma^2\omega^{\mathrm{T}}(s)\omega(s) - \tilde{z}^{\mathrm{T}}(s)\tilde{z}(s))\mathrm{d}s
\tag{6.57}
$$

当扰动$\omega(t) = 0$时，由式（6.41）可得

$$V_j(e(l_q)) \leqslant \lim_{t \to l_{q+1}^-} V_i(e(t)) \tag{6.58}$$

上式表明函数$V(e(t))$是单调递减的，误差闭环切换系统（6.47）在初始状态$e(0) \in \bigcup_{i=1}^{N} (\Omega(P_i) \cap \Xi_i \subset L(H_i))$的条件下是渐近稳定的。

当扰动$\omega(t) \neq 0$时，对于任意时间$T \in [0, \infty)$，令$0 = l_0 < l_1 < l_2 < \cdots < l_q \leqslant T < l_{q+1}$，其中$q = 0,1,2,\cdots$。通过比较引理，从式（6.57）和式（6.58）可以得到

$$\begin{aligned} V(e(T)) &< V(e(l_q)) + \int_{l_q}^{T} (\gamma^2 \omega^{\mathrm{T}}(s)\omega(s) - \tilde{z}^{\mathrm{T}}(s)\tilde{z}(s))\mathrm{d}s \\ &\leqslant V(e(l_{q-1})) + \int_{l_{q-1}}^{l_q} (\gamma^2 \omega^{\mathrm{T}}(s)\omega(s) - \tilde{z}^{\mathrm{T}}(s)\tilde{z}(s))\mathrm{d}s \\ &\quad + \int_{l_q}^{T} (\gamma^2 \omega^{\mathrm{T}}(s)\omega(s) - \tilde{z}^{\mathrm{T}}(s)\tilde{z}(s))\mathrm{d}s \\ &\quad \vdots \\ &\leqslant V(e(0)) + \int_{0}^{T} (\gamma^2 \omega^{\mathrm{T}}(s)\omega(s) - \tilde{z}^{\mathrm{T}}(s)\tilde{z}(s))\mathrm{d}s \end{aligned} \tag{6.59}$$

进而，在零初始条件以及$V(e(t)) > 0$和$N_\sigma(0,s) \leqslant N_0 + \dfrac{s-0}{\tau_a}$的条件下，对比从$T=0$到$\infty$积分，有

$$0 \leqslant \int_{0}^{T} (\gamma^2 \omega^{\mathrm{T}}(s)\omega(s) - \tilde{z}^{\mathrm{T}}(s)\tilde{z}(s))\mathrm{d}s \tag{6.60}$$

因此，误差闭环切换系统（6.47）的H_∞性能可以由式（6.60）和定义2.4得到。

2. 控制器设计

基于定理6.3，下面定理给出了一组求解状态反馈控制器增益和事件触发参数的充分条件。

定理6.4 对于任意的$i, j \in \underline{N}$，给定正常数$\alpha_M, \tau_M, \eta_M, \gamma, \lambda_\varrho, \varrho \in \{1,2,\cdots,11\}$，且满足$2 - \lambda_1^{-1} - \lambda_2^{-1} > 0$和$2 - \lambda_7^{-1} - \lambda_8^{-1} > 0$，$\beta_{ij} \geqslant 0$，以及矩阵$D_\theta$，如果存在对称正定矩阵$X_i, Q_1, Q_2, R_1, R_2$和$\Omega$满足

$$\begin{bmatrix} \bar{\Psi}_i & \bar{T}_i \\ * & \bar{W}_i \end{bmatrix} < 0 \tag{6.61}$$

$$\begin{bmatrix} I & N_i^{\nu} \\ * & X_i - \sum_{j=1}^{N} \beta_{ij}(X_i - X_j) \end{bmatrix} \geqslant 0 \tag{6.62}$$

式中，

$$\bar{\Psi}_i=\begin{bmatrix}\bar{\Psi}_{1i} & \bar{\Psi}_{2i}\\ * & \bar{\Psi}_{3i}\end{bmatrix},\bar{\Psi}_{3i}=\begin{bmatrix}\bar{\Psi}_{4i} & \bar{\Psi}_{5i}\\ * & \bar{\Psi}_{6i}\end{bmatrix}$$

$$\bar{T}_i=[\bar{T}_{1i}\quad \bar{T}_{2i}\quad \bar{T}_{3i}\quad \bar{T}_{4i}\quad \bar{T}_{5i}\quad \bar{T}_{6i}],T_{1i}=[A_iX_i\quad \bar{B}_i'\quad 0\quad 0\quad \bar{B}_i'\quad \bar{B}_i'\quad G_i]^{\mathrm{T}}$$

$$\bar{W}_i=\mathrm{diag}\{-\tau_M^{-2}R_1'-\eta_M^{-2}R_2',-\sum_{j=1}^{N}\beta_{ij}X_j,-I,-\frac{R_1'}{\lambda_2-1},-\frac{R_2'}{\lambda_8-1},-\frac{I}{\sigma}\}$$

$$\bar{\Psi}_{1i}=\mathrm{sym}\{A_iX_i\}+Q_1'+Q_2'+\lambda_3^2(1-\lambda_1)R_1'+\lambda_9^2(1-\lambda_7)R_2'-2[\lambda_3(1-\lambda_1)+\lambda_9(1-\lambda_7)]X_i$$

$$\bar{\Psi}_{2i}=[\bar{B}_i'\quad 0\quad 0\quad \bar{B}_i'\quad \bar{B}_i'\quad G_i],\bar{\Psi}_{4i}=\mathrm{diag}\{-\Omega',-\Sigma_i',-Q_1',-Q_2'\}$$

$$\bar{\Psi}_{5i}=\begin{bmatrix}-\Sigma_i' & -\Sigma_i' & 0\\ 0 & 0 & 0\\ 0 & 0 & 0\end{bmatrix},\bar{\Psi}_{6i}=\begin{bmatrix}\Sigma_{1i}' & -\Sigma_i' & 0\\ * & \lambda_6^2I-2\lambda_6X_i-\Sigma_i' & 0\\ * & * & -\gamma^2I\end{bmatrix}$$

$$\bar{T}_{2i}=[0\quad X_i\quad 0\quad 0\quad X_i\quad X_i\quad 0]^{\mathrm{T}},\bar{T}_{3i}=[C_iX_i\quad 0\quad 0\quad 0\quad 0\quad 0\quad 0]^{\mathrm{T}}$$

$$\bar{T}_{4i}=[0\quad 0\quad X_i\quad 0\quad 0\quad 0\quad 0]^{\mathrm{T}},\bar{T}_{5i}=[0\quad 0\quad 0\quad X_i\quad 0\quad 0\quad 0]^{\mathrm{T}}$$

$$\bar{T}_{6i}=[X_i\quad 0\quad 0\quad 0\quad 0\quad 0\quad 0]^{\mathrm{T}},\Sigma_i'=B_i\max_{\theta\in Q}(D_\theta M_i+D_\theta^- N_i)$$

$$\Sigma_{1i}'=\alpha_M\Omega'-\Sigma_i'+\lambda_5^2(2-\lambda_1^{-1}-\lambda_2^{-1})R_1'+\lambda_{11}^2(2-\lambda_7^{-1}-\lambda_8^{-1})R_2'-2[\lambda_5(2-\lambda_1^{-1}-\lambda_2^{-1})+\lambda_{11}(2-\lambda_7^{-1}-\lambda_8^{-1})]X_i$$

N_i^ν 表示矩阵 N_i 的第 ν 行，且初始状态满足 $e(0)\in\bigcup_{i=1}^{N}(\Omega(P_i)\cap\Xi_i\subset L(H_i))$，可以得到相对应的事件触发状态反馈控制器增益矩阵，即

$$H_i=N_iX_i^{-1},F_i=M_iX_i^{-1}$$

证明 不等式（6.49）可以由下面的不等式保证：

$$\begin{bmatrix}\Phi_i & T_{1i} & T_2\\ * & -\tau_M^{-2}R_1^{-1}-\eta_M^{-2}R_2^{-1} & 0\\ * & * & -\sum\beta_{ij}^{-1}P_j^{-1}\end{bmatrix}<0 \tag{6.63}$$

式中，

$$\Phi_i=\begin{bmatrix}\Phi_{1i} & \Phi_{2i}\\ * & \Phi_{3i}\end{bmatrix},\Phi_{3i}=\begin{bmatrix}\Phi_{4i} & \Phi_{5i}\\ * & \Phi_{6i}\end{bmatrix}$$

$$\Phi_{5i}=\begin{bmatrix}-\Sigma_i & -\Sigma_i & 0\\ 0 & 0 & 0\\ 0 & 0 & 0\end{bmatrix},\Phi_{6i}=\begin{bmatrix}\Sigma_{1i} & -\Sigma_i & 0\\ * & -I-\Sigma_i & 0\\ * & * & -\gamma^2I\end{bmatrix}$$

$$\Phi_{1i}=\mathrm{sym}\{P_iA_i\}+Q_1+Q_2+(\lambda_1-1)R_1+(\lambda_7-1)R_2+C_i^{\mathrm{T}}C_i+\sigma I$$

$$\Phi_{2i}=[P_i\bar{B}_i\quad 0\quad 0\quad P_i\bar{B}_i\quad P_i\bar{B}_i\quad P_iG_i]$$

$$\Phi_{4i}=\mathrm{diag}\{-\Omega,-\Sigma_i,-Q_1+(\lambda_2-1)R_1,-Q_2+(\lambda_8-1)R_2\}$$

$$\Sigma_{1i}=\alpha_M\Omega-\Sigma_i+(\lambda_1^{-1}+\lambda_2^{-1}-2)R_1+(\lambda_7^{-1}+\lambda_8^{-1}-2)R_2$$

定义 $X_i^{-1}=P_i$ 和 $X_j^{-1}=P_j$，对不等式（6.63）两边分别同时乘以 $\mathrm{diag}\{X_i,X_i,X_i,X_i,X_i,X_i,I,I,I\}$ 以及它的转置，然后，令 $F_iX_i=M_i$ 和 $H_iX_i=N_i$，有

$$\begin{bmatrix} \bar{\Phi}_i & \bar{T}_{1i} & \bar{T}_{2i} \\ * & -\tau_M^{-2}R_1^{-1}-\eta_M^{-2}R_2^{-1} & 0 \\ * & * & -\sum\beta_{ij}X_j \end{bmatrix}<0 \tag{6.64}$$

式中，

$$\bar{\Phi}_i=\begin{bmatrix} \bar{\Phi}_{1i} & \bar{\Phi}_{2i} \\ * & \bar{\Phi}_{3i} \end{bmatrix},\bar{\Phi}_{3i}=\begin{bmatrix} \bar{\Phi}_{4i} & \bar{\Phi}_{5i} \\ * & \bar{\Phi}_{6i} \end{bmatrix}$$

$$\bar{\Phi}_{5i}=\begin{bmatrix} -\Sigma_{i'} & -\Sigma_{i'} & 0 \\ 0 & 0 & 0 \\ 0 & 0 & 0 \end{bmatrix},\bar{\Phi}_{6i}=\begin{bmatrix} \Sigma'_{1i} & -\Sigma_{i'} & 0 \\ * & -\Sigma_{i'} & 0 \\ * & * & -\gamma^2 I \end{bmatrix}$$

$$\bar{\Phi}_{1i}=\mathrm{sym}\{A_iX_i\}+X_iQ_1X_i+X_iQ_2X_i+(\lambda_1-1)X_iR_1X_i+X_iC_i^{\mathrm{T}}C_iX_i+\sigma X_iX_i$$

$$\bar{\Phi}_{2i}=[B_iY_i\quad 0\quad 0\quad B_iY_i\quad B_iY_i\quad G_i]$$

$$\bar{\Phi}_{4i}=\mathrm{diag}\{-X_i\Omega X_i-\Sigma_{i'},-X_iQ_1X_i+(\lambda_2-1)X_iR_1X_i,-X_iQ_2X_i+(\lambda_8-1)X_iR_2X_i\}$$

$$\bar{\Sigma}_{1i}=\alpha_MX_i\Omega X_i-\Sigma'_i+(\lambda_1^{-1}+\lambda_2^{-1}-2)X_iR_1X_i+(\lambda_7^{-1}+\lambda_8^{-1}-2)X_iR_2X_i$$

另外，从引理 2.5 可得

$$-X_iR_1X_i\leqslant\lambda_3^2R_1^{-1}-2\lambda_3X_i,-X_iR_2X_i\leqslant\lambda_9^2R_2^{-1}-2\lambda_9X_i,-X_iX_i\leqslant\lambda_4^2I-2\lambda_4X_i \tag{6.65}$$

令 $R'_1=R_1^{-1},R'_2=R_2^{-1},Q'_1=X_iQ_1X_i,Q'_2=X_iQ_2X_i$ 和 $\Omega'=X_i\Omega X_i$，根据条件（6.65）和约束 $2-\lambda_1^{-1}-\lambda_2^{-1}>0,2-\lambda_7^{-1}-\lambda_8^{-1}>0$，式（6.61）中的不等式可以由式（6.64）来保证。

令 $G_i=P_i-\sum_{j=1}^{N}\beta_{ij}(P_j-P_i)$，由于 $x^{\mathrm{T}}G_ix\leqslant1$ 和 $H_i^{\nu}G_i^{-1}H_i^{\nu\mathrm{T}}\leqslant1$，可得

$$2x^{\mathrm{T}}H_i^{\nu\mathrm{T}}\leqslant x^{\mathrm{T}}G_ix+H_i^{\nu}G_i^{-1}H_i^{\nu\mathrm{T}}\leqslant2$$

进而，可以得到

$$\begin{bmatrix} I & H_i^{\nu} \\ * & P_i-\sum_{j=1}^{N}\beta_{ij}(P_j-P_i) \end{bmatrix}\geqslant0 \tag{6.66}$$

式中，H_i^{ν} 表示矩阵 H_i 的第 ν 行。从式（6.66）可以得到 $\Omega(P_i)\cap\Xi_i\subset L(H_i)$。进而，对不等式（6.66）两边分别同时乘以 $\mathrm{diag}\{I,X_i\}$ 和它的转置可得不等式（6.62）。

6.3.3 仿真算例

本小节给出一个仿真算例来验证提出方法的有效性。考虑初始状态为 $x(0)=[-0.8\quad 0.6]^{\mathrm{T}},\hat{x}(0)=[0.8\quad -0.6]^{\mathrm{T}}$ 的具有两个子系统的主从切换线性系统，

各矩阵参数如下：

$$A_1=\begin{bmatrix}-1.2 & -0.2\\ 0.7 & -1.5\end{bmatrix}, B_1=\begin{bmatrix}-1 & 0\\ 0 & -0.5\end{bmatrix}, C_1=\begin{bmatrix}0.5 & 0.2\end{bmatrix}, G_1=\begin{bmatrix}0.1\\ 0.2\end{bmatrix}$$

$$A_2=\begin{bmatrix}-1 & 0.3\\ 0 & -1\end{bmatrix}, B_2=\begin{bmatrix}-0.5 & -1\\ 0 & -1\end{bmatrix}, C_2=\begin{bmatrix}0.1 & 0.3\end{bmatrix}, G_2=\begin{bmatrix}0.5\\ 0.1\end{bmatrix}$$

外部扰动给定如下：

$$\omega(t)=\begin{cases}0.1\sin(2\pi t), & t\in[0,10)\\ 0.05\sin(2\pi t), & t\in[10,15)\\ 0, & \text{其他}\end{cases}$$

数据注入攻击信号设为 $a(t)=0.12e(t)\sin(2\pi t)$。其他参数给定为 $\alpha_M=0.4, \alpha_m=0.1, \delta=2.5, \beta=5, \beta_{12}=3, \beta_{21}=6, \gamma=0.5, \sigma=0.12, h=0.05, \tau_M=0.2,\ \eta_M=0.15,\ \lambda_3=0.5, \lambda_9=0.5$ 以及 $\lambda_4=\lambda_5=\lambda_6=\lambda_{10}=\lambda_{11}=0.1$。另外，由于条件 $2-\lambda_1^{-1}-\lambda_2^{-1}>0$ 和 $2-\lambda_7^{-1}-\lambda_8^{-1}>0$ 的限制，选取 $\lambda_1=0.8, \lambda_2=3, \lambda_7=2$ 和 $\lambda_8=1.5$。考虑到 $\max\limits_{k\in\mathbb{N}}\{\tau_k\}<h$ 和 $\max\{\eta(t)\}<h$，分别设置两种类型传输延迟为 $\tau_k\in[0,0.04]$ 和 $\eta(t)\in[0,0.03]$。通过求解 LMIs 式（6.61）～式（6.62），可以得到相应的事件触发参数和状态反馈控制器增益为

$$\Omega=\begin{bmatrix}0.0765 & 0.0045\\ 0.0045 & 0.0424\end{bmatrix}, F_1=\begin{bmatrix}0.5920 & -0.0356\\ 0.2365 & 1.8027\end{bmatrix}, F_2=\begin{bmatrix}0.5010 & 0.0979\\ 0.0353 & 0.2638\end{bmatrix}$$

图 6.5 和图 6.6 分别给出二维闭环系统的状态响应和切换信号。从图中可以看出，系统在注入攻击影响下可以保证稳定。事件触发的执行间隔如图 6.7 所示，每个执行间隔至少是一个采样周期 h，避免了 Zeno 问题。$\alpha(t_k h)$ 的自适应变化轨迹如图 6.8 所示（选取 $\delta=2.5$ 和 $\beta=5$）。从图 6.5、图 6.7 和图 6.8 可以看出，当系统有发散的趋势时，$\delta(t_k h)$ 会变小，以允许更快的通信频率，反之亦然。

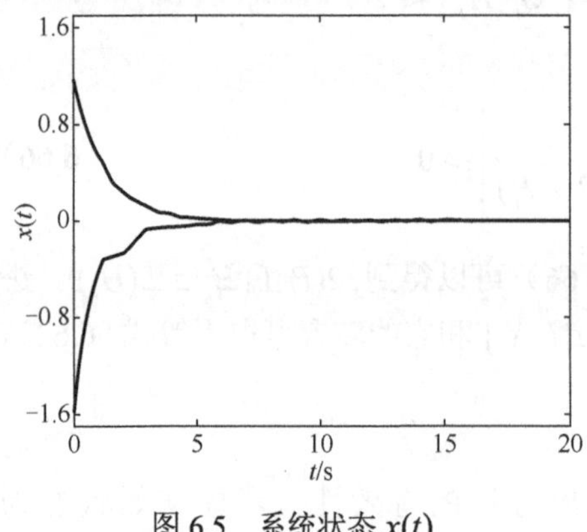

图 6.5　系统状态 $x(t)$

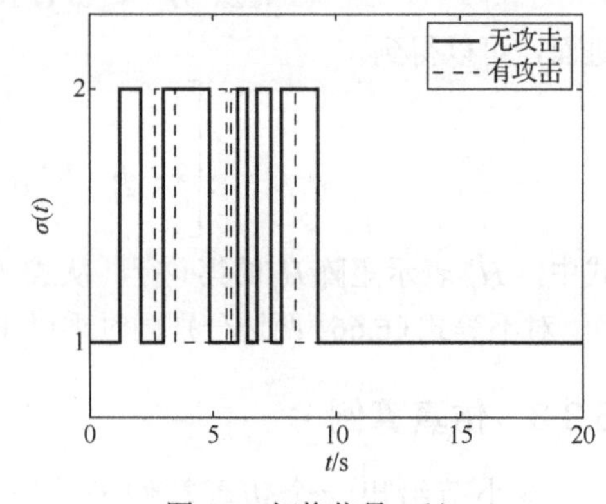

图 6.6　切换信号 $\sigma(t)$

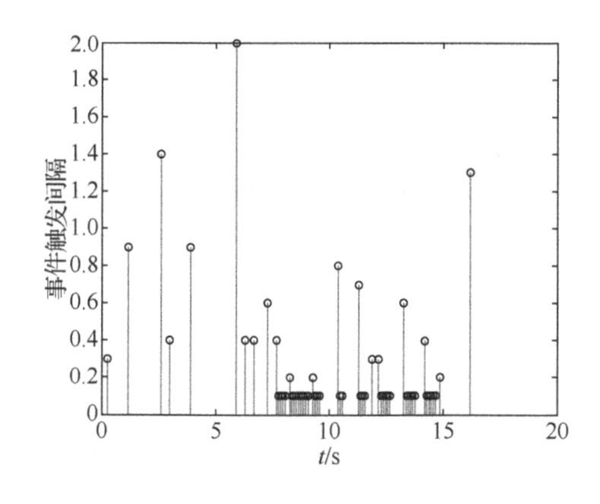

图 6.7 事件触发相邻执行间隔

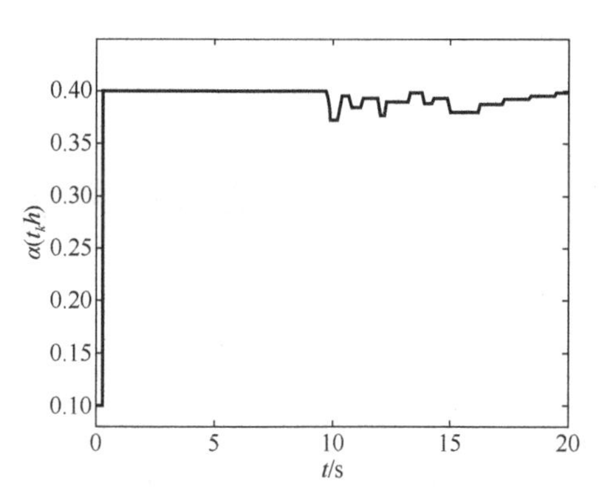

图 6.8 $\alpha(t_k h)$ 自适应变化轨迹

6.4 小 结

首先，研究了执行器饱和影响下基于等待时间策略的切换线性系统的事件触发控制问题。以离散型事件触发机制为基础，提出了一种改进的触发机制，可以确保一定的触发等待时间，避免类 Zeno 问题，等待时间之后，再进行事件触发判断。并且，考虑了执行器饱和问题。具体而言，结合改进的事件触发机制、网络传输延迟及执行器饱和，建立了时滞闭环切换系统。利用多 Lyapunov 函数方法和平均驻留时间技术，给出了保证闭环系统稳定性的充分条件。针对触发等待时间、周期采样时刻、数据更新时刻和切换时刻相互耦合的问题，提出了一种稳定性分析方法，对各类情况进行详细讨论。此外，给出了状态反馈控制器增益和事件触发参数协同设计的充分条件。通过给出的仿真算例表明，所设计的事件触发控制方法是有效的。

然后，研究了在执行器饱和与数据注入攻击影响下切换主从线性系统的自适应事件触发 H_∞ 控制问题。考虑到事件触发和注入攻击对切换信号的影响，设计了一种受攻击影响的切换律。并且，提出了一种基于系统性能的自适应事件触发机制，该机制可以自适应调节触发阈值参数，在保证系统性能的前提下，进一步减少不必要的信号传输。在事件触发机制、传输延迟和执行器饱和条件下，建立了时滞误差切换系统。利用分段 Lyapunov 函数方法，给出了系统具有 H_∞ 性能的充分条件。此外，给出了状态反馈控制器增益与事件触发机制参数协同设计的方法。通过仿真算例表明，所设计的事件触发控制方法是可行的。

7 切换线性系统异步事件触发控制

7.1 概　　述

前面章节均预设了前提，即切换系统各部分是同步转换的。本章将基于事件触发机制，研究切换线性系统的异步控制问题。由于实际应用中子控制器和子系统的激活时间难以保证完全同步一致，异步实为更一般的情况。另外，当切换信号作为一类通信信号被采样和触发，也可导致子系统和子控制器间发生不匹配切换。

切换系统的异步控制问题是控制领域的研究热点之一。文献[207]研究了异步切换下线性变参时滞切换系统的鲁棒滤波问题。文献[208]研究了适应快速切换扰动下异步切换多智能体系统实际输出同步问题。文献[209]研究了异步切换下切换非线性系统的输出反馈镇定问题。文献[210]研究了切换系统在持续驻留时间下的异步切换控制问题。目前，对在网络因素影响下切换线性系统异步事件触发控制的研究还不多见。

本章主要针对受外部扰动的切换线性系统，研究异步事件触发控制问题。考虑事件触发机制和网络因素的影响，进行时滞闭环系统建模，并构造相应的 Lyapunov 函数，设计满足平均驻留时间条件的切换信号，给出时滞闭环系统稳定性的充分条件，同时给出相应控制器增益和事件触发参数的设计条件。在 7.2 节中研究在数据包乱序下切换线性系统的事件触发多异步控制问题。在 7.3 节中研究在数据注入攻击下切换线性 T-S 模糊系统的诱导异步事件触发控制问题。控制器增益和触发参数均通过求解一组对应的 LMIs 得到。最后，用仿真算例验证所提出方法的有效性。

7.2 多异步事件触发控制

7.2.1 问题描述

1. 系统描述

考虑如下受外部扰动影响的切换线性系统模型：

$$\begin{aligned}\dot{x}(t)&=A_{\sigma(t)}x(t)+B_{\sigma(t)}u(t)+B_{1\sigma(t)}\omega(t)\\z(t)&=C_{\sigma(t)}x(t)+D_{\sigma(t)}u(t)\end{aligned}\tag{7.1}$$

式中，$x(t)\in\mathbb{R}^{n_x}$ 为系统状态；$u(t)\in\mathbb{R}^{n_u}$ 为系统控制输入；切换信号表示为 $\sigma(t)$: $[0,\infty)\to\underline{N}=\{1,2,\cdots,N\}$；$\omega(t)\in\mathbb{R}^{n_\omega}$ 为扰动信号且属于 $L_2[0,\infty)$；$z(t)\in\mathbb{R}^{n_z}$ 为受控输出；$A_{\sigma(t)},B_{\sigma(t)},B_{1\sigma(t)},C_{\sigma(t)}$ 和 $D_{\sigma(t)}$ 为适当维数的常值矩阵。

如图 7.1 所示，首先，系统状态 $x(t)$ 经固定采样周期 h 被采样为 $\{x(vh)\}_{v\in\mathbb{N}}$，通过事件触发机制判断，被释放的数据 $\{x(t_kh)\}_{k\in\mathbb{N}}$ 经网络传输到子控制器。然后，采用主动丢包机制解决数据乱序问题。定义切换时刻为 $\{l_q\}_{q\in\mathbb{N}}$，触发时刻为 $\{t_k\}_{k\in\mathbb{N}}$，网络传输延迟为 $\{\tau_k\}_{k\in\mathbb{N}}$，子系统与子控制器的切换时滞为 $\{\Delta l_{q1}\}_{q\in\mathbb{N}}$，子系统与事件触发的切换时滞为 $\{\Delta l_{q2}\}_{q\in\mathbb{N}}$ 且满足 $\Delta l_{q1}<l_{q+1}-l_q$，$\Delta l_{q2}<l_{q+1}-l_q$。此外，子系统、子控制器和事件触发机制之间的工作顺序通过切换律决定。

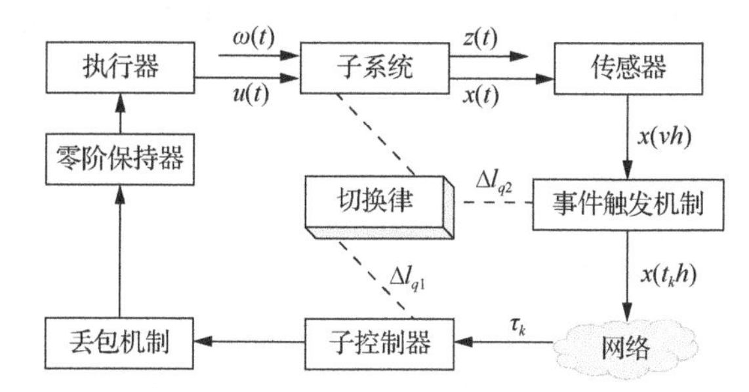

图 7.1　基于事件触发的切换线性系统多异步 H_∞ 控制框图

考虑如下状态反馈控制器：

$$u(t)=K_{\sigma(t-\Delta l_{q1})}x(t_kh),\quad t\in[t_kh+\tau_k,t_{k+1}h+\tau_{k+1})\tag{7.2}$$

2. 事件触发机制

采用如下事件触发机制：

$$t_{k+1}h=t_kh+\min_{r_k}\{r_kh\mid e^{\mathrm{T}}(r_kh)\Omega_{1\sigma(t)}e(r_kh)\geqslant\alpha_{\sigma(t)}x^{\mathrm{T}}(t_kh+r_kh)\Omega_{2\sigma(t)}x(t_kh+r_kh)\}\tag{7.3}$$

式中，$r_k\in\mathbb{N}^+$；$e(r_kh)=x(t_kh)-x(t_kh+r_kh)$ 为误差；$\Omega_{1\sigma(t)},\Omega_{2\sigma(t)}$ 为对称正定矩阵，$\alpha_{\sigma(t)}\geqslant0$。考虑子系统和子触发机制含有切换时滞，事件触发机制（7.3）可重写为

$$\begin{aligned}t_{k+1}h=t_kh+\min_{r_k}\{r_kh\mid\ &e^{\mathrm{T}}(r_kh)\Omega_{1\sigma(t-\Delta l_{q2})}e(r_kh)\\&\geqslant\alpha_{\sigma(t-\Delta l_{q2})}x^{\mathrm{T}}(t_kh+r_kh)\Omega_{2\sigma(t-\Delta l_{q2})}x(t_kh+r_kh)\}\end{aligned}\tag{7.4}$$

3. 建立闭环系统

考虑$\max\limits_{k\in\mathbb{N}}\{\tau_k\}<h$，结合式（7.1）～式（7.4），采用与 3.3.1 小节相同的方法建立时滞闭环系统。在区间$[t_k h+\tau_k, t_{k+1}h+\tau_{k+1})$上可得时滞闭环切换系统为

$$
\begin{aligned}
&\dot{x}(t)=A_{\sigma(t)}x(t)+B_{\sigma(t)}K_{\sigma(t-\Delta l_{q1})}x(t-\tau(t))+B_{\sigma(t)}K_{\sigma(t-\Delta l_{q1})}e(j_k h)+B_{1\sigma(t)}\omega(t)\\
&z(t)=C_{\sigma(t)}x(t)+D_{\sigma(t)}K_{\sigma(t-\Delta l_{q1})}x(t-\tau(t))+D_{\sigma(t)}K_{\sigma(t-\Delta l_{q1})}e(j_k h)\\
&x(t)=\varphi(t),\forall t\in[-\tau_M,0]
\end{aligned}
\tag{7.5}
$$

式中，$e(j_k h)=x(t_k h)-x(j_k h)$；$\tau(t)=t-j_k h$；$\varphi(t)$为区间$[-\tau_M,0]$上的连续函数；$\tau_M=\max\limits_{k\in\mathbb{N}}\{\tau_k\}+h$。同时，由触发机制（7.4）可得

$$
e^{\mathrm{T}}(j_k h)\Omega_{1\sigma(t-\Delta l_{q2})}e(j_k h)<\alpha_{\sigma(t-\Delta l_{q2})}x^{\mathrm{T}}(t-\tau(t))\Omega_{2\sigma(t-\Delta l_{q2})}x(t-\tau(t))
\tag{7.6}
$$

当考虑大延迟$\max\limits_{k\in\mathbb{N}}\{\tau_k\}\geqslant h$时，可采用与 5.2.1 小节相同的处理方法。

7.2.2 主要结果

针对上述闭环系统（7.5），本小节主要研究如下两个问题：

（1）如何得到保证时滞闭环切换系统（7.5）在多异步切换下是指数稳定的且具有H_∞性能指标的充分条件？

（2）基于稳定性条件，如何求解H_∞控制器增益和事件触发参数？

1. 稳定性分析

本小节利用多 Lyapunov 函数方法和平均驻留时间技术，给出了保证时滞闭环切换系统（7.5）具有指数稳定性的充分条件。

定理 7.1 对任意$i,j\in\underline{N},i\neq j$，给定正参数$\alpha_i,\tau_M,\tilde{\gamma},\delta,\beta$和$\mu\geqslant 1$，如果存在对称正定矩阵$\Omega_{1i}$，$\Omega_{2i},P_i,Q_i,R_i$满足

$$
\begin{aligned}
&\begin{bmatrix}\Psi_i & T_{1i} & T_{2i}\\ * & -\tau_M^{-2}R_i^{-1} & 0\\ * & * & -I\end{bmatrix}<0,\begin{bmatrix}\Psi_i^1 & T_{1i}^1 & T_{2i}^1\\ * & -\tau_M^{-2}R_i^{-1} & 0\\ * & * & -I\end{bmatrix}<0\\
&\begin{bmatrix}\Psi_i^2 & T_{1i}^2 & T_{2i}^2\\ * & -\tau_M^{-2}R_i^{-1} & 0\\ * & * & -I\end{bmatrix}<0,\begin{bmatrix}\Psi_i^3 & T_{1i}^3 & T_{2i}^3\\ * & -\tau_M^{-2}R_i^{-1} & 0\\ * & * & -I\end{bmatrix}<0
\end{aligned}
\tag{7.7}
$$

$$
P_i\leqslant\mu P_j,Q_i\leqslant\mu Q_j,R_i\leqslant\mu R_j
\tag{7.8}
$$

式中，

$$\Psi_i = \begin{bmatrix} \Psi_{1i} & \Psi_{2i} \\ * & \Psi_{3i} \end{bmatrix}$$

$$\Psi_{1i} = \mathrm{sym}\{P_i A_i\} - \beta P_i + Q_i - R_i, \Psi_{2i} = [P_i B_i K_j + R_i \quad 0 \quad P_i B_i K_j \quad P_i B_{1i}]$$

$$\Psi_{3i} = \mathrm{diag}\{\alpha_j \Omega_{2j} - 2R_i, -\mathrm{e}^{\beta\tau_M} Q_i - R_i, -\Omega_{1j}, -\tilde{\gamma} I\}$$

$$T_{1i} = [A_i \quad B_i K_j \quad 0 \quad B_i K_j \quad B_{1i}]^{\mathrm{T}}, T_{2i} = [C_i \quad D_i K_j \quad 0 \quad D_i K_j \quad 0]^{\mathrm{T}}$$

$$\Psi_i^1 = \begin{bmatrix} \Psi_{1i}^1 & \Psi_{2i}^1 \\ * & \Psi_{3i}^1 \end{bmatrix}$$

$$\Psi_{1i}^1 = \mathrm{sym}\{P_i A_i\} + \alpha P_i + Q_i - \mathrm{e}^{-\delta\tau_M} R_i, \Psi_{2i}^1 = [P_i B_i K_i + \mathrm{e}^{-\delta\tau_M} R_i \quad 0 \quad P_i B_i K_i \quad P_i B_{1i}]$$

$$\Psi_{3i}^1 = \mathrm{diag}\{\alpha_i \Omega_{2i} - 2\mathrm{e}^{-\delta\tau_M} R_i, \ -\mathrm{e}^{-\delta\tau_M}(Q_i - R_i), \ -\Omega_{1i}, \ -\tilde{\gamma} I\}$$

$$T_{1i}^1 = [A_i \quad B_i K_i \quad 0 \quad B_i K_i \quad B_{1i}]^{\mathrm{T}}, T_{2i}^1 = [C_i \quad D_i K_i \quad 0 \quad D_i K_i \quad 0]^{\mathrm{T}}$$

$$\Psi_i^2 = \begin{bmatrix} \Psi_{1i}^2 & \Psi_{2i}^2 \\ * & \Psi_{3i}^2 \end{bmatrix}$$

$$\Psi_{1i}^2 = \Psi_{1i}, \Psi_{2i}^2 = \Psi_{2i}, \Psi_{3i}^2 = \mathrm{diag}\{\alpha_i \Omega_{2i}, -2R_i, -\mathrm{e}^{\beta\tau_M} Q_i - R_i, -\Omega_{1i}, -\tilde{\gamma} I\}$$

$$\Psi_i^3 = \begin{bmatrix} \Psi_{1i}^3 & \Psi_{2i}^3 \\ * & \Psi_{3i}^3 \end{bmatrix}$$

$$\Psi_{1i}^3 = \Psi_{1i}, \Psi_{2i}^3 = [P_i B_i K_i + R_i \quad 0 \quad P_i B_i K_i \quad P_i B_{1i}]$$

$$\Psi_{3i}^3 = \mathrm{diag}\{\alpha_j \Omega_{2j}, -2R_i, -\mathrm{e}^{\beta\tau_M} Q_i - R_i, -\Omega_{1j}, -\tilde{\gamma} I\}, T_{1i}^2 = T_{1i}, T_{2i}^2 = T_{2i}, T_{1i}^3 = T_{1i}^1, T_{2i}^3 = T_{2i}^1$$

那么，在事件触发机制（7.3）、状态反馈控制器（7.2）和切换信号 $\sigma(t)$ 的作用下，闭环切换系统（7.5）具有 H_∞ 性能指标 $\sqrt{\dfrac{\delta(\mu\mathrm{e}^{(\delta+\beta)})^{N_0}\mathrm{e}^{c_T}(\gamma+\tilde{\gamma})}{\lambda}}$，并且切换信号的平均驻留时间满足

$$\tau_a \geqslant \tau_a^* = \max\{\frac{\ln\mu + (\delta+\beta)\tau_M}{\delta}, \frac{\Delta\bar{l}_q(\delta+\beta)}{\delta}\} \tag{7.9}$$

证明 考虑子系统与子控制器和事件触发机制分别具有独立的切换时滞，存在如下情况。

情况 1：切换时滞满足 $\Delta l_{q1} = \Delta l_{q2}$。假设 $\sigma(l_q) = i$，则对任意 $t \in [l_q, l_q + \Delta l_{q1})$，有 $\sigma(t) = i, \sigma(t - \Delta l_{q1}) = \sigma(t - \Delta l_{q2}) = j$，即子系统与子控制器和触发机制都不匹配，但子控制器和触发机制匹配。进一步，选取 Lyapunov 函数为

$$\begin{aligned} V_1(x(t)) &= x^{\mathrm{T}}(t) P_{\sigma(t)} x(t) + \int_{t-\tau_M}^{t} \mathrm{e}^{\beta(t-s)} x^{\mathrm{T}}(s) Q_{\sigma(s)} x(s)\mathrm{d}s \\ &\quad + \tau_M \int_{-\tau_M}^{0}\int_{t+s}^{t} \mathrm{e}^{\beta(t-v)} \dot{x}^{\mathrm{T}}(v) R_{\sigma(v)} \dot{x}(v)\mathrm{d}v\mathrm{d}s \end{aligned} \tag{7.10}$$

对式（7.10）求导得

$$\begin{aligned}\dot{V}_1(x(t)) \leqslant &\beta V_1(x(t)) - \mathrm{e}^{\beta\tau_M} x^{\mathrm{T}}(t-\tau_M)Q_i x(t-\tau_M) - \beta x^{\mathrm{T}}(t)P_i x(t)\\ &+\dot{x}^{\mathrm{T}}(t)P_i x(t) + x^{\mathrm{T}}(t)P_i\dot{x}(t) + x^{\mathrm{T}}(t)Q_i x(t) + \tau_M^2\dot{x}^{\mathrm{T}}(t)R_i\dot{x}(t)\\ &-\tau_M\int_{t-\tau_M}^{t}\dot{x}^{\mathrm{T}}(s)R_i\dot{x}(s)\mathrm{d}s\end{aligned} \tag{7.11}$$

定义$\zeta(t)\triangleq\zeta_{j_k}(t)=[x^{\mathrm{T}}(t)\quad x^{\mathrm{T}}(t-\tau(t))\quad x^{\mathrm{T}}(t-\tau_M)\quad e^{\mathrm{T}}(\nu h)\quad \omega^{\mathrm{T}}(t)]^{\mathrm{T}}$，通过引理 2.4 和式（7.11），可得

$$\dot{V}_1(x(t)) + z^{\mathrm{T}}(t)z(t) \leqslant \zeta^{\mathrm{T}}(t)[\varPsi_i + \tau_M^2 T_{1i}R_i T_{1i}^{\mathrm{T}} + T_{2i}T_{2i}^{\mathrm{T}}]\zeta(t) + \tilde{\gamma}\omega^{\mathrm{T}}(t)\omega(t) + \beta V_1(x(t)) \tag{7.12}$$

进而，通过引理 2.2 和式（7.7），可得

$$\dot{V}_1(x(t)) \leqslant \beta V_1(x(t)) + \tilde{\gamma}\omega^{\mathrm{T}}(t)\omega(t) - z^{\mathrm{T}}(t)z(t) \tag{7.13}$$

对任意$t\in[l_q, l_q+\Delta l_{q1})$，对式（7.13）采用比较引理可得

$$V_1(x(t)) \leqslant \mathrm{e}^{\beta(t-l_q)}V_1(x(l_q)) - \int_{l_q}^{t}\mathrm{e}^{\beta(t-s)}[z^{\mathrm{T}}(s)z(s) - \tilde{\gamma}\omega^{\mathrm{T}}(s)\omega(s)]\mathrm{d}s \tag{7.14}$$

对任意$t\in[l_q+\Delta l_{q1}, l_{q+1})$，有$\sigma(t)=\sigma(t-\Delta l_{q1})=\sigma(t-\Delta l_{q2})=i$，即子系统匹配子控制器和触发机制。此时，考虑如下 Lyapunov 函数：

$$\begin{aligned}V_2(x(t)) = &x^{\mathrm{T}}(t)P_{\sigma(t)}x(t) + \int_{t-\tau_M}^{t}\mathrm{e}^{\delta(s-t)}x^{\mathrm{T}}(s)Q_{\sigma(t)}x(s)\mathrm{d}s\\ &+\tau_M\int_{-\tau_M}^{0}\int_{t+s}^{t}\mathrm{e}^{\delta(v-t)}\dot{x}^{\mathrm{T}}(v)R_{\sigma(t)}\dot{x}(v)\mathrm{d}v\mathrm{d}s\end{aligned} \tag{7.15}$$

对式（7.15）求导得

$$\begin{aligned}\dot{V}_2(x(t)) \leqslant &-\delta V_2(x(t)) - \mathrm{e}^{-\delta\tau_M}x^{\mathrm{T}}(t-\tau_M)Q_i x(t-\tau_M) + \delta x^{\mathrm{T}}(t)P_i x(t)\\ &+\dot{x}^{\mathrm{T}}(t)P_i x(t) + x^{\mathrm{T}}(t)P_i\dot{x}(t) + x^{\mathrm{T}}(t)Q_i x(t) + \tau_M^2\dot{x}^{\mathrm{T}}(t)R_i\dot{x}(t)\\ &-\tau_M\mathrm{e}^{-\delta\tau_M}\int_{t-\tau_M}^{t}\dot{x}^{\mathrm{T}}(s)R_i\dot{x}(s)\mathrm{d}s\end{aligned} \tag{7.16}$$

通过引理 2.4 和式（7.16），可得

$$\dot{V}_2(x(t)) + z^{\mathrm{T}}(t)z(t) \leqslant \zeta^{\mathrm{T}}(t)[\varPsi_i^1 + \tau_M^2 T_{1i}^1 R_i T_{1i}^{1\mathrm{T}} + T_{2i}^1 T_{2i}^{1\mathrm{T}}]\zeta(t) + \tilde{\gamma}\omega^{\mathrm{T}}(t)\omega(t) - \delta V_2(x(t)) \tag{7.17}$$

对任意$[l_q+\Delta l_{q1}, l_{q+1})$，可得

$$V_2(x(t)) \leqslant \mathrm{e}^{-\delta(t-l_q-\Delta l_{q1})}V_2(x(l_q+\Delta l_{q1})) - \int_{l_q+\Delta l_{q1}}^{t}\mathrm{e}^{-\delta(t-s)}[z^{\mathrm{T}}(s)z(s) - \tilde{\gamma}\omega^{\mathrm{T}}(s)\omega(s)]\mathrm{d}s \tag{7.18}$$

情况 2：切换时滞满足$\Delta l_{q1}>\Delta l_{q2}$。对任意$t\in[l_q, l_q+\Delta l_{q2})$，有$\sigma(t)=i, \sigma(t-\Delta l_{q1})=\sigma(t-\Delta l_{q2})=j$，即子系统与子控制器和事件触发机制不匹配，但事件触发机制与子控制器匹配。此时，对区间$[l_q, l_q+\Delta l_{q2})$的分析结果与情况 1 中对区间$[l_q, l_q+\Delta l_{q1})$的分析相同，结论（7.14）在区间$[l_q, l_q+\Delta l_{q2})$上成立。

对任意 $t\in[l_q+\Delta l_{q2},l_q+\Delta l_{q1})$，有 $\sigma(t)=\sigma(t-\Delta l_{q2})=i,\sigma(t-\Delta l_{q1})=j$，即子系统与事件触发机制匹配，但与子控制器不匹配。此时选取 Lyapunov 函数（7.10），通过求导可得式（7.11）。进而，结合引理 2.4 和式（7.11）可得

$$\dot{V}_1(x(t))+z^{\mathrm{T}}(t)z(t)\leqslant\zeta^{\mathrm{T}}(t)[\Psi_i^2+\tau_M^2T_{1i}^2R_iT_{1i}^{2\mathrm{T}}+T_{2i}^2T_{2i}^{2\mathrm{T}}]\zeta(t)+\tilde{\gamma}\omega^{\mathrm{T}}(t)\omega(t)+\beta V_1(x(t))\tag{7.19}$$

进一步，通过引理 2.2 和式（7.7）可得式（7.13）。在区间 $[l_q+\Delta l_{q2},\ l_q+\Delta l_{q1})$ 上可得

$$V_1(x(t))\leqslant\mathrm{e}^{\beta(t-l_q-\Delta l_{q2})}V_1(x(l_q+\Delta l_{q2}))-\int_{l_q+\Delta l_{q2}}^{t}\mathrm{e}^{\beta(t-s)}[z^{\mathrm{T}}(s)z(s)-\tilde{\gamma}\omega^{\mathrm{T}}(s)\omega(s)]\mathrm{d}s\tag{7.20}$$

对任意 $t\in[l_q+\Delta l_{q1},l_{q+1})$，有 $\sigma(t)=\sigma(t-\Delta l_{q2})=\sigma(t-\Delta l_{q1})=i$，也就是子系统与子控制器和事件触发机制均匹配。对区间 $[l_q+\Delta l_{q1},l_{q+1})$ 的分析与情况 1 中对区间 $[l_q+\Delta l_{q1},l_{q+1})$ 的分析相同，结论（7.18）成立。

情况 3：切换时滞满足 $\Delta l_{q2}>\Delta l_{q1}$。对任意 $t\in[l_q,l_q+\Delta l_{q1})$，有 $\sigma(t)=i,\sigma(t-\Delta l_{q1})=\sigma(t-\Delta l_{q2})=j$，即子系统与子控制器和事件触发机制不匹配，但事件触发机制与子控制器匹配。此时，对区间 $[l_q,l_q+\Delta l_{q1})$ 的分析与情况 1 中对区间 $[l_q,l_q+\Delta l_{q1})$ 的分析相同，结论（7.14）在区间 $[l_q,l_q+\Delta l_{q1})$ 上成立。

对任意 $t\in[l_q+\Delta l_{q1},l_q+\Delta l_{q2})$，有 $\sigma(t)=\sigma(t-\Delta l_{q1})=i,\sigma(t-\Delta l_{q2})=j$，即子系统与子控制器匹配，但与事件触发机制不匹配。此时，选取 Lyapunov 函数（7.10），通过求导可得式（7.11）。进而，由引理 2.4 和式（7.11）有

$$\dot{V}_1(x(t))+z^{\mathrm{T}}(t)z(t)\leqslant\zeta^{\mathrm{T}}(t)[\Psi_i^3+\tau_M^2T_{1i}^3R_iT_{1i}^{3\mathrm{T}}+T_{2i}^3T_{2i}^{3\mathrm{T}}]\zeta(t)+\tilde{\gamma}\omega^{\mathrm{T}}(t)\omega(t)+\beta V_1(x(t))\tag{7.21}$$

对任意 $t\in[l_q+\Delta l_{q2},l_{q+1})$，有 $\sigma(t)=\sigma(t-\Delta l_{q2})=\sigma(t-\Delta l_{q1})=i$，即子系统与子控制器和事件触发机制均匹配。在该区间可得

$$V_2(x(t))\leqslant\mathrm{e}^{-\delta(t-l_q-\Delta l_{q2})}V_2(x(l_q+\Delta l_{q2}))-\int_{l_q+\Delta l_{q2}}^{t}\mathrm{e}^{-\delta(t-s)}[z^{\mathrm{T}}(s)z(s)-\tilde{\gamma}\omega^{\mathrm{T}}(s)\omega(s)]\mathrm{d}s\tag{7.22}$$

定义 $\Delta l_{q3}=\max\{\Delta l_{q1},\Delta l_{q2}\},\sigma'(t)=\sigma(t)+\sigma(t-\Delta l_{q3}),\Delta\overline{l}_q=\max\{\Delta l_{q3}\}$，同时，$\sigma'(t)$ 的切换序列为 $0=\upsilon_0<\upsilon_1<\cdots<\upsilon_{N_{\sigma'(\upsilon_0,t)}}<T=\upsilon_{N_{\sigma'(\upsilon_0,t)}+1}$。综合上述情况讨论，在区间 $[l_q,l_q+\Delta l_{q3})$ 和 $[l_q+\Delta l_{q3},l_{q+1})$ 可得

$$\begin{aligned}&V_1(x(t))\leqslant\mathrm{e}^{\beta(t-l_q)}V_1(x(l_q))-\int_{l_q}^{t}\mathrm{e}^{\beta(t-s)}[z^{\mathrm{T}}(s)z(s)-\tilde{\gamma}\omega^{\mathrm{T}}(s)\omega(s)]\mathrm{d}s\\&V_2(x(t))\leqslant\mathrm{e}^{-\delta(t-l_q-\Delta l_{q3})}V_2(x(l_q+\Delta l_{q3}))-\int_{l_q+\Delta l_{q3}}^{t}\mathrm{e}^{-\delta(t-s)}[z^{\mathrm{T}}(s)z(s)-\tilde{\gamma}\omega^{\mathrm{T}}(s)\omega(s)]\mathrm{d}s\end{aligned}\tag{7.23}$$

通过 Lyapunov 函数 $V_1(x(t))$ 和 $V_2(x(t))$ 的定义，可知 $V_1(x(t))\leqslant\mathrm{e}^{(\delta+\beta)\tau_M}V_2(x(t))$ 和 $V_2(x(t))\leqslant V_1(x(t))$。进一步，当 $\upsilon_{N_{\sigma'(\upsilon_0,t)}}=l_q+\Delta l_{q3}$ 时，通过式（7.8），可得

$$V(x(T)) \leqslant e^{-\delta(T-l_q-\Delta l_{q3})} V_2(x(l_q+\Delta l_{q3})) - \int_{l_q+\Delta l_{q3}}^{T} e^{-\delta(T-s)} [z^{\mathrm{T}}(s)z(s) - \tilde{\gamma}\omega^{\mathrm{T}}(s)\omega(s)]\mathrm{d}s$$
$$\leqslant (\mu e^{(\delta+\beta)\tau_M})^{N_{\sigma(0,T)}} e|_0^{N_{\sigma'(0,T)}}(0) V(x(0)) - \sum_{k=0}^{N_{\sigma'(0,T)}} \int_{\upsilon_k}^{\upsilon_{k+1}} (\mu e^{(\delta+\beta)})^{N_{\sigma(s,T)}}$$
$$\times e|_k^{N_{\sigma'(0,T)}}(s)[z^{\mathrm{T}}(s)z(s) - \tilde{\gamma}\omega^{\mathrm{T}}(s)\omega(s)]\mathrm{d}s \tag{7.24}$$

式中，

$$e|_0^{N_{\sigma'(0,T)}}(0) = \exp[\sum_{j=0}^{N_{\sigma'(0,T)}} -\lambda_{\sigma'(\upsilon_j)}(\upsilon_{j+1}-\upsilon_j)]$$

$$e|_k^{N_{\sigma'(0,T)}}(s) = \exp[\sum_{j=k+1}^{N_{\sigma'(0,T)}} -\lambda_{\sigma'(\upsilon_j)}(\upsilon_{j+1}-\upsilon_j)] \exp[-\lambda_{\sigma'(\upsilon_k)}(\upsilon_{k+1}-s)]$$

$$\lambda_{\sigma'(t)} = \alpha, \sigma'(t) = \sigma(t-\Delta l_{q3}) - \beta, \sigma'(t) \neq \sigma(t-\Delta l_{q3})$$

当$\upsilon_{N_{\sigma'(\upsilon_0,t)}} = l_q$时，式（7.24）成立。进一步，通过式（7.24）和引理 2.9，可得

$$\begin{aligned} e|_0^{N_{\sigma'(0,T)}}(0) &= \exp[-\alpha m_{(0,T)} + \beta \bar{m}_{(0,T)}] \leqslant e^{c_T - \lambda T} \\ e|_k^{N_{\sigma'(0,T)}}(s) &= \exp[-\alpha m_{(s,T)} + \beta \bar{m}_{(s,T)}] \end{aligned} \tag{7.25}$$

结合式（7.24）和式（7.25），有

$$V(x(T)) \leqslant (\mu e^{(\delta+\beta)\tau_M})^{N_{\sigma(0,T)}} e^{c_T-\lambda T} V(x(0)) - \sum_{k=0}^{N_{\sigma'(0,T)}} \int_{\upsilon_k}^{\upsilon_{k+1}} (\mu e^{(\delta+\beta)})^{N_{\sigma(s,T)}}$$
$$\times e^{-\delta m_{(s,T)}+\beta\bar{m}_{(s,T)}} [z^{\mathrm{T}}(s)z(s) - \tilde{\gamma}\omega^{\mathrm{T}}(s)\omega(s)]\mathrm{d}s$$
$$\leqslant (\mu e^{(\delta+\beta)\tau_M})^{N_0} e^{c_T} e^{[(\ln\mu+(\delta+\beta)\tau_M)\frac{1}{\tau_a}-\lambda]T} V(x(0)) - \sum_{k=0}^{N_{\sigma'(0,T)}} \int_{\upsilon_k}^{\upsilon_{k+1}} (\mu e^{(\delta+\beta)})^{N_{\sigma(s,T)}}$$
$$\times e^{-\delta m_{(s,T)}+\beta\bar{m}_{(s,T)}} [z^{\mathrm{T}}(s)z(s) - \tilde{\gamma}\omega^{\mathrm{T}}(s)\omega(s)]\mathrm{d}s \tag{7.26}$$

注意到式（7.9）保证存在一个参数λ满足$\lambda' = [\ln\mu + (\delta+\beta)\tau_M]\frac{1}{\tau_a} - \lambda < 0$。同时，Lyapunov 函数满足$a\|x(t)\|^2 \leqslant V(x(t)) \leqslant b\|x(t)\|^2$，式中，

$$a = \min_{i\in\underline{N}}\{\lambda_{\min}(P_i)\}$$

$$b = \max_{i\in\underline{N}}\{\lambda_{\max}(P_i)\} + \tau_M e^{\beta\tau_M} \max\{\lambda_{\max}(Q_i)\} + \frac{\tau_M^3}{2} e^{\beta\tau_M} \max_{i\in\underline{N}}\{\lambda_{\max}(R_i)\}$$

当扰动$\omega(t)=0$时，由式（7.26）可得

$$\|x(t)\| \leqslant \eta \|x(0)\|_{c1} e^{-\eta_1 t}$$

式中，$\eta = \sqrt{(\mu e^{(\delta+\beta)\tau_M})^{N_0} e^{c_T} b/a}, \eta_1 = -\lambda'$。然后，当条件$\lambda > [\ln\mu + (\delta+\beta)\tau_M]\frac{1}{\tau_a}$满足时，系统（7.5）是指数稳定的。

当扰动$\omega(t) \neq 0$时，由零初始条件和式（7.26）可得

$$\begin{aligned}&\int_0^T (\mu e^{(\delta+\beta)})^{N_{\sigma(s,T)}} e^{-\delta m_{(s,T)}+\beta \bar{m}_{(s,T)}} z^{\mathrm{T}}(s)z(s)\mathrm{d}s\\ \leqslant &\int_0^T (\mu e^{(\delta+\beta)})^{N_{\sigma(s,T)}} e^{-\delta m_{(s,T)}+\beta \bar{m}_{(s,T)}} \tilde{\gamma}\omega^{\mathrm{T}}(s)\omega(s)\mathrm{d}s\end{aligned} \tag{7.27}$$

对式（7.27）两边同乘$(\mu e^{(\delta+\beta)})^{-N_{\sigma(0,T)}}$，有

$$\begin{aligned}&\int_0^T (\mu e^{(\delta+\beta)})^{-N_{\sigma(0,s)}} e^{-\delta m_{(s,T)}+\beta \bar{m}_{(s,T)}} z^{\mathrm{T}}(s)z(s)\mathrm{d}s\\ \leqslant &\int_0^T (\mu e^{(\delta+\beta)})^{-N_{\sigma(0,s)}} e^{-\delta m_{(s,T)}+\beta \bar{m}_{(s,T)}} \tilde{\gamma}\omega^{\mathrm{T}}(s)\omega(s)\mathrm{d}s\end{aligned} \tag{7.28}$$

不等式（7.28）表明

$$\int_0^T (\mu e^{(\delta+\beta)})^{-(N_0+\frac{s}{\tau_a})} e^{-\delta(T-s)} z^{\mathrm{T}}(s)z(s)\mathrm{d}s \leqslant \int_0^T e^{c_T-\lambda(T-s)}\tilde{\gamma}\omega^{\mathrm{T}}(s)\omega(s)\mathrm{d}s \tag{7.29}$$

对式（7.29）两边分别从$t=0$到∞积分，可得

$$\int_0^\infty \frac{(\mu e^{(\delta+\beta)})^{-N_0}(\mu e^{(\delta+\beta)})^{-\frac{s}{\tau_a}}}{\alpha} z^{\mathrm{T}}(s)z(s)\mathrm{d}s \leqslant \int_0^\infty \frac{e^{c_T}}{\lambda}\tilde{\gamma}\omega^{\mathrm{T}}(s)\omega(s)\mathrm{d}s$$

进一步，可得

$$\int_0^\infty e^{-\eta_2 s} z^{\mathrm{T}}(s)z(s)\mathrm{d}s \leqslant \bar{\gamma}^2\int_0^\infty \omega^{\mathrm{T}}(s)\omega(s)\mathrm{d}s \tag{7.30}$$

式中，$\eta_2=\dfrac{\ln\mu+(\delta+\beta)\tau_M}{\tau_\alpha}$；$\bar{\gamma}=\sqrt{\dfrac{\delta(\mu e^{(\delta+\beta)})^{N_0}e^{c_T}(\gamma+\tilde{\gamma})}{\lambda}}$，系统（7.5）具有$H_\infty$性能$\bar{\gamma}$。

2. 控制器设计

基于定理7.1，下面定理给出了一组求解状态反馈控制器增益和事件触发参数的充分条件。

定理 7.2 对任意i，$j\in\underline{N}$，$i\neq j$，给定正参数α_i，τ_M，δ，$\lambda_3,\cdots,\lambda_7$，$\beta$，$\tilde{\gamma}$，$\lambda_1<1$，$\lambda_2>1$和$\mu\geqslant 1$，如果存在对称正定矩阵$X_i$，$\Omega'_{1i}$，$\Omega'_{2i}$，$Q'_i$，$R'_i$满足

$$\begin{bmatrix}\bar{\Psi}_i & \bar{T}_{1i} & \bar{T}_{2i} & \bar{T}_{3i} & \bar{T}_{4i} & \bar{T}_{5i}\\ * & -\tau_M^{-2}R'_i & 0 & 0 & 0 & 0\\ * & * & -I & 0 & 0 & 0\\ * & * & * & -Q'_i & 0 & 0\\ * & * & * & * & -\Gamma_j & 0\\ * & * & * & * & * & -\dfrac{R'_i}{\lambda_2-1}\end{bmatrix}<0,\quad \begin{bmatrix}\bar{\Psi}_i^1 & \bar{T}_{1i}^1 & \bar{T}_{2i}^1 & \bar{T}_{3i}^1 & \bar{T}_{4i}^1 & \bar{T}_{5i}^1\\ * & -\tau_M^{-2}R'_i & 0 & 0 & 0 & 0\\ * & * & -I & 0 & 0 & 0\\ * & * & * & -Q'_i & 0 & 0\\ * & * & * & * & -\Gamma_i^1 & 0\\ * & * & * & * & * & -\dfrac{e^{\delta\tau_M}R'_i}{\lambda_2-1}\end{bmatrix}<0$$

$$\begin{bmatrix} \bar{\Psi}_i^2 & \bar{T}_{1i}^2 & \bar{T}_{2i}^2 & \bar{T}_{3i}^2 & \bar{T}_{4i}^2 & \bar{T}_{5i}^2 \\ * & -\tau_M^{-2}R_i' & 0 & 0 & 0 & 0 \\ * & * & -I & 0 & 0 & 0 \\ * & * & * & -Q_i' & 0 & 0 \\ * & * & * & * & -\Gamma_i^2 & 0 \\ * & * & * & * & * & -\dfrac{R_i'}{\lambda_2-1} \end{bmatrix}<0, \begin{bmatrix} \bar{\Psi}_i^3 & \bar{T}_{1i}^3 & \bar{T}_{2i}^3 & \bar{T}_{3i}^3 & \bar{T}_{4i}^3 & \bar{T}_{5i}^3 \\ * & -\tau_M^{-2}R_i' & 0 & 0 & 0 & 0 \\ * & * & -I & 0 & 0 & 0 \\ * & * & * & -Q_i' & 0 & 0 \\ * & * & * & * & -\Gamma_j^3 & 0 \\ * & * & * & * & * & -\dfrac{R_i'}{\lambda_2-1} \end{bmatrix}<0 \tag{7.31}$$

$$\begin{bmatrix} -\mu X_j & X_j \\ * & -X_i \end{bmatrix}\leqslant 0, \begin{bmatrix} -\mu Q_j' & Q_j' \\ * & -Q_i' \end{bmatrix}\leqslant 0, \begin{bmatrix} -\mu R_j' & R_j' \\ * & -R_i' \end{bmatrix}\leqslant 0 \tag{7.32}$$

式中，

$$\bar{\Psi}_i=\begin{bmatrix} \bar{\Psi}_{1i} & \bar{\Psi}_{2i} \\ * & \bar{\Psi}_{3i} \end{bmatrix}$$

$$\bar{\Psi}_{1i}=\mathrm{sym}\{A_iX_i\}-\beta X_i+(1-\lambda_1)(\lambda_3^2R_i'-2\lambda_3X_i), \bar{\Psi}_{2i}=[B_iY_j \quad 0 \quad B_iY_j \quad B_{1i}]$$

$$\bar{\Psi}_{3i}=\mathrm{diag}\{(2-\lambda_1^{-1}-\lambda_2^{-1})(\lambda_4^2R_i'-2\lambda_4X_j), \mathrm{e}^{\beta\tau_M}(\lambda_5^2Q_{i'}-2\lambda_5X_i), \lambda_6^2\Omega_{1j}'-2\lambda_6X_j, -\tilde{\gamma}I\}$$

$$\bar{T}_{1i}=[A_iX_i \quad B_iY_j \quad 0 \quad B_iY_j \quad B_{1i}]^{\mathrm{T}}, \bar{T}_{2i}=[C_iX_i \quad D_iY_j \quad 0 \quad D_iY_j \quad 0]^{\mathrm{T}}$$

$$\bar{T}_{3i}=[X_i \quad 0 \quad 0 \quad 0 \quad 0]^{\mathrm{T}},$$

$$\bar{T}_{4i}=[0 \quad X_j \quad 0 \quad 0 \quad 0]^{\mathrm{T}}, \bar{T}_{5i}=[0 \quad 0 \quad X_i \quad 0 \quad 0]^{\mathrm{T}}, \Gamma_j=\Omega_{2j}'/\delta_j$$

$$\bar{\Psi}_i^1=\begin{bmatrix} \bar{\Psi}_{1i}^1 & \bar{\Psi}_{2i}^1 \\ * & \bar{\Psi}_{3i}^1 \end{bmatrix}$$

$$\bar{\Psi}_{1i}^1=\mathrm{sym}\{A_iX_i\}+\delta X_i-\mathrm{e}^{-\delta\tau_M}(1-\lambda_1)(\lambda_3^2R_i'-\lambda_3^2X_i), \bar{\Psi}_{2i}^1=[B_iY_i \ \ 0 \ \ B_iY_i \ \ B_{1i}]$$

$$\bar{\Psi}_{3i}^1=\mathrm{diag}\{\mathrm{e}^{-\delta\tau_M}(2-\lambda_1^{-1}-\lambda_2^{-1})(\lambda_4^2R_i'-2\lambda_4X_i), \mathrm{e}^{-\delta\tau_M}(\lambda_5^2Q_{i'}-2\lambda_5X_i), \lambda_6^2\Omega_{1i}'-2\lambda_6X_i, -\tilde{\gamma}I\}$$

$$\bar{T}_{1i}^1=[A_iX_i \quad B_iY_i \quad 0 \quad B_iY_i \ \ B_{1i}]^{\mathrm{T}}, \bar{T}_{2i}^1=[C_iX_i \quad D_iY_i \quad 0 \quad D_iY_i \quad 0]^{\mathrm{T}}, \bar{T}_{3i}^1=\bar{T}_{3i}$$

$$\bar{T}_{4i}^1=[0 \quad X_i \quad 0 \quad 0 \quad 0]^{\mathrm{T}}, \bar{T}_{5i}^1=[0 \quad 0 \quad X_i \quad 0 \quad 0]^{\mathrm{T}}, \Gamma_i^1=\Omega_{2i}'/\delta_i$$

$$\bar{\Psi}_i^2=\begin{bmatrix} \bar{\Psi}_{1i}^2 & \bar{\Psi}_{2i}^2 \\ * & \bar{\Psi}_{3i}^2 \end{bmatrix}$$

$$\bar{\Psi}_{1i}^2=\bar{\Psi}_{1i}, \bar{\Psi}_{2i}^2=\bar{\Psi}_{2i}$$

$$\bar{\Psi}_{3i}^2=\mathrm{diag}\{(2-\lambda_1^{-1}-\lambda_2^{-1})(\lambda_4^2R_i'-2\lambda_4X_j), \mathrm{e}^{\beta\tau_M}(\lambda_5^2Q_{i'}-2\lambda_5X_i), \lambda_7^2\Omega_{1i}'-2\lambda_7X_j, -\tilde{\gamma}I\}$$

$$\bar{T}_{1i}^2=\bar{T}_{1i}, \bar{T}_{2i}^2=\bar{T}_{2i}, \bar{T}_{3i}^2=\bar{T}_{3i}, \bar{T}_{4i}^2=\bar{T}_{4i}, \bar{T}_{5i}^2=[0 \quad 0 \quad X_i \quad 0 \quad 0]^{\mathrm{T}}, \Gamma_i^2=\Gamma_i^1$$

$$\Psi_i^3=\begin{bmatrix} \Psi_{1i}^3 & \Psi_{2i}^3 \\ * & \Psi_{3i}^3 \end{bmatrix}$$

$$\bar{\Psi}_{1i}^3=\bar{\Psi}_{1i}, \bar{\Psi}_{2i}^3=\bar{\Psi}_{2i}^1, \bar{T}_{1i}^3=T_{1i}^1, \bar{T}_{2i}^3=T_{2i}^1, \bar{T}_{3i}^3=\bar{T}_{3i}, \bar{T}_{4i}^3=\bar{T}_{4i}^1, \bar{T}_{5i}^3=\bar{T}_{5i}, \Gamma_j^3=\Gamma_j$$

$$\bar{\Psi}_{3i}^3=\mathrm{diag}\{(2-\lambda_1^{-1}-\lambda_2^{-1})(\lambda_4^2R_i'-2\lambda_4X_i), \mathrm{e}^{\beta\tau_M}(\lambda_5^2Q_{i'}-2\lambda_5X_i), \lambda_7^2\Omega_{1j}'-2\lambda_7X_i, -\tilde{\gamma}I\}$$

那么，可以得到相对应的事件触发状态反馈控制器增益矩阵，即

$$K_i = Y_i X_i^{-1}, \Omega_{1i} = \Omega_{1i}'^{-1}, \Omega_{2i} = \Omega_{2i}'^{-1}$$

证明　通过引理 2.1，可知以下不等式可保证条件（7.7）成立：

$$\begin{bmatrix} \Phi_i & T_{1i} & T_{2i} \\ * & -\tau_M^{-2} R_i^{-1} & 0 \\ * & * & -I \end{bmatrix} < 0, \begin{bmatrix} \Phi_i^1 & T_{1i}^1 & T_{2i}^1 \\ * & -\tau_M^{-2} R_i^{-1} & 0 \\ * & * & -I \end{bmatrix} < 0$$

$$\begin{bmatrix} \Phi_i^2 & T_{1i}^2 & T_{2i}^2 \\ * & -\tau_M^{-2} R_i^{-1} & 0 \\ * & * & -I \end{bmatrix} < 0, \begin{bmatrix} \Phi_i^3 & T_{1i}^3 & T_{2i}^3 \\ * & -\tau_M^{-2} R_i^{-1} & 0 \\ * & * & -I \end{bmatrix} < 0 \tag{7.33}$$

式中，

$$\Phi_i = \begin{bmatrix} \Phi_{1i} & \Phi_{2i} \\ * & \Phi_{3i} \end{bmatrix}$$

$$\Phi_{1i} = \mathrm{sym}\{P_i A_i\} - \beta P_i + Q_i + (\lambda_1 - 1) R_i, \Phi_{2i} = [P_i B_i K_j \quad 0 \quad P_i B_i K_j \quad P_i B_{1i}]$$

$$\Phi_{3i} = \mathrm{diag}\{\alpha_j \Omega_{2j}, -(2 - \lambda_1^{-1} - \lambda_2^{-1}) R_i, -\mathrm{e}^{\beta\tau_M} Q_i + (\lambda_2 - 1) R_i, -\Omega_{1j}, -\tilde{\gamma} I\}$$

$$\Phi_i^1 = \begin{bmatrix} \Phi_{1i}^1 & \Phi_{2i}^1 \\ * & \Phi_{3i}^1 \end{bmatrix}$$

$$\Phi_{1i}^1 = \mathrm{sym}\{P_i A_i\} + \delta P_i + Q_i - \mathrm{e}^{-\alpha\tau_M} (\lambda_1 - 1) R_i, \Phi_{2i}^1 = [P_i B_i K_i \quad 0 \quad P_i B_i K_i \quad P_i B_{1i}]$$

$$\Phi_{3i}^1 = \mathrm{diag}\{\alpha_i \Omega_{2i}, -\mathrm{e}^{-\delta\tau_M} (2 - \lambda_1^{-1} - \lambda_2^{-1}) R_i, -\mathrm{e}^{-\delta\tau_M} Q_i + \mathrm{e}^{-\delta\tau_M} (\lambda_2 - 1) R_i, -\Omega_{1i}, -\tilde{\gamma} I\}$$

$$\Phi_i^2 = \begin{bmatrix} \Phi_{1i}^2 & \Phi_{2i}^2 \\ * & \Phi_{3i}^2 \end{bmatrix}$$

$$\Phi_{1i}^2 = \Phi_{1i}, \Phi_{2i}^2 = \Phi_{2i}, \Phi_{3i}^2 = \mathrm{diag}\{\alpha_i \Omega_{2i}, -(2 - \lambda_1^{-1} - \lambda_2^{-1}) R_i, -\mathrm{e}^{\beta\tau_M} Q_i, -\Omega_{1i}, -\tilde{\gamma} I\}$$

$$\Phi_i^3 = \begin{bmatrix} \Phi_{1i}^3 & \Phi_{2i}^3 \\ * & \Phi_{3i}^3 \end{bmatrix}$$

$$\Phi_{1i}^3 = \Phi_{1i}, \Phi_{2i}^3 = \Phi_{2i}^1, \Phi_{3i}^3 = \mathrm{diag}\{\alpha_j \Omega_{2j}, -(2 - \lambda_1^{-1} - \lambda_2^{-1}) R_i, -\mathrm{e}^{\beta\tau_M} Q_i, -\Omega_{1j}, -\tilde{\gamma} I\}$$

定义 $X_i^{-1} = P_i$，对不等式（7.33）两边分别同时乘以 $\mathrm{diag}\{X_i, X_j, X_i, X_j, I, I, I\}$，$\mathrm{diag}\{X_i, X_i, X_i, X_i, I, I, I\}$，$\mathrm{diag}\{X_i, X_j, X_i, X_j, I, I, I\}$ 和 $\mathrm{diag}\{X_i, X_i, X_i, X_i, I, I, I\}$。

通过引理 2.5，可得

$$\begin{gathered} -X_i R_i X_i \leqslant \lambda_3^2 R_i^{-1} - 2\lambda_3 X_i, -X_j R_i X_j \leqslant \lambda_4^2 R_i^{-1} - 2\lambda_4 X_j \\ -X_i Q_i X_i \leqslant \lambda_5^2 Q_i^{-1} - 2\lambda_5 X_i, -X_i \Omega_{1i} X_i \leqslant \lambda_6^2 \Omega_{1i}^{-1} - 2\lambda_6 X_i \\ -X_j \Omega_{1i} X_j \leqslant \lambda_7^2 \Omega_{1i}^{-1} - 2\lambda_7 X_j \end{gathered} \tag{7.34}$$

定义 $\Omega_{1i}' = \Omega_{1i}^{-1}, \Omega_{2i}' = \Omega_{1i}^{-1}, R_i' = R_i^{-1}, Q_i' = Q_i^{-1}$，然后，通过条件 $\lambda_1 < 1, \lambda_2 > 1$ 和

$2-\lambda_1^{-1}-\lambda_2^{-1}>0$ 及引理 2.2 与式（7.34），得到条件（7.31）。另外，对不等式（7.8）两边分别同时乘以 X_i, R_i', Q_i'，条件（7.32）可保证式（7.8）成立。

7.2.3 仿真算例

本小节给出一个仿真算例来验证提出方法的有效性。考虑初始状态为 $x(0)=[-0.6\quad 0.5]^{\mathrm{T}}$ 的具有两个子系统的切换线性系统，各矩阵参数如下：

$$A_1=\begin{bmatrix}-2 & 0\\ 0 & -0.6\end{bmatrix}, A_2=\begin{bmatrix}-5.4 & 0\\ 0 & -3.7\end{bmatrix}, B_1=\begin{bmatrix}1.5\\ 0.3\end{bmatrix}, B_2=\begin{bmatrix}-0.5\\ 0.8\end{bmatrix}$$

$$B_{11}=\begin{bmatrix}-0.01\\ 0.01\end{bmatrix}, B_{12}=\begin{bmatrix}0.1\\ -1.2\end{bmatrix}, C_1=\begin{bmatrix}1.1 & 0.2\end{bmatrix}, C_2=\begin{bmatrix}0.3 & 1.7\end{bmatrix}, D_1=0.4, D_2=0.3$$

外部扰动设为 $\omega(t)=0.1\sin(2\pi t)$， $t\in[0,10)$。其他参数选为 $\lambda_1=0.9,\ \lambda_2=3.2,$ $\alpha_1=0.68, \alpha_2=0.59, \tilde{\gamma}=22, \tau_M=0.2, \lambda_3=0.7, \lambda_4=0.13, \lambda_5=1.1, \lambda_6=0.1, \lambda_7=10, \delta=0.6,$ $\beta=0.4,\ \mu=45$。通过求解 LMIs 式（7.31）和式（7.32），可以得到相应的事件触发参数和状态反馈控制器增益为

$$\Omega_{11}=\begin{bmatrix}1.1185 & 0.8837\\ 0.8837 & 7.0365\end{bmatrix}, \Omega_{21}=\begin{bmatrix}0.0084 & 0.0002\\ 0.0002 & 0.0099\end{bmatrix}$$

$$\Omega_{12}=\begin{bmatrix}7.6693 & 1.6812\\ 1.6812 & 13.1279\end{bmatrix}, \Omega_{22}=\begin{bmatrix}0.0094 & 0.0002\\ 0.0002 & 0.0112\end{bmatrix}$$

$$K_1=\begin{bmatrix}-0.0121 & -0.0143\end{bmatrix}, K_2=\begin{bmatrix}-0.0118 & -0.0344\end{bmatrix}$$

首先，最大切换时滞给定为 $\Delta\bar{l}_q=3$，然后，选择平均驻留时间 $\tau_a=7>6.6778=$ $\max\left\{\dfrac{\ln\mu+(\delta+\beta)\tau_M}{\delta}, \dfrac{\Delta\bar{l}_q(\delta+\beta)}{\delta}\right\}$ 和颤抖界 $N_0=2$。由于 $\dfrac{\ln\mu+(\delta+\beta)\tau_M}{\tau_a}=0.5724$，选取 $\lambda=0.58$，从而，条件 $\dfrac{\ln\mu+(\delta+\beta)\tau_M}{\tau_a}<\lambda<\delta$ 成立。仿真包含两种情况，即 $\max\limits_{k\in\mathbb{N}}\{\tau_k\}<h$ 和 $\max\limits_{k\in\mathbb{N}}\{\tau_k\}\geqslant h$。同时，考虑到条件 $h+\tau_k\leqslant\tau_M$，在设定采样周期 $h=0.05$ 下，分别选取 $\tau_k\in[0,0.04]$ 和 $\tau_k\in[0,0.14]$。

从图 7.2 可知，二维闭环系统在 $\max\limits_{k\in\mathbb{N}}\{\tau_k\}<h$ 情况下具有 H_∞ 控制性能。图 7.3 表明相邻触发间隔不低于一个采样周期 h，避免了 Zeno 问题。图 7.4 为子系统、子控制器和事件触发机制的切换信号。图 7.5 表明二维闭环系统在 $\max\limits_{k\in\mathbb{N}}\{\tau_k\}\geqslant h$ 情况下也具有 H_∞ 控制性能，同时，图 7.6 展示相应的事件执行间隔。图 7.7 描述了 $\max\limits_{k\in\mathbb{N}}\{\tau_k\}\geqslant h$ 情况下的丢包时刻和相邻间隔。表 7.1 描述了两种情况下，时间触发机制和事件触发机制（7.4）的传输数据包数量，相比周期采样（取周期为 h），

两种情况下事件触发控制使用数据包数量分别为周期控制的34%和27%。

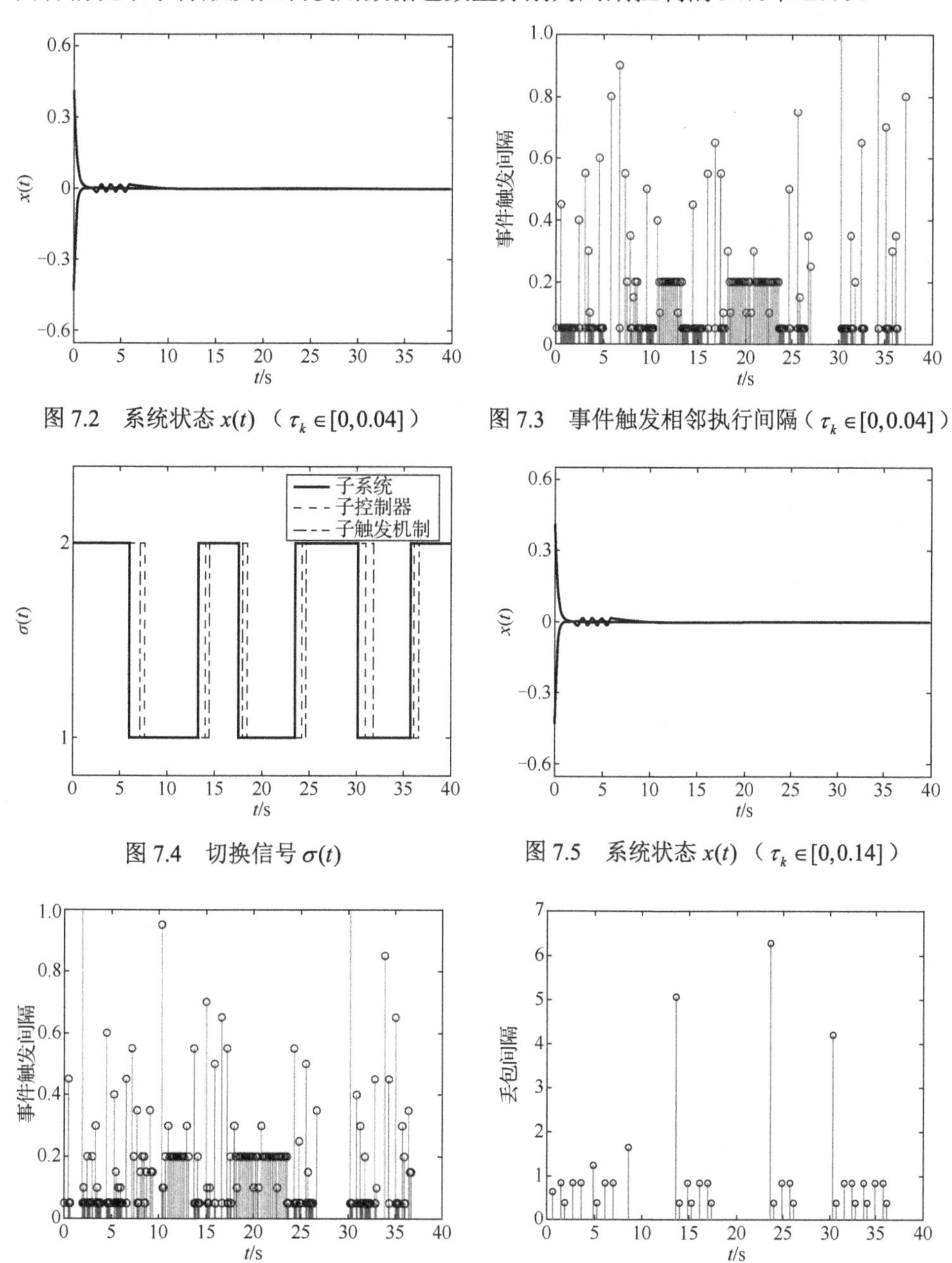

图 7.2　系统状态 $x(t)$ （$\tau_k \in [0,0.04]$）

图 7.3　事件触发相邻执行间隔（$\tau_k \in [0,0.04]$）

图 7.4　切换信号 $\sigma(t)$

图 7.5　系统状态 $x(t)$ （$\tau_k \in [0,0.14]$）

图 7.6　事件触发相邻执行间隔（$\tau_k \in [0,0.14]$）

图 7.7　丢包时刻及其相邻的间隔

表 7.1　时间触发机制和事件触发控制（7.4）下的传输数据包数比较

条件	触发机制	触发次数	丢包数	使用包数
$\max\limits_{k\in\mathrm{N}}\{\tau_k\}<h$	事件触发机制（7.4）	272	0	272
	时间触发机制	800	0	800
$\max\limits_{k\in\mathrm{N}}\{\tau_k\}\geqslant h$	事件触发机制（7.4）	233	32	201
	时间触发机制	800	57	743

上述仿真表明采用的事件触发控制能够进一步降低传输数据包数量，提高网络资源利用率。

7.3　诱导异步事件触发控制

7.3.1　问题描述

1. 系统描述

考虑如下连续时间带有 r 个规则的切换线性 T-S 模糊系统。

规则 $R^l_{\sigma(t)}$：如果 $\vartheta_{\sigma(t)1}(t)$ 是 $F^l_{\sigma(t)1},\vartheta_{\sigma(t)2}(t)$ 是 $F^l_{\sigma(t)2}$ 且……且 $\vartheta_{\sigma(t)p}(t)$ 是 $F^l_{\sigma(t)p}$，则

$$\begin{aligned}\dot{x}(t)&=A_{\sigma(t)l}x(t)+B_{\sigma(t)l}u(t)+E_{\sigma(t)l}\omega(t)\\ z(t)&=C_{\sigma(t)l}x(t)+D_{\sigma(t)l}\omega(t)\end{aligned}\tag{7.35}$$

式中，$x(t)\in\mathbb{R}^{n_x}$ 为系统状态；$u(t)\in\mathbb{R}^{n_u}$ 为控制输入；$z(t)\in\mathbb{R}^{n_z}$ 为受控输出；$\omega(t)\in\mathbb{R}^{n_\omega}$ 为外部扰动且属于 $L_2[0,\infty)$；$\sigma(t):[0,\infty)\to\underline{N}=\{1,2,\cdots,N\}$ 为切换信号。$R^l_{\sigma(t)}$ 表示子系统 $\sigma(t)$ 的模糊推理规则 l。$F^l_{\sigma(t)g}(g=1,2,\cdots,p)$ 是模糊集，$\sigma(t)\in\underline{N},l\in\underline{R}=\{1,2,\cdots,r\}$，$r$ 是模糊规则的数量。前件变量的定义为 $\vartheta_{\sigma(t)}(t)=[\vartheta_{\sigma(t)1}(t),\vartheta_{\sigma(t)2}(t),\cdots,\vartheta_{\sigma(t)p}(t)]$。$A_{\sigma(t)l},B_{\sigma(t)l},C_{\sigma(t)l},D_{\sigma(t)l}$ 和 $E_{\sigma(t)l}$ 为适当维数的常值矩阵。

然后，利用 T-S“模糊拟合”的方法，可得模糊子系统（7.35）的全局模型为

$$\begin{aligned}\dot{x}(t)&=\sum_{l=1}^{r}h_{\sigma(t)l}(t)[A_{\sigma(t)l}x(t)+B_{\sigma(t)l}u(t)+E_{\sigma(t)l}\omega(t)]\\ z(t)&=\sum_{l=1}^{r}h_{\sigma(t)l}(t)[C_{\sigma(t)l}x(t)+D_{\sigma(t)l}\omega(t)]\end{aligned}\tag{7.36}$$

式中，

$$h_{\sigma(t)l}(t)=\frac{\prod_{g=1}^{p}F_{\sigma(t)g}^{l}(\vartheta_{\sigma(t)g}(t))}{\sum_{l=1}^{r}\prod_{g=1}^{p}F_{\sigma(t)g}^{l}(\vartheta_{\sigma(t)g}(t))}$$

$F_{\sigma(t)g}^{l}(\vartheta_{\sigma(t)g}(t))$ $(g=1,2,\cdots,p)$ 表示前件变量 $\vartheta_{\sigma(t)g}(t)$ 在 $F_{\sigma(t)g}^{l}$ 中的隶属度函数等级，对于 $\sigma(t)\in \underline{N}$ 和 $l\in \underline{R}$，有 $0\leqslant h_{\sigma(t)l}(t)\leqslant 1$，$\sum_{l=1}^{r}h_{\sigma(t)l}(t)=1$。

如图 7.8 所示，首先，系统状态 $x(t)$ 和切换信号 $\sigma(t)$ 以一个固定间隔 h 分别被采样为 $\{x(\nu h)\}_{\nu\in\mathbb{N}}$ 和 $\{\sigma(\nu h)\}_{\nu\in\mathbb{N}}$。然后，自适应事件触发机制决定是否释放采样的系统状态和切换信号，量化器将接收释放数据 $\{x(t_k h)\}_{k\in\mathbb{N}}$，进而量化信号 $f(x(t_k h))$ 和释放的切换信号 $\{\sigma(t_k h)\}_{k\in\mathbb{N}}$ 进一步被传送到 T-S 模糊子控制器。T-S 模糊子控制器的输出信号 $u(t)$ 将通过受数据注入攻击 $\eta(t)$ 影响的网络通道反馈给子系统。此外，子系统、子控制器和事件触发机制的工作顺序由切换律 $\sigma(t)$ 决定。

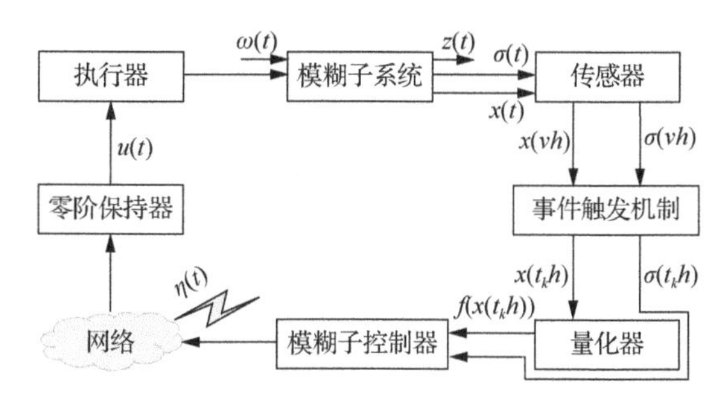

图 7.8　基于事件触发的网络攻击下切换 T-S 模糊系统自适应控制框图

2. 事件触发机制

考虑如下自适应事件触发机制：

$$t_{k+1}h=t_k h+\min\left\{T_m,\left[\frac{\tau_d}{h}\right]h\right\} \tag{7.37}$$

和

$$T_m=\min_{r_k}\{r_k h\,|\,e^{\mathrm{T}}(r_k h)\Omega_{\sigma(t)}e(r_k h)\geqslant \alpha(t_k h)x^{\mathrm{T}}(t_k h+r_k h)\Omega_{\sigma(t)}x(t_k h+r_k h)\} \tag{7.38}$$

式中，$r_k\in\mathbb{N}^+$；$e(r_k h)=x(t_k h)-x(t_k h+r_k h)$ 为最新传输数据 $x(t_k h)$ 和当前采样数据 $x(t_k h+r_k h)$ 的误差；$t_k h$ 和 $t_{k+1}h$ 为任意相邻的触发时刻，$t_{k+1}h=t_k h+r_k h$ 为下一次触发时刻；$\Omega_{\sigma(t)}$ 为对称正定矩阵。此外，受到文献[211]启发，$[\tau_d/h]$ 为不超过 τ_d/h 的最大正整数，τ_d 为任意两个切换时刻的最小驻留时间，h 为固定采样周期 $(h\leqslant\tau_d)$。从式（7.37）可以得到 $t_{k+1}h-t_k h\leqslant\tau_d$，即保证了在每个切换间隔内至

少存在一次触发。

对于式（7.38），可调阈值$\alpha(t_k h)$的自适应算法为

$$\alpha(t_k h)=\min\{F(\alpha(t_k h)),\alpha_M\} \tag{7.39}$$

式中，$F(\alpha(t_k h))=\max\{[1-\beta(1-\mathrm{e}^{-\eta|\psi|})\mathrm{sgn}(\psi)]\alpha(t_{k-1}h),\ \alpha_m\}$，$\psi=\|x(t_k h)\|-\|x(t_{k-1}h)\|$，$\beta>0$和$\eta>0$为给定的常数，$\alpha_m$和$\alpha_M$分别为给定的$\alpha(t_k h)$的正下界和正上界值，初始值$\alpha(t_0)$设为$\alpha_m$。

3. 建立闭环系统

采用与 3.3.1 小节相同的方法建立时滞闭环系统。定义$\tau(t)=t-j_k h$，$e(j_k h)=x(t_k h)-x(j_k h)$，有

$$x(t_k h)=e(j_k h)+x(t-\tau(t)) \tag{7.40}$$

采用与 3.3.1 小节相同的量化器，可得

$$f(x(t_k h))=(I+\varDelta_f)x(t_k h) \tag{7.41}$$

考虑 T-S 模糊控制器的规则$R^l_{\sigma(t)}$：如果$\vartheta_{\sigma(t)1}(t)$是$F^l_{\sigma(t)1},\vartheta_{\sigma(t)2}(t)$是$F^l_{\sigma(t)2}$且……且$\vartheta_{\sigma(t)p}(t)$是$F^l_{\sigma(t)p}$，则

$$u(t)=K_{\sigma(t_k h)l}f(x(t_k h)),\quad t\in[t_k h,t_{k+1}h) \tag{7.42}$$

式中，$K_{\sigma(t_k h)l}$ ($\sigma(t_k h)\in\underline{N},l\in\underline{R}=\{1,2,\cdots,r\}$)为控制器增益；$\sigma(t_k h)$为控制器切换信号；$f(x(t_k h))$是控制器的实际输入信号。将模糊控制器去模糊化表示为

$$u(t)=\sum_{l=1}^{r}h_{\sigma(t)l}(t)K_{\sigma(t_k h)l}f(x(t_k h)),\ t\in[t_k h,t_{k+1}h) \tag{7.43}$$

控制器的输入由量化数据和事件触发切换信号$\sigma(t_k h)$共同决定。当一个事件发生时，控制器将更新量化数据和切换信号，并保持到下一个事件发生。因此，异步现象可能发生，这将导致切换线性 T-S 模糊系统不稳定。如图 7.9 所示，定义$l_0=t_0 h$，假设有m ($m\in\mathbb{N}^+$) 个触发在切换间隔$[l_q,\ l_{q+1})$上发生。而且，$t_{k+1}h$是$[l_q,\ l_{q+1})$上的第一个触发时刻。另外，假设模糊子系统j在$[l_{q-1},\ l_q)$上被激活，模糊子系统i在$[l_q,\ l_{q+1})$上被激活，则在$t\in[l_q,\ l_{q+1})$时，控制器可描述为

$$u(t)=\begin{cases}K_{jl}f(x(t_k h)), & t\in[l_q,t_{k+1}h)\\ K_{il}f(x(t_{k+1}h)), & t\in[t_{k+1}h,t_{k+2}h)\\ \quad\vdots & \\ K_{il}f(x(t_{k+m}h)), & t\in[t_{k+m}h,l_{q+1})\end{cases} \tag{7.44}$$

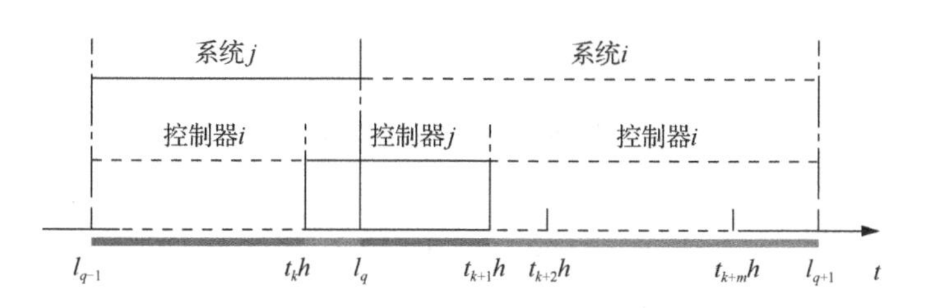

图 7.9 事件触发诱导的异步切换

定义攻击信号和攻击传输延迟分别是$\eta(t)$和$d(t)$。攻击信号$\eta(t)$满足能量约束不等式$\eta^{\mathrm{T}}(t)\eta(t)\leqslant\tilde{\delta}x^{\mathrm{T}}(t)x(t)$，$\tilde{\delta}$是给定的正常数，攻击时滞满足$d(t)\leqslant d_M<h$，经过延迟传输的攻击信号可表示为$\eta(t-d(t))$。

结合式（7.36）、式（7.40）、式（7.41）和式（7.43），得到时滞闭环切换 T-S 模糊系统

$$
\begin{aligned}
\dot{x}(t)=&\sum_{l=1}^{r}\sum_{s=1}^{r}h_{\sigma(t)l}(t)h_{\sigma(t)s}(t)[A_{\sigma(t)l}x(t)+B_{\sigma(t)l}K_{\sigma'(t)s}(I+\varDelta_f)x(t-\tau(t))\\
&+B_{\sigma(t)l}K_{\sigma'(t)s}(I+\varDelta_f)e(j_kh)+B_{\sigma(t)l}\eta(t-d(t))+E_{\sigma(t)l}\omega(t)]\\
z(t)=&\sum_{l=1}^{r}h_{\sigma(t)l}(t)[C_{\sigma(t)l}x(t)+D_{\sigma(t)l}\omega(t)]\\
x(t)=&\varphi(t),\ \forall t\in[-h,\ 0]
\end{aligned}
\tag{7.45}
$$

根据自适应事件触发机制（7.38）和条件$x(j_kh)=x(t-\tau(t))$，有

$$
e^{\mathrm{T}}(j_kh)\varOmega_{\sigma(t_kh)}e(j_kh)<\alpha(t_kh)x^{\mathrm{T}}(t-\tau(t))\varOmega_{\sigma(t_kh)}x(t-\tau(t))\tag{7.46}
$$

7.3.2 主要结果

针对上述闭环系统（7.45），本小节主要研究如下两个问题：

（1）如何得到时滞闭环切换 T-S 模糊系统（7.45）是指数稳定的且具有H_∞性能指标的充分条件？

（2）基于稳定性条件，如何求解H_∞控制器增益和自适应事件触发参数？

1. 稳定性分析

本小节利用多 Lyapunov 函数方法和平均驻留时间技术，给出了保证时滞闭环切换 T-S 模糊系统（7.45）具有指数稳定性的充分条件。

定理 7.3 对任意的$i,j\in\underline{N}$，$i\neq j$，$l,s\in\underline{R}$，给定正标量$\lambda_s,\lambda_u,\alpha_m,\alpha_M,h$，$\gamma,\tau_M,d_M,\tilde{\delta}$和$\mu>1$，如果存在对称正定矩阵$P_i,Q_{1i},Q_{2i},R_{1i},R_{2i}$和$\varOmega_i,S_{1i},S_{2i}$满足

$$
\begin{bmatrix}R_{1i}&S_{1i}\\ *&R_{1i}\end{bmatrix}\geqslant 0,\ \begin{bmatrix}R_{2i}&S_{2i}\\ *&R_{2i}\end{bmatrix}\geqslant 0\tag{7.47}
$$

$$\Sigma_{ll}^{ij}<0,\quad l=1,2,\cdots,r \tag{7.48}$$

$$\Sigma_{ls}^{ij}+\Sigma_{sl}^{ij}<0,\quad l<s,l=1,2,\cdots,r \tag{7.49}$$

$$\Sigma_{ll}^{ii}<0,\quad l=1,2,\cdots,r \tag{7.50}$$

$$\Sigma_{ls}^{ii}+\Sigma_{sl}^{ii}<0,\quad l<s,\ l=1,2,\cdots,r \tag{7.51}$$

$$P_i\leqslant\mu P_j,\ Q_{1i}\leqslant\mu Q_{1j},\ Q_{2i}\leqslant\mu Q_{2j},\ R_{1i}\leqslant\mu R_{1j},\ R_{2i}\leqslant\mu R_{2j} \tag{7.52}$$

式中，

$$\Sigma_{ls}^{ij}=\begin{bmatrix}\Psi_{1i} & h\Psi_{2i} & d_M\Psi_{2i} & \Psi_{3i}\\ * & -R_{1i}^{-1} & 0 & 0\\ * & * & -R_{2i}^{-1} & 0\\ * & * & * & -I\end{bmatrix},\Sigma_{ls}^{ii}=\begin{bmatrix}\Psi'_{1i} & h\Psi'_{2i} & d_M\Psi'_{2i} & \Psi_{3i}\\ * & -R_{1i}^{-1} & 0 & 0\\ * & * & -R_{2i}^{-1} & 0\\ * & * & * & -I\end{bmatrix}$$

$$\Psi_{1i}=\begin{bmatrix}\Theta_{1i} & \Theta_{2i} & -S_{1i}^{\mathrm T} & -S_{2i}^{\mathrm T} & P_iB_{il} & P_i\Theta_{6i} & P_iE_{il}\\ * & \Theta_{3i} & S_{1i}^{\mathrm T}+R_{1i} & S_{2i}^{\mathrm T}+R_{2i} & 0 & 0 & 0\\ * & * & \Theta_{4i} & 0 & 0 & 0 & 0\\ * & * & * & \Theta_{5i} & 0 & 0 & 0\\ * & * & * & * & -I & 0 & 0\\ * & * & * & * & * & -\Omega_j & 0\\ * & * & * & * & * & * & -\gamma^2 I\end{bmatrix}$$

$$\Psi'_{1i}=\begin{bmatrix}\Theta'_{1i} & \Theta'_{2i} & -\mathrm e^{-\lambda_s h}S_{1i}^{\mathrm T} & \Theta'_{9i} & P_iB_{il} & P_i\Theta'_{8i} & P_iE_{il}\\ * & \Theta'_{3i} & \Theta'_{4i} & \Theta'_{6i} & 0 & 0 & 0\\ * & * & \Theta'_{5i} & 0 & 0 & 0 & 0\\ * & * & * & \Theta'_{7i} & 0 & 0 & 0\\ * & * & * & * & -I & 0 & 0\\ * & * & * & * & * & -\Omega_i & 0\\ * & * & * & * & * & * & -\gamma^2 I\end{bmatrix}$$

$\Psi_{2i}=[A_{il}\quad \Theta_{6i}\quad 0\quad 0\quad B_{il}\quad \Theta_{6i}\quad E_{il}]^{\mathrm T},\Psi_{3i}=[C_{il}\quad 0\quad 0\quad 0\quad 0\quad 0\quad D_{il}]^{\mathrm T}$

$\Theta_{1i}=\mathrm{sym}\{P_iA_{il}\}-\lambda_u P_i+Q_{1i}+Q_{2i}-R_{1i}-R_{2i}+\tilde\delta I,\Psi'_{2i}=[A_{il}\quad \Theta'_{8i}\quad 0\quad 0\quad B_{il}\quad \Theta'_{8i}\quad E_{il}]^{\mathrm T}$

$\Theta_{2i}=P_iB_{il}K_{js}(I+\Delta_f)+R_{1i}+S_{1i}^{\mathrm T}+R_{2i}+S_{2i}^{\mathrm T}$

$\Theta_{3i}=\alpha_M\Omega_j-(2R_{1i}+S_{1i}+S_{1i}^{\mathrm T})-(2R_{2i}+S_{2i}+S_{2i}^{\mathrm T})$

$\Theta_{4i}=-\mathrm e^{\lambda_u h}Q_{1i}-R_{1i},\ \Theta_{5i}=-\mathrm e^{\lambda_u d_M}Q_{2i}-R_{2i},\ \Theta_{6i}=B_{il}K_{js}(I+\Delta_f)$

$\Theta'_{1i}=A_{il}^{\mathrm T}P_i+P_iA_{il}+\lambda_s P_i+Q_{1i}+Q_{2i}-\mathrm e^{-\lambda_s h}R_{1i}-\mathrm e^{-\lambda_s d_M}R_{2i}+\tilde\delta I$

$\Theta'_{2i}=P_iB_{il}K_{is}(I+\Delta_f)+\mathrm e^{-\lambda_s h}(R_{1i}+S_{1i}^{\mathrm T})+\mathrm e^{-\lambda_s d_M}(R_{2i}+S_{2i}^{\mathrm T})$

$\Theta'_{3i}=\alpha_M\Omega_i-\mathrm e^{-\lambda_s h}(2R_{1i}+S_{1i}+S_{1i}^{\mathrm T})-\mathrm e^{-\lambda_s d_M}(2R_{2i}+S_{2i}+S_{2i}^{\mathrm T})$

$\Theta'_{4i}=\mathrm e^{-\lambda_s h}(S_{1i}^{\mathrm T}+R_{1i}),\ \Theta'_{5i}=-\mathrm e^{-\lambda_s h}(Q_{1i}+R_{1i}),\ \Theta'_{6i}=\mathrm e^{-\lambda_s d_M}(S_{2i}^{\mathrm T}+R_{2i})$

$\Theta'_{7i}=-\mathrm{e}^{-\lambda_s d_M}(Q_{2i}+R_{2i})$，$\Theta'_{8i}=B_{il}K_{is}(I+\Delta_f)$，$\Theta'_{9i}=-\mathrm{e}^{-\lambda_s d_M}S_{2i}^{\mathrm{T}}$

那么，在事件触发机制（7.38）、状态反馈控制器（7.42）和切换信号$\sigma(t)$的作用下，时滞闭环切换 T-S 模糊系统（7.45）具有H_∞性能指标$(\lambda_s,\ \sqrt{\mathrm{e}^{\ln\mu+(\lambda_u+\lambda_s)\tau_M}\gamma})$，并且切换信号的平均驻留时间满足

$$\tau_a>\tau_a^*=\frac{2\ln\mu+(\lambda_s+\lambda_u)(h+\tau_M)}{\lambda_s} \tag{7.53}$$

证明 由于在时滞闭环切换 T-S 模糊系统中应用自适应事件触发机制和事件触发切换信号的存在，可能发生异步现象。在任意切换间隔$[l_q,\ l_{q+1})$内，至少存在一次事件触发，即$t_kh<(t_k+1)h<(t_k+2)h<\cdots<(t_k+n')h<l_q<(t_k+n'+1)h<\cdots<(t_k+n'+g')h<t_{k+1}h\leqslant l_q+\tau_M<t_{k+2}h<\cdots<t_{k+m}h<(t_{k+m}+m')h<l_{q+1}<(t_{k+m+1})h$，这里，$n',g',m'\in\mathbb{N}$和$n'+g'<r_k$。假设系统在切换时刻$l_q$是从子系统$j$切换到子系统$i$。

考虑分段 Lyapunov 函数为

$$V(x(t))=\begin{cases}V_1(x(t)), & t\in[l_q,\ l_q+\tau_M)\\ V_2(x(t)), & t\in[l_q+\tau_M,\ l_{q+1})\end{cases} \tag{7.54}$$

式中，

$$\begin{aligned}V_1(x(t))=&x^{\mathrm{T}}(t)P_{\sigma(t)}x(t)+\int_{t-h}^{t}\mathrm{e}^{\lambda_u(t-s)}x^{\mathrm{T}}(s)Q_{1\sigma(s)}x(s)\mathrm{d}s+\int_{t-d_M}^{t}\mathrm{e}^{\lambda_u(t-s)}x^{\mathrm{T}}(s)Q_{2\sigma(s)}x(s)\mathrm{d}s\\&+h\int_{-h}^{0}\int_{t+s}^{t}\mathrm{e}^{\lambda_u(t-v)}\dot{x}^{\mathrm{T}}(v)R_{1\sigma(v)}\dot{x}(v)\mathrm{d}v\mathrm{d}s+d_M\int_{-d_M}^{0}\int_{t+s}^{t}\mathrm{e}^{\lambda_u(t-v)}\dot{x}^{\mathrm{T}}(v)R_{2\sigma(v)}\dot{x}(v)\mathrm{d}v\mathrm{d}s\\V_2(x(t))=&x^{\mathrm{T}}(t)P_{\sigma(t)}x(t)+\int_{t-h}^{t}\mathrm{e}^{\lambda_s(s-t)}x^{\mathrm{T}}(s)Q_{1\sigma(s)}x(s)\mathrm{d}s+\int_{t-d_M}^{t}\mathrm{e}^{\lambda_s(s-t)}x^{\mathrm{T}}(s)Q_{2\sigma(s)}x(s)\mathrm{d}s\\&+h\int_{-h}^{0}\int_{t+s}^{t}\mathrm{e}^{\lambda_s(v-t)}\dot{x}^{\mathrm{T}}(v)R_{1\sigma(v)}\dot{x}(v)\mathrm{d}v\mathrm{d}s+d_M\int_{-d_M}^{0}\int_{t+s}^{t}\mathrm{e}^{\lambda_s(v-t)}\dot{x}^{\mathrm{T}}(v)R_{2\sigma(v)}\dot{x}(v)\mathrm{d}v\mathrm{d}s\end{aligned}$$

存在正常数$a>0$和$b>0$满足

$$a\|x(t)\|^2\leqslant V(x(t))\leqslant b\|x(t)\|^2 \tag{7.55}$$

式中，

$$\begin{aligned}a=&\min_{i\in\underline{N}}\{\lambda_{\min}(P_i)\}\\b=&\max_{i\in\underline{N}}\{\lambda_{\max}(P_i)\}+h\max_{i\in\underline{N}}\{\lambda_{\max}(Q_{1i})\}+d_M\max_{i\in\underline{N}}\{\lambda_{\max}(Q_{2i})\}\\&+\frac{h^3}{2}\max_{i\in\underline{N}}\{\lambda_{\max}(R_{1i})\}+\frac{d_M^3}{2}\max_{i\in\underline{N}}\{\lambda_{\max}(R_{2i})\}\end{aligned}$$

在$[l_q,\ l_q+\tau_M)$内，子系统i被激活，但是，子控制器j仍一直工作，系统和控制器处于异步切换。假设$\sigma(t)=i,\sigma'(t)=j,i\neq j$。函数$V_1(x(t))$对时间求导得

$$\begin{aligned}\dot{V}_1(x(t)) \leqslant\ & \dot{x}^{\mathrm{T}}(t)P_i x(t) + x^{\mathrm{T}}(t)P_i\dot{x}(t) + x^{\mathrm{T}}(t)Q_{1i}x(t) + x^{\mathrm{T}}(t)Q_{2i}x(t) \\ & - \mathrm{e}^{\lambda_u h}x^{\mathrm{T}}(t-h)Q_{1i}x(t-h) - \mathrm{e}^{\lambda_u d_M}x^{\mathrm{T}}(t-d_M)Q_{2i}x(t-d_M) \\ & + \lambda_u V_1(x(t)) + h^2\dot{x}^{\mathrm{T}}(t)R_{1i}\dot{x}(t) + d_M^2\dot{x}^{\mathrm{T}}(t)R_{2i}\dot{x}(t) - \lambda_u x^{\mathrm{T}}(t) \\ & \times P_i x(t) - h\int_{t-h}^{t}\dot{x}^{\mathrm{T}}(s)R_{1i}\dot{x}(s)\mathrm{d}s - d_M\int_{t-d_M}^{t}\dot{x}^{\mathrm{T}}(s)R_{2i}\dot{x}(s)\mathrm{d}s \end{aligned} \tag{7.56}$$

通过使用逆凸组合方法，从式（7.45）、式（7.49）和式（7.56），可得

$$\begin{aligned}\dot{V}_1(x(t)) \leqslant\ & \lambda_u V_1(x(t)) + \sum_{l=1}^{r}\sum_{s=1}^{r}h_{il}(t)h_{is}(t)\xi^{\mathrm{T}}(t)\Sigma_{ls}^{ij}\xi(t) - z^{\mathrm{T}}(t)z(t) + \gamma^2\omega^{\mathrm{T}}(t)\omega(t) \\ =\ & \lambda_u V_1(x(t)) + \sum_{l=1}^{r}h_{il}^2(t)\xi^{\mathrm{T}}(t)\Sigma_{ll}^{ij}\xi(t) + \sum_{l=1}^{r}\sum_{1<s}^{r}h_{il}(t)h_{is}(t)\xi^{\mathrm{T}}(t) \\ & \times(\Sigma_{ls}^{ij} + \Sigma_{sl}^{ij})\xi(t) - z^{\mathrm{T}}(t)z(t) + \gamma^2\omega^{\mathrm{T}}(t)\omega(t) \end{aligned} \tag{7.57}$$

式中，$\xi(t) = [x^{\mathrm{T}}(t)\quad x^{\mathrm{T}}(t-\tau(t))\quad x^{\mathrm{T}}(t-h)\quad x^{\mathrm{T}}(t-d_M)\quad \eta^{\mathrm{T}}(t-d(t))\quad e^{\mathrm{T}}(t)\quad \omega^{\mathrm{T}}(t)]^{\mathrm{T}}$。

进一步，可得

$$\dot{V}_1(x(t)) \leqslant \lambda_u V_1(x(t)) + \gamma^2\omega^{\mathrm{T}}(t)\omega(t) - z^{\mathrm{T}}(t)z(t) \tag{7.58}$$

定义 $\varphi(v) = z^{\mathrm{T}}(s)z(s) - \gamma^2\omega^{\mathrm{T}}(s)\omega(s)$，通过比较引理可得

$$V_1(x(t)) \leqslant \mathrm{e}^{\lambda_u(t-l_q)}V_1(x(l_q)) - \int_{l_q}^{t}\mathrm{e}^{\lambda_u(t-s)}\varphi(s)\mathrm{d}s \tag{7.59}$$

另外，在 $[l_q + \tau_M,\ l_{q+1})$ 上，子控制器 i 被激活，系统和控制器处于同步切换。假设 $\sigma(t) = \sigma'(t) = i, i \neq j$。然后，函数 $V_2(x(t))$ 的时间导数为

$$\begin{aligned}\dot{V}_2(x(t)) \leqslant\ & \dot{x}^{\mathrm{T}}(t)P_i x(t) + x^{\mathrm{T}}(t)P_i\dot{x}(t) + x^{\mathrm{T}}(t)Q_{1i}x(t) + x^{\mathrm{T}}(t)Q_{2i}x(t) \\ & - \mathrm{e}^{-\lambda_s h}x^{\mathrm{T}}(t-h)Q_{1i}x(t-h) - \mathrm{e}^{-\lambda_s d_M}x^{\mathrm{T}}(t-d_M)Q_{2i}x(t-d_M) \\ & -\lambda_s V_2(x(t)) + h^2\dot{x}^{\mathrm{T}}(t)R_{1i}\dot{x}(t) + d_M^2\dot{x}^{\mathrm{T}}(t)R_{2i}\dot{x}(t) \\ & + \lambda_s x^{\mathrm{T}}(t)P_i x(t) - h\mathrm{e}^{-\lambda_s h}\int_{t-h}^{t}\dot{x}^{\mathrm{T}}(s)R_{1i}\dot{x}(s)\mathrm{d}s \\ & - d_M\mathrm{e}^{-\lambda_s d_M}\int_{t-d_M}^{t}\dot{x}^{\mathrm{T}}(s)R_{2i}\dot{x}(s)\mathrm{d}s \end{aligned} \tag{7.60}$$

通过使用逆凸组合方法，从条件式（7.45）、式（7.51）和式（7.60），可得

$$\begin{aligned}\dot{V}_2(x(t)) \leqslant\ & -\lambda_s V_2(x(t)) + \sum_{l=1}^{r}\sum_{s=1}^{r}h_{il}(t)h_{is}(t)\xi^{\mathrm{T}}(t)\Sigma_{ls}^{ii}\xi(t) - z^{\mathrm{T}}(t)z(t) + \gamma^2\omega^{\mathrm{T}}(t)\omega(t) \\ =\ & -\lambda_s V_2(x(t)) + \sum_{l=1}^{r}h_{il}^2(t)\xi^{\mathrm{T}}(t)\Sigma_{ll}^{ii}\xi(t) + \sum_{l=1}^{r}\sum_{1<s}^{r}h_{il}(t)h_{is}(t)\xi^{\mathrm{T}}(t) \\ & \times(\Sigma_{ls}^{ii} + \Sigma_{sl}^{ii})\xi(t) - z^{\mathrm{T}}(t)z(t) + \gamma^2\omega^{\mathrm{T}}(t)\omega(t) \end{aligned} \tag{7.61}$$

进一步，可得

$$\dot{V}_2(x(t)) \leqslant -\lambda_s V_2(x(t)) + \gamma^2\omega^{\mathrm{T}}(t)\omega(t) - z^{\mathrm{T}}(t)z(t) \tag{7.62}$$

相似于在$[l_q, l_q+\tau_M)$上的讨论，在$[l_q+\tau_M, l_{q+1})$上有

$$V_2(x(t)) \leqslant \mathrm{e}^{-\lambda_s(t-l_q-\tau_M)}V_2(x(l_q+\tau_M)) - \int_{l_q+\tau_M}^{t}\mathrm{e}^{-\lambda_s(t-s)}\varphi(s)\mathrm{d}s \tag{7.63}$$

另外，定义不匹配区间为$[l_q, l_q+\tau_M)$和匹配区间为$[l_q+\tau_M, l_{q+1})$，其中τ_M是在$[l_q, l_{q+1})$上最大的异步周期。当系统和控制器异步时，选择函数$V_1(x(t))$，当系统和控制器同步时，选择函数$V_2(x(t))$。进一步有

$$\begin{aligned}
&V_1(x(t)) \leqslant \mathrm{e}^{\lambda_u(t-l_q)}V_1(x(l_q)) - \int_{l_q}^{t}\mathrm{e}^{\lambda_u(t-s)}\varphi(s)\mathrm{d}s, \quad t\in[l_q, l_q+\tau_M) \\
&V_2(x(t)) \leqslant \mathrm{e}^{-\lambda_s(t-l_q-\tau_M)}V_2(x(l_q+\tau_M)) - \int_{l_q+\tau_M}^{t}\mathrm{e}^{-\lambda_s(t-s)}\varphi(s)\mathrm{d}s, \quad t\in[l_q+\tau_M, l_{q+1})
\end{aligned} \tag{7.64}$$

对于任意$i,j\in \underline{N}, \mu$满足$P_i \leqslant \mu P_j, Q_{1i}\leqslant \mu Q_{1j}, Q_{2i}\leqslant \mu Q_{2j}, R_{1i}\leqslant \mu R_{1j}$和$R_{2i}\leqslant \mu R_{2j}$。在时刻$l_q+\tau_M$，有

$$V_2(x(l_q+\tau_M)) \leqslant \mu V_1(x((l_q+\tau_M)^-)) \tag{7.65}$$

在时刻l_q，有

$$V_1(x(l_q)) \leqslant \mu \mathrm{e}^{(\lambda_s+\lambda_u)h}V_2(x(l_q^-)) \tag{7.66}$$

假设$0=l_0<l_1<l_2<\cdots<l_q=t_{N_\sigma(0,t)}<t$，其中，$l_0, l_1, \cdots, l_q$是切换时刻。根据条件式（7.64）、式（7.65）和式（7.66），可知

（1）当$t\in[l_q+\tau_M, l_{q+1})$时，结合式（7.65）和式（7.66），在式（7.64）中的$V_2(x(t))$可得

$$\begin{aligned}
V_2(x(t)) &\leqslant V_2(x((l_q+\tau_M)^+))\mathrm{e}^{-\lambda_s(t-l_q-\tau_M)} - \int_{l_q+\tau_M}^{t}\mathrm{e}^{-\lambda_s(t-s)}\varphi(s)\mathrm{d}s \\
&\ \ \vdots \\
&\leqslant \mu^{2N_\sigma(l_0,t)+1}\mathrm{e}^{-\lambda_s(t-l_0-(N_\sigma(l_0,t)+1)\tau_M)}\mathrm{e}^{(N_\sigma(l_0,t)+1)\lambda_u\tau_M}\mathrm{e}^{N_\sigma(l_0,t)(\lambda_u+\lambda_s)h}V(x(l_0)) - \Phi_1(t) \\
&\leqslant \mathrm{e}^{(\lambda_u+\lambda_s)\tau_M}\mathrm{e}^{(\frac{2\ln\mu+(\lambda_u+\lambda_s)(\tau_M+h)}{\tau_a}-\lambda_s)(t-l_0)}V(x(l_0)) - \Phi_1(t)
\end{aligned} \tag{7.67}$$

式中，

$$\begin{aligned}
\Phi_1(t) = &\int_{l_q+\tau_M}^{t}\mathrm{e}^{-\lambda_s(t-s)+2N_\sigma(s,t)\ln\mu+N_\sigma(s,t)(\lambda_u+\lambda_s)(\tau_M+h)}\varphi(s)\mathrm{d}s \\
&+\sum_{j'=1}^{q}\int_{l_{j'-1}}^{l_{j'-1}+\tau_M}\mathrm{e}^{N_\sigma(s,t)(\lambda_u+\lambda_s)h-\lambda_u s}\mathrm{e}^{2N_\sigma(s,t)\ln\mu+\ln\mu-\lambda_s t+(\lambda_u+\lambda_s)l_{j'-1}+(\lambda_u+\lambda_s)(N_\sigma(s,t)+1)\tau_M}\varphi(s)\mathrm{d}s \\
&+\sum_{j'=1}^{q}\int_{l_{j'-1}+\tau_M}^{l_{j'}}\mathrm{e}^{2N_\sigma(s,t)\ln\mu-\lambda_s(t-s)+N_\sigma(s,t)(\lambda_u+\lambda_s)(\tau_M+h)}\varphi(s)\mathrm{d}s
\end{aligned}$$

（2）当$t\in[l_q,l_q+\tau_M]$时，结合式（7.65）和式（7.66），在式（7.64）中的$V_1(x(t))$可得

$$
\begin{aligned}
V_1(x(t)) &\leqslant V_1(x(l_q^+))\mathrm{e}^{\lambda_u(t-l_q)} - \int_{l_q}^{t}\mathrm{e}^{\lambda_u(t-s)}\varphi(s)\mathrm{d}s \\
&\leqslant V_1(x(l_q^+))\mathrm{e}^{\lambda_u\tau_M} - \int_{l_q}^{t}\mathrm{e}^{\lambda_u(t-s)}\varphi(s)\mathrm{d}s \\
&\leqslant \mu V_2(x(l_q^-))\mathrm{e}^{(\lambda_u+\lambda_s)h}\mathrm{e}^{\lambda_u\tau_M} - \int_{l_q}^{t}\mathrm{e}^{\lambda_u(t-s)}\varphi(s)\mathrm{d}s \\
&\quad\vdots \\
&\leqslant \mathrm{e}^{(\lambda_u+\lambda_s)\tau_M}\mathrm{e}^{(\frac{2\ln\mu+(\lambda_u+\lambda_s)(\tau_M+h)}{\tau_a}-\lambda_s)(t-l_0)}V(x(l_0)) - \Phi_2(t)
\end{aligned} \tag{7.68}
$$

式中，

$$
\begin{aligned}
\Phi_2(t) &= \int_{l_q}^{t}\mathrm{e}^{\lambda_u(t-s)}\varphi(s)\mathrm{d}s + \sum_{j'=1}^{q}\int_{l_{j'-1}+\tau_M}^{l_{j'}}\mathrm{e}^{(2N_\sigma(s,t)-1)\ln\mu-\lambda_s(l_q-s)} \\
&\quad\times \mathrm{e}^{N_\sigma(s,t)(\lambda_u+\lambda_s)h+N_\sigma(s,t)\lambda_u\tau_M+(N_\sigma(s,t)-1)\lambda_s\tau_M}\varphi(s)\mathrm{d}s + \sum_{j'=1}^{q}\int_{l_{j'-1}}^{l_{j'-1}+\tau_M}\mathrm{e}^{2N_\sigma(s,t)\ln\mu-\lambda_s l_q} \\
&\quad\times \mathrm{e}^{(\lambda_u+\lambda_s)l_{j'-1}+\lambda_u(N_\sigma(s,t)+1)\tau_M+\lambda_s N_\sigma(s,t)\tau_M+N_\sigma(s,t)(\lambda_u+\lambda_s)h-\lambda_u s}\varphi(s)\mathrm{d}s
\end{aligned}
$$

然后，从式（7.67）和式（7.68），可得

$$
V(x(t)) \leqslant \mathrm{e}^{(\lambda_u+\lambda_s)\tau_M}\mathrm{e}^{(\frac{2\ln\mu+(\lambda_u+\lambda_s)(\tau_M+h)}{\tau_a}-\lambda_s)(t-l_0)}V(x(l_0)) \tag{7.69}
$$

从式（7.55）和式（7.69），可得

$$
\|x(t)\| \leqslant \sqrt{\frac{b}{a}}\mathrm{e}^{\frac{(\lambda_u+\lambda_s)\tau_M}{2}}\mathrm{e}^{(\frac{2\ln\mu+(\lambda_u+\lambda_s)(\tau_M+h)}{2\tau_a}-\frac{\lambda_s}{2})(t-l_0)}\|x(0)\|_{d1} \tag{7.70}
$$

令 $\upsilon = \sqrt{\frac{b}{a}}\mathrm{e}^{\frac{(\lambda_u+\lambda_s)\tau_M}{2}}$ 和 $\kappa = -\frac{1}{2}(\lambda_s - \frac{2\ln\mu+(\lambda_u+\lambda_s)(\tau_M+h)}{\tau_a})$。在平均驻留时间（7.53）下，有 $\frac{2\ln\mu+(\lambda_u+\lambda_s)(\tau_M+h)}{\tau_a} - \lambda_s < 0$。由式（7.53）、式（7.70）和定义 2.1 可知，闭环系统（7.45）在扰动 $\omega(t)=0$ 时是指数稳定的。

当 $\omega(t)\neq 0$ 时，对闭环系统（7.45）的 H_∞ 性能指标进行分析。考虑零初始条件得

$$
V_2(x(t)) \leqslant -\Phi_1(t) \tag{7.71}
$$

也意味着

$$
\Phi_1(t) \leqslant 0 \tag{7.72}
$$

对式（7.72）的两边同乘 $\mathrm{e}^{-2N_\sigma(l_0,t)\ln\mu-N_\sigma(l_0,t)(\lambda_u+\lambda_s)(\tau_M+h)}$ 可得

$$
\bar{\Phi}_1(t) \leqslant \breve{\Phi}_1(t) \tag{7.73}
$$

式中，$\bar{\Phi}_1(t)$ 可表示为

$$\int_{l_q+\tau_M}^{t} \mathrm{e}^{-\lambda_s(t-s)-2N_\sigma(0,s)\ln\mu-N_\sigma(0,s)(\lambda_u+\lambda_s)(\tau_M+h)} z^{\mathrm{T}}(s)z(s)\mathrm{d}s$$

$$+\sum_{j'=1}^{q}\int_{l_{j'-1}}^{l_{j'-1}+\tau_M}\{(\mathrm{e}^{-2N_\sigma(0,s)\ln\mu+\ln\mu-\lambda_s t+(\lambda_u+\lambda_s)l_{j'-1}})(\mathrm{e}^{-(\lambda_u+\lambda_s)(N_\sigma(0,s)-1)\tau_M-N_\sigma(0,s)(\lambda_u+\lambda_s)h-\lambda_u s} z^{\mathrm{T}}(s)z(s))\}\mathrm{d}s$$

$$+\sum_{j'=1}^{q}\int_{l_{j'-1}+\tau_M}^{l_{j'}} \mathrm{e}^{-2N_\sigma(0,s)\ln\mu-\lambda_s(t-s)-N_\sigma(0,s)(\lambda_u+\lambda_s)(\tau_M+h)} z^{\mathrm{T}}(s)z(s)\mathrm{d}s$$

$\breve{\Phi}_1(t)$ 可表示为

$$\int_{l_q+\tau_M}^{t} \mathrm{e}^{-\lambda_s(t-s)-2N_\sigma(0,s)\ln\mu-N_\sigma(0,s)(\lambda_u+\lambda_s)(\tau_M+h)} \gamma^2\omega^{\mathrm{T}}(s)\omega(s)\mathrm{d}s$$

$$+\sum_{j'=1}^{q}\int_{l_{j'-1}}^{l_{j'-1}+\tau_M}\{(\mathrm{e}^{-2N_\sigma(0,s)\ln\mu+\ln\mu-\lambda_s t+(\lambda_u+\lambda_s)l_{j'-1}})(\mathrm{e}^{-(\lambda_u+\lambda_s)(N_\sigma(0,s)-1)\tau_M-N_\sigma(0,s)(\lambda_u+\lambda_s)h-\lambda_u s} \gamma^2\omega^{\mathrm{T}}(s)\omega(s))\}\mathrm{d}s$$

$$+\sum_{j'=1}^{q}\int_{l_{j'-1}+\tau_M}^{l_{j'}} \mathrm{e}^{-2N_\sigma(0,s)\ln\mu-\lambda_s(t-s)-N_\sigma(0,s)(\lambda_u+\lambda_s)(\tau_M+h)} \gamma^2\omega^{\mathrm{T}}(s)\omega(s)\mathrm{d}s$$

由于存在条件 $N_\sigma(0,s)\leqslant\dfrac{s}{\tau_a}$，如果有条件 $\tau_a>\dfrac{2\ln\mu+(\lambda_u+\lambda_s)(\tau_M+h)}{\lambda_s}$，可得 $\lambda_s s>2N_\sigma(0,s)\ln\mu+N_\sigma(0,s)(\lambda_u+\lambda_s)(\tau_M+h)$。而且，$\bar{\Phi}_1(t)$ 意味着

$$\begin{aligned}&\int_{l_{j'-1}+\tau_M}^{l_{j'}} \mathrm{e}^{-2N_\sigma(0,s)\ln\mu-\lambda_s(t-s)-N_\sigma(0,s)(\lambda_u+\lambda_s)(\tau_M+h)} z^{\mathrm{T}}(s)z(s)\mathrm{d}s\\ &\geqslant\int_{l_{j'-1}+\tau_M}^{l_{j'}} \mathrm{e}^{-\lambda_s t} z^{\mathrm{T}}(s)z(s)\mathrm{d}s\end{aligned}\tag{7.74}$$

和

$$\begin{aligned}&\int_{l_{j'-1}}^{l_{j'-1}+\tau_M}\{(\mathrm{e}^{-2N_\sigma(0,s)\ln\mu+\ln\mu-\lambda_s t+(\lambda_u+\lambda_s)l_{j'-1}})(\mathrm{e}^{-(\lambda_u+\lambda_s)(N_\sigma(0,s)-1)\tau_M}\\ &\times\mathrm{e}^{-N_\sigma(0,s)(\lambda_u+\lambda_s)h-\lambda_u s} z^{\mathrm{T}}(s)z(s))\}\mathrm{d}s\geqslant\int_{l_{j'-1}}^{l_{j'-1}+\tau_M}\mathrm{e}^{-\lambda_s t} z^{\mathrm{T}}(s)z(s)\mathrm{d}s\end{aligned}\tag{7.75}$$

因此，从条件式（7.74）以及式（7.75）可得

$$\bar{\Phi}_1(t)>\int_{t_0}^{t}\mathrm{e}^{-\lambda_s t} z^{\mathrm{T}}(s)z(s)\mathrm{d}s\tag{7.76}$$

然后，对于 $\breve{\Phi}_1(t)$，可得

$$\begin{aligned}&\int_{l_{j'-1}+\tau_M}^{l_{j'}} \mathrm{e}^{-2N_\sigma(0,s)\ln\mu-\lambda_s(t-s)-N_\sigma(0,s)(\lambda_u+\lambda_s)(\tau_M+h)} \gamma^2\omega^{\mathrm{T}}(s)\omega(s)\mathrm{d}s\\ &<\int_{l_{j'-1}+\tau_M}^{l_{j'}} \mathrm{e}^{-\lambda_s(t-s)+\ln\mu+(\lambda_u+\lambda_s)\tau_M} \gamma^2\omega^{\mathrm{T}}(s)\omega(s)\mathrm{d}s\end{aligned}\tag{7.77}$$

和

$$\begin{aligned}&\int_{l_{j'-1}}^{l_{j'-1}+\tau_M}\{(\mathrm{e}^{-2N_\sigma(0,s)\ln\mu+\ln\mu-\lambda_s t+(\lambda_u+\lambda_s)l_{j'-1}})(\mathrm{e}^{-(\lambda_u+\lambda_s)(N_\sigma(0,s)-1)\tau_M-N_\sigma(0,s)(\lambda_u+\lambda_s)h-\lambda_u s}\\ &\times\gamma^2\omega^{\mathrm{T}}(s)\omega(s))\}\mathrm{d}s<\int_{l_{j'-1}}^{l_{j'-1}+\tau_M}\mathrm{e}^{-\lambda_s(t-s)+\ln\mu+(\lambda_u+\lambda_s)\tau_M}\gamma^2\omega^{\mathrm{T}}(s)\omega(s)\mathrm{d}s\end{aligned}\tag{7.78}$$

结合条件式（7.77）和式（7.78），可得

$$\breve{\Phi}_1(t) < \int_{t_0}^{t} \mathrm{e}^{-\lambda_s(t-s)+\ln\mu+(\lambda_u+\lambda_s)\tau_M}\gamma^2\omega^{\mathrm{T}}(s)\omega(s)\mathrm{d}s \tag{7.79}$$

另外，从条件式（7.73）、式（7.76）和式（7.79），可得

$$\int_{t_0}^{t} \mathrm{e}^{-\lambda_s t} z^{\mathrm{T}}(s)z(s)\mathrm{d}s < \int_{t_0}^{t} \mathrm{e}^{-\lambda_s(t-s)+\ln\mu+(\lambda_u+\lambda_s)\tau_M}\gamma^2\omega^{\mathrm{T}}(s)\omega(s)\mathrm{d}s \tag{7.80}$$

进一步，有

$$\int_{t_0}^{t} \mathrm{e}^{-\lambda_s s} z^{\mathrm{T}}(s)z(s)\mathrm{d}s < \int_{t_0}^{t} \mathrm{e}^{\ln\mu+(\lambda_u+\lambda_s)\tau_M}\gamma^2\omega^{\mathrm{T}}(s)\omega(s)\mathrm{d}s \tag{7.81}$$

对式（7.81）从 $t=0$ 到 ∞ 积分，有

$$\int_{t_0}^{\infty} \mathrm{e}^{-\lambda_s s} z^{\mathrm{T}}(s)z(s)\mathrm{d}s < \tilde{\gamma}^2\int_{t_0}^{\infty} \omega^{\mathrm{T}}(s)\omega(s)\mathrm{d}s \tag{7.82}$$

令 $\hbar=\lambda_s$ 和 $\tilde{\gamma}=\sqrt{\mathrm{e}^{\ln\mu+(\lambda_u+\lambda_s)\tau_M}}\gamma$。根据定义 2.4，可得到闭环系统（7.45）的 H_∞ 性能指标 $(\lambda_s, \sqrt{\mathrm{e}^{\ln\mu+(\lambda_u+\lambda_s)\tau_M}}\gamma)$。对式（7.68）处理方法类似。

2. 控制器设计

基于定理 7.3，下面定理给出了一组求解状态反馈控制器增益和事件触发参数的充分条件。

定理 7.4 对任意的 $i, j\in \underline{N}$，$i\neq j$，$l, s\in \underline{R}$，给定正的标量 $\lambda_s, \lambda_u, \alpha_m, \alpha_M, h$，$\gamma$，$\tau_M$，$d_M$，$\tilde{\delta}$，$\delta_{s'}$，$\lambda_o\ (o=1,2,3,4,5,6)$，$\tau_M$ 和 $\mu>1$，如果存在对称正定矩阵 $X_i, \hat{Q}_{1i}, \hat{Q}_{2i}, \hat{R}_{1i}, \hat{R}_{2i}$ 和 $\hat{\Omega}_i, \hat{S}_{1i}, \hat{S}_{2i}$ 满足

$$\begin{bmatrix} \hat{R}_{1i} & \hat{S}_{1i} \\ * & \hat{R}_{1i} \end{bmatrix} \geqslant 0,\quad \begin{bmatrix} \hat{R}_{2i} & \hat{S}_{2i} \\ * & \hat{R}_{2i} \end{bmatrix} \geqslant 0 \tag{7.83}$$

$$\tilde{\Sigma}_{ll}^{ij} < 0,\quad l=1,2,\cdots,r \tag{7.84}$$

$$\tilde{\Sigma}_{ls}^{ij} + \tilde{\Sigma}_{sl}^{ij} < 0,\quad l<s,\ l=1,2,\cdots,r \tag{7.85}$$

$$\tilde{\Sigma}_{ll}^{ii} < 0,\quad l=1,2,\cdots,r \tag{7.86}$$

$$\tilde{\Sigma}_{ls}^{ii} + \tilde{\Sigma}_{sl}^{ii} < 0,\quad l<s,\ l=1,2,\cdots,r \tag{7.87}$$

$$\begin{gathered} \begin{bmatrix} -\mu X_j & X_j \\ * & -X_i \end{bmatrix} \leqslant 0, \begin{bmatrix} -\mu \hat{Q}_{1j} & X_j \\ * & Y_1 \end{bmatrix} \leqslant 0, \begin{bmatrix} -\mu \hat{Q}_{2j} & X_j \\ * & Y_2 \end{bmatrix} \leqslant 0 \\ \begin{bmatrix} -\mu \hat{R}_{1j} & X_j \\ * & Y_3 \end{bmatrix} \leqslant 0, \begin{bmatrix} -\mu \hat{R}_{2j} & X_j \\ * & Y_4 \end{bmatrix} \leqslant 0 \end{gathered} \tag{7.88}$$

式中，

$$\tilde{\Sigma}_{ls}^{ij}=\begin{bmatrix}\tilde{\Psi}_{1i} & \tilde{\Psi}_{2i} & \tilde{\Psi}_{3i} & \tilde{\Psi}_{4i} & \tilde{\Psi}_{5i}\\ * & -I & 0 & 0 & 0\\ * & * & \eta_1^{-1}\delta_{s'}^{-2}(\lambda_5^2 I-2\lambda_5 X_j) & 0 & 0\\ * & * & * & -\eta_1 I & 0\\ * & * & * & * & -\delta^{-1}\end{bmatrix}$$

$$\tilde{\Psi}_{1i}=\begin{bmatrix}\tilde{\Theta}_{1i} & \tilde{\Theta}_{2i} & -\hat{S}_{1i}^{\mathrm{T}} & -\hat{S}_{2i}^{\mathrm{T}} & B_{il} & B_{il}Y_{js} & E_{il} & hX_iA_{il}^{\mathrm{T}} & d_MX_iA_{il}^{\mathrm{T}}\\ * & \tilde{\Theta}_{3i} & \hat{S}_{1i}^{\mathrm{T}}+\hat{R}_{1i} & \hat{S}_{2i}^{\mathrm{T}}+\hat{R}_{2i} & 0 & 0 & 0 & hY_{js}^{\mathrm{T}}B_{il}^{\mathrm{T}} & d_MY_{js}^{\mathrm{T}}B_{il}^{\mathrm{T}}\\ * & * & \tilde{\Theta}_{4i} & 0 & 0 & 0 & 0 & 0 & 0\\ * & * & * & \tilde{\Theta}_{5i} & 0 & 0 & 0 & 0 & 0\\ * & * & * & * & -I & 0 & 0 & hB_{il}^{\mathrm{T}} & d_MB_{il}^{\mathrm{T}}\\ * & * & * & * & * & -\hat{\Omega}_j & 0 & hY_{js}^{\mathrm{T}}B_{il}^{\mathrm{T}} & d_MY_{js}^{\mathrm{T}}B_{il}^{\mathrm{T}}\\ * & * & * & * & * & * & -\gamma^2 I & hE_{il}^{\mathrm{T}} & d_ME_{il}^{\mathrm{T}}\\ * & * & * & * & * & * & * & Y_3 & 0\\ * & * & * & * & * & * & * & * & Y_4\end{bmatrix}$$

$$\tilde{\Sigma}_{ls}^{ii}=\begin{bmatrix}\tilde{\Psi}'_{1i} & \tilde{\Psi}'_{2i} & \tilde{\Psi}'_{3i} & \tilde{\Psi}'_{4i}\\ * & \eta_1^{-1}\delta_{s'}^{-2}(\lambda_6^2 I-2\lambda_6 X_i) & 0 & 0\\ * & * & -\eta_1 I & 0\\ * & * & * & -\delta^{-1}\end{bmatrix}$$

$$\tilde{\Psi}'_{1i}=\begin{bmatrix}\tilde{\Theta}'_{1i} & \tilde{\Theta}'_{2i} & \tilde{\Theta}'_{8i} & \tilde{\Theta}'_{9i} & B_{il} & B_{il}Y_{is} & E_{il} & hX_iA_{il}^{\mathrm{T}} & d_MX_iA_{il}^{\mathrm{T}} & X_iC_{il}^{\mathrm{T}}\\ * & \tilde{\Theta}'_{3i} & \tilde{\Theta}'_{4i} & \tilde{\Theta}'_{6i} & 0 & 0 & 0 & hY_{is}^{\mathrm{T}}B_{il}^{\mathrm{T}} & d_MY_{is}^{\mathrm{T}}B_{il}^{\mathrm{T}} & 0\\ * & * & \tilde{\Theta}'_{5i} & 0 & 0 & 0 & 0 & 0 & 0 & 0\\ * & * & * & \tilde{\Theta}'_{7i} & 0 & 0 & 0 & 0 & 0 & 0\\ * & * & * & * & -I & 0 & 0 & hB_{il}^{\mathrm{T}} & d_MB_{il}^{\mathrm{T}} & 0\\ * & * & * & * & * & -\hat{\Omega}_i & 0 & hY_{is}^{\mathrm{T}}B_{il}^{\mathrm{T}} & d_MY_{is}^{\mathrm{T}}B_{il}^{\mathrm{T}} & 0\\ * & * & * & * & * & * & -\gamma^2 I & hE_{il}^{\mathrm{T}} & d_ME_{il}^{\mathrm{T}} & D_{il}^{\mathrm{T}}\\ * & * & * & * & * & * & * & Y_3 & 0 & 0\\ * & * & * & * & * & * & * & * & Y_4 & 0\\ * & * & * & * & * & * & * & * & * & -I\end{bmatrix}$$

$$\tilde{\Psi}_{2i}=[C_{il}X_i\quad 0\quad 0\quad 0\quad 0\quad 0\quad D_{il}\quad 0\quad 0]^{\mathrm{T}}$$

$$\tilde{\Psi}_{3i}=[Y_{js}^{\mathrm{T}}B_{il}^{\mathrm{T}}\quad 0\quad 0\quad 0\quad 0\quad 0\quad 0\quad hY_{js}^{\mathrm{T}}\quad B_{il}^{\mathrm{T}}\quad d_MY_{js}^{\mathrm{T}}B_{il}^{\mathrm{T}}]^{\mathrm{T}}$$

$$\tilde{\Psi}_{4i}=[0\quad X_j\quad 0\quad 0\quad 0\quad X_j\quad 0\quad 0\quad 0]^{\mathrm{T}},\tilde{\Psi}_{5i}=[X_i\quad 0\quad 0\quad 0\quad 0\quad 0\quad 0\quad 0\quad 0]^{\mathrm{T}}$$

$$\tilde{\Psi}'_{2i}=[Y_{is}^{\mathrm{T}}B_{il}^{\mathrm{T}}\quad 0\quad 0\quad 0\quad 0\quad 0\quad 0\quad hY_{is}^{\mathrm{T}}B_{il}^{\mathrm{T}}\quad d_MY_{is}^{\mathrm{T}}B_{il}^{\mathrm{T}}\quad 0]^{\mathrm{T}}$$

$$\tilde{\Psi}'_{3i}=[0\quad X_i\quad 0\quad 0\quad 0\quad X_i\quad 0\quad 0\quad 0\quad 0]^{\mathrm{T}}$$

$$\tilde{\Psi}'_{4i}=[X_i\quad 0\quad 0\quad 0\quad 0\quad 0\quad 0\quad 0\quad 0\quad 0]^{\mathrm{T}},\tilde{\Theta}_{1i}=\mathrm{sym}\{A_{il}X_i\}-\lambda_uX_i+\hat{Q}_{1i}+\hat{Q}_{2i}-\hat{R}_{1i}-\hat{R}_{2i}$$

$$\tilde{\Theta}_{2i} = B_{il}Y_{js} + \hat{R}_{1i} + \hat{S}_{1i}^{\mathrm{T}} + \hat{R}_{2i} + \hat{S}_{2i}^{\mathrm{T}}, \tilde{\Theta}_{3i} = \alpha_M \hat{\Omega}_j - (2\hat{R}_{1i} + \hat{S}_{1i} + \hat{S}_{1i}^{\mathrm{T}}) - (2\hat{R}_{2i} + \hat{S}_{2i} + \hat{S}_{2i}^{\mathrm{T}})$$

$$\tilde{\Theta}_{4i} = -\mathrm{e}^{\lambda_u h}\hat{Q}_{1i} - \hat{R}_{1i}, \tilde{\Theta}_{5i} = -\mathrm{e}^{\lambda_u d_M}\hat{Q}_{2i} - \hat{R}_{2i}$$

$$\tilde{\Theta}'_{1i} = \mathrm{sym}\{A_{il}X_i\} + \lambda_s X_i + \hat{Q}_{1i} + \hat{Q}_{2i} - \mathrm{e}^{-\lambda_s h}\hat{R}_{1i} - \mathrm{e}^{-\lambda_s d_M}\hat{R}_{2i}$$

$$\tilde{\Theta}'_{2i} = B_{il}Y_{is} + \mathrm{e}^{-\lambda_s h}(\hat{R}_{1i} + \hat{S}_{1i}^{\mathrm{T}}) + \mathrm{e}^{-\lambda_s d_M}(\hat{R}_{2i} + \hat{S}_{2i}^{\mathrm{T}}), \tilde{\Theta}'_{4i} = \mathrm{e}^{-\lambda_s h}(\hat{S}_{1i}^{\mathrm{T}} + \hat{R}_{1i})$$

$$\tilde{\Theta}'_{3i} = \alpha_M \hat{\Omega}_i - \mathrm{e}^{-\lambda_s h}(2\hat{R}_{1i} + \hat{S}_{1i} + \hat{S}_{1i}^{\mathrm{T}}) - \mathrm{e}^{-\lambda_s d_M}(2\hat{R}_{2i} + \hat{S}_{2i} + \hat{S}_{2i}^{\mathrm{T}}), \tilde{\Theta}'_{5i} = -\mathrm{e}^{-\lambda_s h}(\hat{Q}_{1i} + \hat{R}_{1i})$$

$$\tilde{\Theta}'_{6i} = \mathrm{e}^{-\lambda_s d_M}(\hat{S}_{2i}^{\mathrm{T}} + \hat{R}_{2i}), \tilde{\Theta}'_{7i} = -\mathrm{e}^{-\lambda_s d_M}(\hat{Q}_{2i} + \hat{R}_{2i}), \tilde{\Theta}'_{8i} = -\mathrm{e}^{-\lambda_s h}\hat{S}_{1i}^{\mathrm{T}}, \tilde{\Theta}'_{9i} = -\mathrm{e}^{-\lambda_s d_M}\hat{S}_{2i}^{\mathrm{T}}$$

$$Y_1 = \lambda_1^2\hat{Q}_{1i} - 2\lambda_1 X_i, Y_2 = \lambda_2^2\hat{Q}_{2i} - 2\lambda_2 X_i, Y_3 = \lambda_3^2\hat{R}_{1i} - 2\lambda_3 X_i, Y_4 = \lambda_4^2\hat{R}_{2i} - 2\lambda_4 X_i$$

那么，可以得到相对应的事件触发状态反馈控制器增益矩阵，即

$$K_{il} = Y_{il}X_i^{-1} \tag{7.89}$$

证明　本小节证明过程与 7.2 节类似，不再赘述。

7.3.3 仿真算例

本小节给出一个仿真算例来验证提出方法的有效性。考虑初始状态为 $x(0) = [-0.5 \quad 0.7]^{\mathrm{T}}$ 的具有两个子系统的切换线性 T-S 模糊系统，各矩阵参数如下：

$$A_{11} = \begin{bmatrix} -1.6 & -2.3 \\ 1.1 & -2.8 \end{bmatrix}, A_{12} = \begin{bmatrix} -2.1 & -1.3 \\ 0.8 & -4.1 \end{bmatrix}, A_{21} = \begin{bmatrix} -1.5 & -0.9 \\ 0.2 & -1.6 \end{bmatrix}, A_{22} = \begin{bmatrix} -2.3 & -1.6 \\ 1.5 & -3.4 \end{bmatrix}$$

$$B_{11} = \begin{bmatrix} 0.8 \\ 0.3 \end{bmatrix}, B_{12} = \begin{bmatrix} 0.5 \\ 0.2 \end{bmatrix}, B_{21} = \begin{bmatrix} 0.7 \\ 0.3 \end{bmatrix}, B_{22} = \begin{bmatrix} 0.2 \\ 0.6 \end{bmatrix}, E_{11} = \begin{bmatrix} 0.35 \\ 0.22 \end{bmatrix}, E_{12} = \begin{bmatrix} 0.1 \\ 0.1 \end{bmatrix}$$

$$E_{21} = \begin{bmatrix} 0.2 \\ 0.3 \end{bmatrix}, E_{22} = \begin{bmatrix} 0.12 \\ 0.08 \end{bmatrix}, C_{11} = \begin{bmatrix} 0.05 & 0.4 \end{bmatrix}, C_{12} = \begin{bmatrix} -1.2 & 0.2 \end{bmatrix}$$

$$C_{21} = \begin{bmatrix} 0.15 & 0.25 \end{bmatrix}, C_{22} = \begin{bmatrix} 0.3 & 0.5 \end{bmatrix}, D_{11} = 0.1, D_{12} = 0.5, D_{21} = 0.1, D_{22} = 0.1$$

设切换线性 T-S 模糊系统的隶属度函数为

$$h_{11} = 1 - \frac{2}{1+\mathrm{e}^{-2x_1(t)}} \times \frac{2}{1+\mathrm{e}^{2x_1(t)}} \in [0,1], h_{12} = 1 - h_{11}$$

$$h_{21} = \sin^2(x_2 + 0.5) \in [0,1], h_{22} = 1 - h_{21}$$

扰动信号 $\omega(t)$ 为

$$\omega(t) = \begin{cases} 0.08\sin(2\pi t), & t \in [3,\ 11) \\ 0, & \text{其他} \end{cases}$$

其他参数为 $\lambda_s = 1.9, \lambda_u = 1.05, \alpha_m = 0.05, \alpha_M = 0.5, h = 0.05, \gamma = 5, \eta_1 = 10.9, \delta_{s'} = 0.8180$，$\tau_M = 0.73, d_M = 0.04, \tilde{\delta} = 0.34, \mu = 80, \lambda_1 = \lambda_2 = \lambda_3 = \lambda_4 = 1, \lambda_5 = 0.3, \lambda_6 = 0.1$。另外，虚假数据注入攻击信号的上界计算为 $\tilde{\delta}x^{\mathrm{T}}(0)x(0) = 0.25$，$\eta(t)$ 满足 $\|\eta(t)\| \leqslant 0.25$。通过求解 LMIs 式（7.83）～式（7.88），可以得到相应的事件触发参数和状态反馈控制器增益为

$$\Omega_1=\begin{bmatrix}1.5447 & 0.5723\\ 0.5723 & 1.0437\end{bmatrix},\Omega_2=\begin{bmatrix}2.3247 & 0.8605\\ 0.8605 & 0.6588\end{bmatrix},K_{11}=\begin{bmatrix}-1.0331 & 0.8238\end{bmatrix}$$

$$K_{12}=\begin{bmatrix}-1.6387 & 0.3012\end{bmatrix},K_{21}=-\begin{bmatrix}0.7808 & 0.1280\end{bmatrix},K_{22}=-\begin{bmatrix}0.7463 & 0.1757\end{bmatrix}$$

平均驻留时间计算为$\tau_a=5.8<\tau_a^*=5.7461$，选择$N_0=4$。

图 7.10 的（a）、（b）分别描述了二维闭环系统的状态和量化状态。结果表明，在虚假数据注入攻击影响下，系统状态是渐近稳定的。图 7.11 描述了系统切换信号和事件触发切换信号。图 7.12 的（a）、（b）分别展示了事件触发和自适应事件触发机制的执行间隔，事件触发和自适应事件触发机制的任意相邻的执行间隔都不小于一个采样周期h，避免了 Zeno 问题。图 7.13 描述了可调触发阈值$\alpha(t_kh)$（$\eta=0.82$和$\beta=4.1$）的自适应变化情况，当系统有发散趋势时，可调阈值$\alpha(t_kh)$将变小以使系统采样和通信更加频繁。相反地，当系统有收敛趋势时，可调阈值$\alpha(t_kh)$将变大以减少系统采样频率，节省更多通信和计算资源。

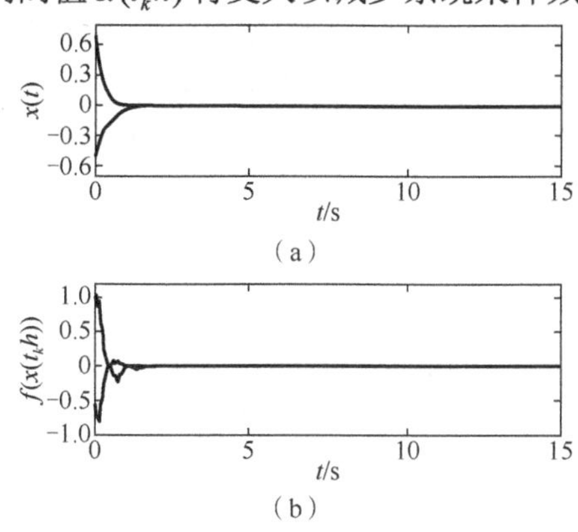

图 7.10 系统状态$x(t)$和量化系统状态$f(x(t_kh))$

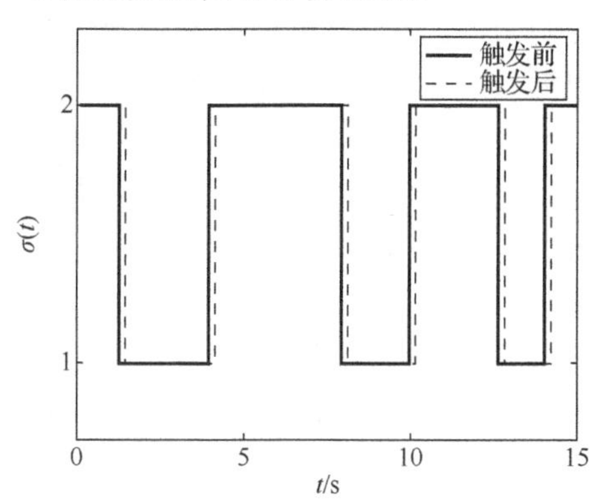

图 7.11 切换信号和事件触发切换信号

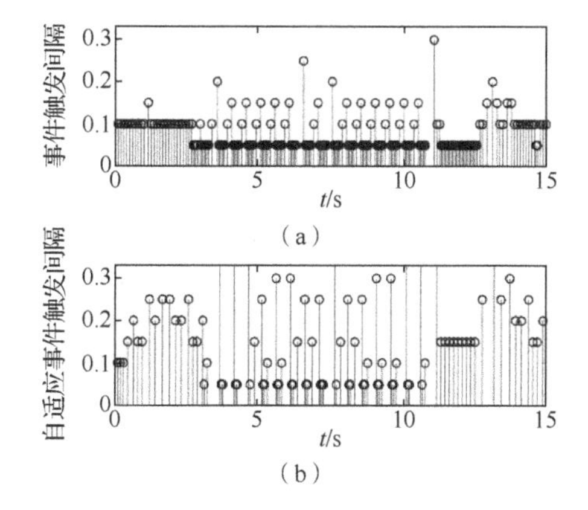

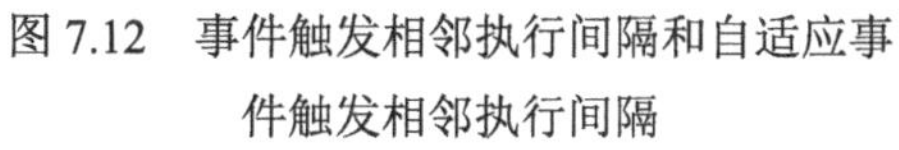

图 7.12 事件触发相邻执行间隔和自适应事件触发相邻执行间隔

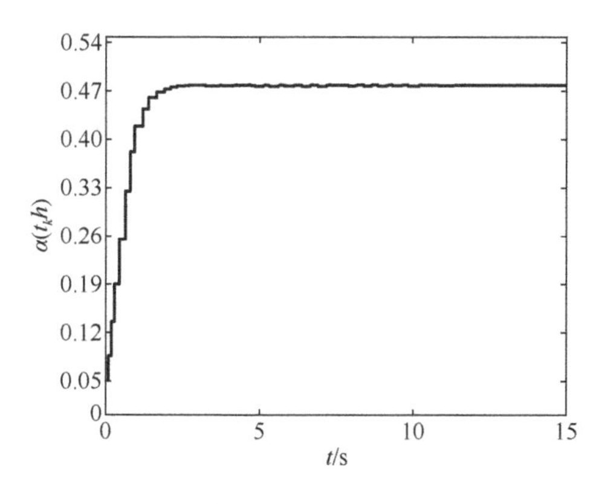

图 7.13 $\alpha(t_kh)$自适应变化轨迹

7.4 小　结

首先，研究了数据包乱序下切换线性系统的事件触发多异步控制问题。针对子触发机制和子控制器相对于子系统的独立切换时滞，分类讨论，并研究多异步下的系统稳定性与控制综合问题。基于分段 Lyapunov 函数方法和平均驻留时间技术，给出了闭环系统指数稳定并具有 H_∞ 性能指标的充分条件。另外，相应地给出了一组控制器增益和事件触发机制参数的协同设计条件。通过给出的仿真算例表明，所设计的多异步事件触发控制方法是有效的。

然后，研究了在数据注入攻击下切换线性 T-S 模糊系统的诱导异步事件触发控制问题。设计了一种具有切换结构的自适应离散型事件触发机制，触发阈值可根据系统性能需求来动态地改变大小。此外，考虑切换信号作为一种通信传输信号可被采样和触发，但这易导致子系统和子控制器间发生异步切换现象。并且，在控制通道中考虑了数据注入攻击对系统的影响。通过采用时滞转换建模方法，构建了受数据注入攻击影响的闭环切换 T-S 模糊系统。进而，利用分段 Lyapunov 函数方法和平均驻留时间技术，给出了闭环系统指数稳定并具有 H_∞ 性能指标的充分条件。另外，相应地给出了一组控制器和事件触发机制的设计条件。通过给出的仿真算例表明，所设计的诱导异步事件触发控制方法是可行的。

8　切换线性系统分散事件触发控制

8.1　概　　述

前面章节大都考虑的是切换线性系统的集中事件触发控制。工程中，分布式的传感器布置较为普遍，例如在多智能体系统[212]和大系统[213]中。相比之下，分散事件触发控制成为一种更灵活的控制组织形式，并受到关注[214]。分散事件触发控制存在多个通道，并且在每个通道中分别布置一组传感器以监视本地信号。此外，每个事件触发机制仅依赖于自身通道的信息，这比集中事件触发更自主有效。文献[215]考虑了分散事件触发耗散控制，根据不同的物理属性将系统输出分为多个节点。文献[216]设计了一种双端分散控制，在系统-控制器和控制器-执行器两个通道分别设计了不同的事件触发机制。文献[217]针对神经网络在有限的网络带宽和存在外部攻击情况下，设计了一种分散事件触发 H_∞ 控制策略。目前，对切换线性系统分散事件触发控制的研究还不多见。

另外，实际中由噪声和扰动等导致的非线性因素是本质存在的，有些情况下无法进行忽略和简化。用 T-S 模糊理论来描述这些非线性因素，构建切换 T-S 模糊系统模型，相比于切换线性系统，可更加精确和可靠地对复杂系统建模。许多工程系统都可以用切换 T-S 模糊系统描述，比如，模糊机器人控制系统[218]、航空发动机模糊控制系统[219]以及电网控制系统[220]等。考虑切换信号经带有延迟的网络传输，会产生异步切换现象，这将大幅降低系统性能。目前，对切换线性 T-S 模糊系统的异步分散事件触发控制的相关研究依旧鲜见。

本章主要针对受外部扰动的切换线性系统，研究分散事件触发控制问题。考虑事件触发机制和网络因素的影响，进行闭环系统建模，并构造相应的 Lyapunov 函数，设计满足平均驻留时间条件的切换信号，给出闭环系统稳定的充分条件，同时给出相应控制器增益的设计条件。在 8.2 节中研究考虑数据缓冲器的切换线性系统的分散事件触发控制问题。在 8.3 节中研究自适应采样下切换线性 T-S 模糊系统的异步分散事件触发控制问题。所求控制器增益和触发参数均通过求解一组对应的 LMIs 得到。最后，仿真算例验证所提出方法的有效性。

8.2 分散事件触发控制

8.2.1 问题描述

1. 系统描述

考虑如下受外部扰动影响的切换线性系统模型：

$$\begin{aligned}\dot{x}(t) &= A_{\sigma(t)}x(t) + B_{\sigma(t)}u(t) + G_{\sigma(t)}\omega(t) \\ z(t) &= C_{\sigma(t)}x(t) + D_{\sigma(t)}\omega(t)\end{aligned} \tag{8.1}$$

式中，$x(t)\in\mathbb{R}^{n}$ 为系统状态；$u(t)\in\mathbb{R}^{n_u}$ 为控制输入；$z(t)\in\mathbb{R}^{n_z}$ 为控制输出；$\omega(t)\in\mathbb{R}^{n_\omega}$ 为外部扰动且属于 $L_2[0,\infty)$；$\sigma(t):[0,\infty)\to \underline{N}=\{1,2,\cdots,N\}$ 为分段连续切换信号；$A_{\sigma(t)},B_{\sigma(t)},G_{\sigma(t)},C_{\sigma(t)}$ 和 $D_{\sigma(t)}$ 为适当维数的常值矩阵。

如图 8.1 所示，系统状态首先被分成多个通道，$\hat{x}_d(t)$ $(d=1,2,\cdots,\overline{n}\,|\,\overline{n}\leqslant n)$ 表示状态 $x(t)$ 的第 d 个组成部分。$\hat{x}_d(t)$ 经传感器以固定间隔 h 采样得到 $\{\hat{x}_d(\eta h)\}_{\eta\in\mathbb{N}}$。随后，释放的状态 $\{\hat{x}_d(t_{k_d}^d h)\}_{k_d\in\mathbb{N}}$ 将以数据包形式通过网络中相应通道传递到数据缓冲器。进而，新的信号 $\tilde{x}(t)$ 将会产生并传递到子控制器更新控制输入。此外，子系统、子触发机制和子控制器的工作序列由切换律决定。

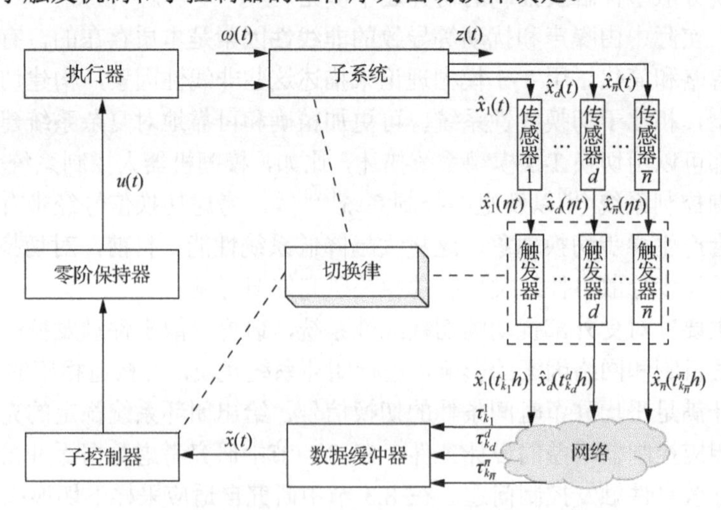

图 8.1　基于分散事件触发的切换线性系统控制框图

系统状态可以被写成分散的形式，即

$$x(t)=\mathrm{col}\{x_1(t),\cdots,x_n(t)\}=H\mathrm{col}\{\hat{x}_1(t),\cdots,\hat{x}_d(t),\cdots,\hat{x}_{\overline{n}}(t)\} \tag{8.2}$$

式中，对称正定矩阵 $H\in\mathbb{R}^{n\times n}$ 是使系统状态变为期望序列的置换矩阵；$\hat{x}_d(t)$ 是几个系统子状态的组合。

2. 事件触发机制

针对系统不同通道的信息分别建立相应子触发机制，其形式如下：

$$t_{k_d+1}^d h=t_{k_d}^d h+\min_{\varphi_{k_d}^d\in\mathbb{N}^+}\{\varphi_{k_d}^d h\,|\,[\hat{x}_d(t_{k_d}^d h)-\hat{x}_d(t_{k_d}^d h+\varphi_{k_d}^d h)]^{\mathrm{T}}\Omega_{1\sigma(t)}^d[\hat{x}_d(t_{k_d}^d h)-\hat{x}_d(t_{k_d}^d h+\varphi_{k_d}^d h)]$$
$$\geqslant\alpha_{\sigma(t)}^d\hat{x}_d^{\mathrm{T}}(t_{k_d}^d h+\varphi_{k_d}^d h)\Omega_{2\sigma(t)}^d\hat{x}_d(t_{k_d}^d h+\varphi_{k_d}^d h)\},\quad d=1,2,\cdots,\bar{n},\ k_d\in\mathbb{N}\tag{8.3}$$

式中，$\alpha_i^d>0$ 为触发阈值参数；$\Omega_{1i}^d,\Omega_{2i}^d(i\in\underline{N})$ 为适当维数的对称正定矩阵。对于第 d 个通道的采样状态，如果当前系统状态 $\hat{x}_d(t_{k_d}^d h)$ 和最新采样数据 $\hat{x}_d(t_{k_d}^d h+\varphi_{k_d}^d h)$ 之间的误差满足式（8.3）中的触发不等式，则最新的采样状态将被释放并传递到数据缓冲器；否则，该状态将被舍弃。定义下一个触发时刻为 $t_{k_d+1}^d h=t_{k_d}^d h+\varphi_{k_d}^d h$。

3. 数据缓冲器

传输时滞 $\tau_{k_d}^d$ 满足 $0<\max\limits_{k_d\in\mathbb{N}}\{\tau_{k_d}^d\}\leqslant h$。数据缓冲器用来接收和组织从分散事件触发通道释放的所有采样数据，其更新周期为 $\frac{1}{2}h$。这也意味着在区间 $(\frac{1}{2}(\kappa-1)h,\frac{1}{2}\kappa h]_{\kappa\in\mathbb{N}^+}$ 内，如果任意释放的数据 $\hat{x}_d(t_{k_d}^d h)$ 以通信时滞 $\tau_{k_d}^d$ 到达数据缓冲器，一个新组织的信号将在 $\frac{1}{2}\kappa h$ 时刻被发送。然后，控制器的状态被更新。

如图 8.2 所示，时间序列 $\{b_r h\,|\,b_r=\frac{1}{2}\kappa h,r\in\mathbb{N}^+\}$ 表示所有数据缓冲器产生新信号的时刻。在区间 $(1h,1.5h]$ 内，当一个数据包 $\hat{x}_2(t_1^2 h)$ 到达数据缓冲器，则在时刻 1.5h 处，缓冲器产生一个新信号 $\tilde{x}(b_1 h)=H\mathrm{col}\{\hat{x}_1(t_0^1 h),\hat{x}_2(t_1^2 h),\hat{x}_3(t_0^3 h)\}$，其中，$\hat{x}_d(t_0^d h)$ 表示第 d $(d\in\{1,2,3\})$ 个通道的初始状态。数据包 $\hat{x}_1(t_1^1 h)$ 和 $\hat{x}_3(t_1^3 h)$ 在区间 $(1.5h,2h]$ 内到达时，则新信号 $\tilde{x}(b_2 h)=H\mathrm{col}\{\hat{x}_1(t_1^1 h),\hat{x}_2(t_1^2 h),\hat{x}_3(t_1^3 h)\}$ 在 $2h$ 处产生。此外，由于在区间 $(2h,2.5h]$ 内，没有数据到达，则在时刻 2.5h 处没有新信号产生。相应地，图 8.2 中有新信号产生的时刻可以被写为 b_1h=1.5h, b_2h=2h, b_3h=3.5h, b_4h=4.5h。然后，在任意时刻 $b_r h$，从数据缓冲器产生的信号可被表达为

$$\tilde{x}(b_r h)=H\mathrm{col}\{\hat{x}_1(t_{k_1}^1 h),\hat{x}_2(t_{k_2}^2 h),\cdots,\hat{x}_{\bar{n}}(t_{k_{\bar{n}}}^{\bar{n}} h)\}\tag{8.4}$$

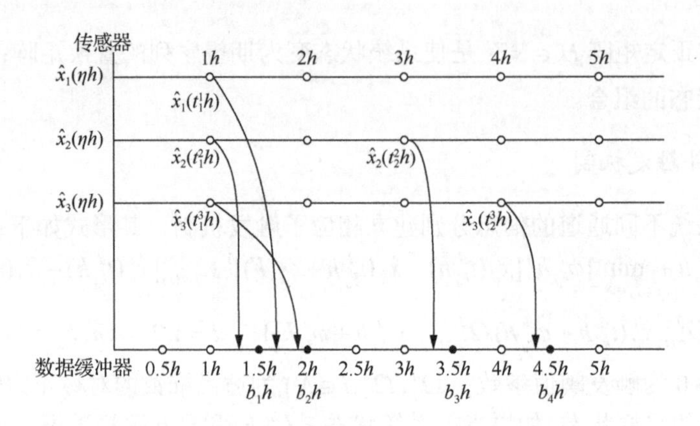

图 8.2 带有数据拥塞的数据缓冲器工作机理

4. 建立闭环系统

当数据缓冲器产生一个新信号并在时刻 $b_r h$ 处被传递到控制器时，状态反馈控制器可描述为

$$u(t) = K_{\sigma(t)}\tilde{x}(b_r h), \quad t \in [b_r h, b_{r+1}h) \tag{8.5}$$

然后，利用 3.3.1 小节中的方法建立时滞闭环切换系统模型。定义

$$[b_r h, b_{r+1}h) = \bigcup_{m=0}^{\beta_r - 1} \varPhi_m^{b_r} \tag{8.6}$$

式中，

$$\varPhi_m^{b_r} = \begin{cases} [b_r h + mh, b_r h + (m+1)h), & m = 0,1,\cdots,\beta_r - 2 \\ [b_r h + (\beta_r - 1)h, b_{r+1}h), & m = \beta_r - 1 \end{cases}$$

并且 $\beta_r \in \mathbb{N}^+$ 满足

$$b_r h + (\beta_r - 1)h < b_{r+1}h \leqslant b_r h + \beta_r h \tag{8.7}$$

对于任意第 d 个通道，在 $t_{k_d}^d h$ 时刻释放的数据将在时刻 $b_r h$ 处由数据缓冲器发送并更新。利用式（8.6），定义 $t_{k_d}^d h = b_r h - \phi_{k_d} h$ 以及二进制变量 $\phi_{k_d} \in \{\frac{1}{2}, 1\}$，进一步，有

$$\tau_d(t) = \begin{cases} t - (b_r h - \phi_{k_d} h) - mh, & t \in \varPhi_m^{b_r}, m = 0,1,\cdots,\beta_r - 2 \\ t - (b_r h - \phi_{k_d} h) - (\beta_r - 1)h, & t \in \varPhi_{\beta_r - 1}^{b_r} \end{cases} \tag{8.8}$$

由式（8.6）～式（8.8），可以得到

$$\begin{aligned} &\phi_{k_d} h \leqslant \tau_d(t) \leqslant \phi_{k_d} h + h, \quad t \in \varPhi_m^{b_r}, m = 0,1,\cdots,\beta_r - 2 \\ &\phi_{k_d} h \leqslant \tau_d(t) \leqslant b_{r+1}h - b_r h + \phi_{k_d} h - (\beta_r - 1)h \leqslant \phi_{k_d} h + h, \quad t \in \varPhi_{\beta_r - 1}^{b_r} \end{aligned} \tag{8.9}$$

因此，式（8.9）可以被改写为

$$\phi_{k_d} h \leqslant \tau_d(t) \leqslant \phi_{k_d} h + h, \quad t \in [b_r h, b_{r+1} h) \tag{8.10}$$

考虑到在 $t_{k_d}^d h$ 时刻释放的数据包可能在数据缓冲器的 $(t_{k_d}^d h, t_{k_d}^d h + \frac{1}{2}h]$ 和 $(t_{k_d}^d h + \frac{1}{2}h, t_{k_d}^d h + h]$ 区间内到达，因此有以下两种情况。

情况 1：数据包在第一个区间到达，即 $\phi_{k_d} = \frac{1}{2}$。根据式（8.10），可得

$$\frac{1}{2}h \leqslant \tau_d(t) \leqslant \frac{3}{2}h, \quad t \in [b_r h, b_{r+1} h) \tag{8.11}$$

情况 2：数据包在第二个区间到达，即 $\phi_{k_d} = 1$。根据式（8.10），可得

$$h \leqslant \tau_d(t) \leqslant 2h, \quad t \in [b_r h, b_{r+1} h) \tag{8.12}$$

因此，对于所有的分散通道，将式（8.11）和式（8.12）合并，得到

$$\frac{1}{2}h \leqslant \tau(t) \triangleq \tau_d(t) \leqslant 2h, \quad d = 1, 2, \cdots, \bar{n}, t \in [b_r h, b_{r+1} h) \tag{8.13}$$

注释 8.1 在式（8.7）中，当 $b_{r+1}h - b_r h = \beta_r h$ 时，对不等式（8.7）右侧取等号；当 $b_{r+1}h - b_r h = (\beta_r - \frac{1}{2})h$，对不等式（8.7）右侧取小于号。当数据缓冲器的更新周期选为 $h, \frac{1}{3}h$ 或 $\frac{1}{4}h$ 时，$\tau(t)$ 的取值范围分别为 $h \leqslant \tau(t) \leqslant 2h$, $\frac{1}{3}h \leqslant \tau(t) \leqslant 2h$ 或 $\frac{1}{4}h \leqslant \tau(t) \leqslant 2h$。

对于通道 $d = 1, 2, \cdots, \bar{n}$，定义

$$e_d(t) = \begin{cases} \hat{x}_d(t_{k_d}^d h) - \hat{x}_d(t_{k_d}^d h + mh), & t \in \varPhi_m^{b_r}, m = 0, 1, \cdots, \beta_r - 2 \\ \hat{x}_d(t_{k_d}^d h) - \hat{x}_d(t_{k_d}^d h + (\beta_r - 1)h), & t \in \varPhi_{\beta_r - 1}^{b_r} \end{cases} \tag{8.14}$$

令

$$\begin{aligned} e(t) &= H\mathrm{col}\{e_1(t), e_2(t), \cdots, e_{\bar{n}}(t)\} \\ x(t - \tau(t)) &= H\mathrm{col}\{\hat{x}_1(t - \tau(t)), \hat{x}_2(t - \tau(t)), \cdots, \hat{x}_{\bar{n}}(t - \tau(t))\} \end{aligned} \tag{8.15}$$

然后，根据式（8.4）、式（8.8）、式（8.14）和式（8.15），可得

$$\tilde{x}(b_r h) = x(t - \tau(t)) + e(t) \tag{8.16}$$

通过式（8.1）、式（8.5）和式（8.16），可以得到时滞闭环切换系统

$$\begin{aligned} \dot{x}(t) &= A_{\sigma(t)} x(t) + B_{\sigma(t)} K_{\sigma(t)} x(t - \tau(t)) + B_{\sigma(t)} K_{\sigma(t)} e(t) + G_{\sigma(t)} \omega(t) \\ z(t) &= C_{\sigma(t)} x(t) + D_{\sigma(t)} \omega(t) \end{aligned} \tag{8.17}$$

由数据缓冲器的工作机理和分散事件触发机制（8.3），可以得到

$$e^{\mathrm{T}}(t) H^{-1} \varOmega_{1\sigma(t)} H^{-1} e(t) < x^{\mathrm{T}}(t - \tau(t)) H^{-1} \alpha_{\sigma(t)} \varOmega_{2\sigma(t)} H^{-1} x(t - \tau(t)), \quad t \in [b_r h, b_{r+1} h) \tag{8.18}$$

式中，

$$\Omega_{1i}=\mathrm{diag}\{M_i^1,M_i^2,\cdots,M_i^{\bar{n}}\},\Omega_{2i}=\mathrm{diag}\{N_i^1,N_i^2,\cdots,N_i^{\bar{n}}\}$$

$$\alpha_i=\mathrm{diag}\{\alpha_i^1 I,\alpha_i^2 I,\cdots,\alpha_i^{\bar{n}} I\},\quad i\in\underline{N}$$

8.2.2 主要结果

针对上述闭环系统（8.17），本小节主要研究如下两个问题：

（1）如何得到保证闭环系统（8.17）是指数稳定的且具有 H_∞ 性能指标的充分条件？

（2）基于稳定性条件，如何求解 H_∞ 状态反馈控制器的增益？

1. 稳定性分析

本小节利用分段 Lyapunov 函数方法和平均驻留时间技术，给出了保证时滞闭环切换系统（8.17）具有指数稳定性的充分条件。

定理 8.1 对于任意的 $i,j\in\underline{N}$，给定的正常数 $\tau_m,\tau_M,\alpha_i,\gamma,\theta,\mu>1$ 和对称正定矩阵 $\Omega_{1i},\Omega_{2i},H$，如果存在对称正定矩阵 $P_i,Q_{1i},Q_{2i},R_{1i},R_{2i}$ 和矩阵 S_i 满足

$$\begin{bmatrix} R_{2i} & S_i \\ * & R_{2i} \end{bmatrix}\geqslant 0 \tag{8.19}$$

$$\begin{bmatrix} \Pi_{1i} & \tau_m T_{1i} & (\tau_M-\tau_m)T_{1i} & T_{2i} \\ * & -R_{1i}^{-1} & 0 & 0 \\ * & * & -R_{2i}^{-1} & 0 \\ * & * & * & -I \end{bmatrix}<0 \tag{8.20}$$

$$P_i\leqslant\mu P_j,Q_{1i}\leqslant\mu Q_{1j},Q_{2i}\leqslant\mu Q_{2j},R_{1i}\leqslant\mu R_{1j},R_{2i}\leqslant\mu R_{2j} \tag{8.21}$$

式中，

$$\Pi_{1i}=\begin{bmatrix} M_{1i} & M_{2i} \\ * & M_{3i} \end{bmatrix}$$

$$T_{1i}=[A_i \quad B_iK_i \quad 0 \quad 0 \quad B_iK_i \quad G_i]^{\mathrm{T}},T_{2i}=[C_i \quad 0 \quad 0 \quad 0 \quad 0 \quad D_i]^{\mathrm{T}}$$

$$M_{1i}=\begin{bmatrix} \varphi_{1i} & P_iB_iK_i & \mathrm{e}^{-\theta\tau_m}R_{1i} & 0 \\ * & \varphi_{2i} & \mathrm{e}^{-\theta\tau_M}(R_{2i}+S_i) & \mathrm{e}^{-\theta\tau_M}(R_{2i}+S_i^{\mathrm{T}}) \\ * & * & \varphi_{3i} & -\mathrm{e}^{-\theta\tau_M}S_i^{\mathrm{T}} \\ * & * & * & -\mathrm{e}^{-\theta\tau_M}(Q_{2i}+R_{2i}) \end{bmatrix}$$

$$M_{2i}=\begin{bmatrix} G_i^{\mathrm{T}}P_i & 0 & 0 & 0 \\ K_i^{\mathrm{T}}B_i^{\mathrm{T}}P_i & 0 & 0 & 0 \end{bmatrix}^{\mathrm{T}}$$

$M_{3i}=\operatorname{diag}\{-H^{-1}\Omega_{1i}H^{-1},-\gamma^2 I\},\varphi_{1i}=\operatorname{sym}\{P_i A_i\}+\theta P_i+Q_{1i}-\mathrm{e}^{-\theta\tau_m}R_{1i}$

$\varphi_{2i}=-\mathrm{e}^{-\theta\tau_M}(\operatorname{sym}\{S_i\}+2R_{2i})+H^{-1}\alpha_i\Omega_{2i}H^{-1},\varphi_{3i}=\mathrm{e}^{-\theta\tau_m}(Q_{2i}-Q_{1i}-R_{1i})-\mathrm{e}^{-\theta\tau_M}R_{2i}$

那么，在事件触发机制（8.3）、状态反馈控制器（8.5）和切换信号$\sigma(t)$的作用下，时滞闭环切换系统（8.17）具有H_∞性能指标$\sqrt{\mathrm{e}^{N_0\ln\mu}}\gamma$，并且切换信号的平均驻留时间满足

$$\tau_a>\tilde{\tau}_a=\frac{\ln\mu}{\theta} \tag{8.22}$$

证明　不失一般性，将式(8.13)中函数$\tau(t)$的上界和下界分别定义为$\tau_M=2h$和$\tau_m=0.5h$。考虑如下 Lyapunov 函数：

$$V(x(t))=V_{\sigma(t)}(x(t))=V_{1\sigma(t)}(x(t))+V_{2\sigma(t)}(x(t))+V_{3\sigma(t)}(x(t)) \tag{8.23}$$

式中，

$$V_{1\sigma(t)}(x(t))=x^{\mathrm{T}}(t)P_{\sigma(t)}x(t)$$

$$V_{2\sigma(t)}(x(t))=\int_{t-\tau_m}^{t}\mathrm{e}^{\theta(s-t)}x^{\mathrm{T}}(s)Q_{1\sigma(s)}x(s)\mathrm{d}s+\int_{t-\tau_M}^{t-\tau_m}\mathrm{e}^{\theta(s-t)}x^{\mathrm{T}}(s)Q_{2\sigma(s)}x(s)\mathrm{d}s$$

$$\begin{aligned}V_{3\sigma(t)}(x(t))=&\tau_m\int_{-\tau_m}^{0}\int_{t+s}^{t}\mathrm{e}^{\theta(v-t)}\dot{x}^{\mathrm{T}}(v)R_{1\sigma(v)}\dot{x}(v)\mathrm{d}v\mathrm{d}s\\&+(\tau_M-\tau_m)\int_{-\tau_M}^{-\tau_m}\int_{t+s}^{t}\mathrm{e}^{\theta(v-t)}\dot{x}^{\mathrm{T}}(v)R_{2\sigma(v)}\dot{x}(v)\mathrm{d}v\mathrm{d}s\end{aligned}$$

存在参数$a>0$和$b>0$满足

$$a\|x(t)\|^2\leqslant V(x(t))\leqslant b\|x(t)\|^2 \tag{8.24}$$

式中，

$$a=\min_{\forall i\in\underline{N}}\{\lambda_{\min}(P_i)\}$$

$$\begin{aligned}b=&\max_{\forall i\in\underline{N}}\{\lambda_{\max}(P_i)\}+\tau_m\max_{\forall i\in\underline{N}}\{\lambda_{\max}(Q_{1i})\}+(\tau_M-\tau_m)\max_{\forall i\in\underline{N}}\{\lambda_{\max}(Q_{2i})\}\\&+\frac{\tau_m^3}{2}\max_{\forall i\in\underline{N}}\{\lambda_{\max}(R_{1i})\}+\frac{(\tau_M-\tau_m)^3}{2}\max_{\forall i\in\underline{N}}\{\lambda_{\max}(R_{2i})\}\end{aligned}$$

假设切换时刻为$\{l_q\}_{q\in\mathbb{N}}$，$\sigma(l_q)=i$，对式（8.23）中$V(x(t))$求导

$$\begin{aligned}\dot{V}_{1i}(x(t))=&\dot{x}^{\mathrm{T}}(t)P_i x(t)+x^{\mathrm{T}}(t)P_i\dot{x}(t)\\\dot{V}_{2i}(x(t))=&-\theta V_{2i}(x(t))+x^{\mathrm{T}}(t)Q_{1i}x(t)-\mathrm{e}^{-\theta\tau_m}x^{\mathrm{T}}(t-\tau_m)Q_{1i}x(t-\tau_m)\\&+\mathrm{e}^{-\theta\tau_m}x^{\mathrm{T}}(t-\tau_m)Q_{2i}x(t-\tau_m)-\mathrm{e}^{-\theta\tau_M}x^{\mathrm{T}}(t-\tau_M)Q_{2i}x(t-\tau_M)\\\dot{V}_{3i}(x(t))\leqslant&-\theta V_{3i}(x(t))+\tau_m^2\dot{x}^{\mathrm{T}}(t)R_{1i}\dot{x}(t)+(\tau_M-\tau_m)^2\dot{x}^{\mathrm{T}}(t)R_{2i}\dot{x}(t)\\&-\mathrm{e}^{-\theta\tau_m}\tau_m\int_{t-\tau_m}^{t}\dot{x}^{\mathrm{T}}(s)R_{1i}\dot{x}(s)\mathrm{d}s-\mathrm{e}^{-\theta\tau_M}(\tau_M-\tau_m)\int_{t-\tau_M}^{t-\tau_m}\dot{x}^{\mathrm{T}}(s)R_{2i}\dot{x}(s)\mathrm{d}s\end{aligned} \tag{8.25}$$

对于式（8.25）最后一行中的倒数第二项，利用引理 2.4，可得

$$-\tau_m\int_{t-\tau_m}^{t}\dot{x}^{\mathrm{T}}(s)R_{1i}\dot{x}(s)\mathrm{d}s\leqslant-[x(t)-x(t-\tau_m)]^{\mathrm{T}}R_{1i}[x(t)-x(t-\tau_m)] \tag{8.26}$$

对于式（8.25）中最后一行的最后一项，采用逆凸组合方法，由式（8.19）可知

$$\begin{aligned}&-(\tau_M-\tau_m)\int_{t-\tau_M}^{t-\tau_m}\dot{x}^{\mathrm{T}}(s)R_{2i}\dot{x}(s)\mathrm{d}s\\&\leqslant-[x(t-\tau(t))-x(t-\tau_M)]^{\mathrm{T}}R_{2i}[x(t-\tau(t))-x(t-\tau_M)]\\&\quad-[x(t-\tau_m)-x(t-\tau(t))]^{\mathrm{T}}R_{2i}[x(t-\tau_m)-x(t-\tau(t))]\\&\quad+2[x(t-\tau(t))-x(t-\tau_M)]^{\mathrm{T}}S_i[x(t-\tau_m)-x(t-\tau(t))]\end{aligned} \tag{8.27}$$

根据条件式（8.18）和式（8.25）～式（8.27），可得

$$\begin{aligned}\dot{V}_i(x(t))+\theta V_i(x(t))\leqslant{}&\xi^{\mathrm{T}}(t)[\Pi_{1i}+\tau_m^2T_{1i}R_{1i}T_{1i}^{\mathrm{T}}+(\tau_M-\tau_m)^2T_{1i}R_{2i}T_{1i}^{\mathrm{T}}\\&+T_{2i}T_{2i}^{\mathrm{T}}]\xi(t)+\gamma^2\omega^{\mathrm{T}}(t)\omega(t)-z^{\mathrm{T}}(t)z(t)\end{aligned} \tag{8.28}$$

式中，$\xi(t)=[x^{\mathrm{T}}(t)\quad x^{\mathrm{T}}(t-\tau(t))\quad x^{\mathrm{T}}(t-\tau_m)\quad x^{\mathrm{T}}(t-\tau_M)\quad e^{\mathrm{T}}(t)\quad \omega^{\mathrm{T}}(t)]^{\mathrm{T}}$。

由式（8.20）和式（8.28）可得

$$\dot{V}_i(x(t))+\theta V_i(x(t))+z^{\mathrm{T}}(t)z(t)-\gamma^2\omega^{\mathrm{T}}(t)\omega(t)\leqslant 0 \tag{8.29}$$

令$\Psi(s)=\mathrm{e}^{-\theta(t-s)}[z^{\mathrm{T}}(s)z(s)-\gamma^2\omega^{\mathrm{T}}(s)\omega(s)]$，通过比较引理，可得

$$V_i(x(t))\leqslant\mathrm{e}^{-\theta(t-l_q)}V_i(x(l_q))-\int_{l_q}^{t}\Psi(s)\mathrm{d}s,\quad t\in[l_q,l_{q+1}) \tag{8.30}$$

另外，根据式（8.21），对于任意切换时刻，有

$$V_{\sigma(l_q)}(x(l_q))\leqslant\mu V_{\sigma(l_q^-)}(x(l_q^-)) \tag{8.31}$$

假设$0=l_0<l_1<\cdots<l_q=t_{N_\sigma(0,t)}<t$，定义$\Upsilon(s)=z^{\mathrm{T}}(s)z(s)-\gamma^2\omega^{\mathrm{T}}(s)\omega(s)$，由式（8.21）和式（8.30），可得

$$\begin{aligned}V(x(t))&\leqslant\mathrm{e}^{-\theta(t-l_q)}V_{\sigma(l_q)}(x(l_q))-\int_{l_q}^{t}\mathrm{e}^{-\theta(t-s)}\Upsilon(s)\mathrm{d}s\\&\leqslant\mu\mathrm{e}^{-\theta(t-l_q)}V_{\sigma(l_q^-)}(x(l_q^-))-\int_{l_q}^{t}\mathrm{e}^{-\theta(t-s)}\Upsilon(s)\mathrm{d}s\\&\leqslant\mu\mathrm{e}^{-\theta(t-l_q)}[\mathrm{e}^{-\theta(l_q-l_{q-1})}V_{\sigma(l_{q-1})}(x(l_{q-1}))-\int_{l_{q-1}}^{l_q}\mathrm{e}^{-\theta(l_q-s)}\Upsilon(s)\mathrm{d}s]\\&\quad-\int_{l_q}^{t}\mathrm{e}^{-\theta(t-s)}\Upsilon(s)\mathrm{d}s\\&\quad\vdots\\&\leqslant\mu^{N_\sigma(l_0,t)}\mathrm{e}^{-\theta(t-l_0)}V_{\sigma(l_0)}(x(l_0))-\mu^{N_\sigma(l_0,t)}\int_{l_0}^{l_1}\mathrm{e}^{-\theta(t-s)}\Upsilon(s)\mathrm{d}s\\&\quad-\mu^{N_\sigma(l_1,t)}\int_{l_1}^{l_2}\mathrm{e}^{-\theta(t-s)}\Upsilon(s)\mathrm{d}s-\cdots-\mu^0\int_{l_q}^{t}\mathrm{e}^{-\theta(t-s)}\Upsilon(s)\mathrm{d}s\\&=\mu^{N_\sigma(l_0,t)}\mathrm{e}^{-\theta(t-l_0)}V_{\sigma(l_0)}(x(l_0))-\int_{l_0}^{t}\mathrm{e}^{-\theta(t-s)+N_\sigma(s,t)\ln\mu}\Upsilon(s)\mathrm{d}s\end{aligned} \tag{8.32}$$

然后，对闭环切换系统（8.17）的稳定性进行分析。首先，当$\omega(t)=0$时，可知$z^{\mathrm{T}}(t)z(t)>0$，然后由式（8.32），可以得到

$$V(x(t))\leqslant \mathrm{e}^{-\theta(t-l_0)+(N_0+\frac{t-l_0}{\tau_a})\ln\mu}V_{\sigma(l_0)}(x(l_0)) \tag{8.33}$$

由式（8.24）、式（8.33）和定义 2.1，可以得到

$$\|x(t)\|\leqslant\sqrt{\frac{b}{a}\mathrm{e}^{\frac{1}{2}N_0\ln\mu}}\mathrm{e}^{-\frac{1}{2}(\theta-\frac{\ln\mu}{\tau_a})t}\|x(0)\|_{d1} \tag{8.34}$$

令$\kappa=\sqrt{\frac{b}{a}\mathrm{e}^{\frac{1}{2}N_0\ln\mu}}$及$\zeta=-\frac{1}{2}(\theta-\frac{\ln\mu}{\tau_a})$，由式（8.22）、式（8.34）及定义 2.1 可知，闭环切换系统（8.17）在扰动$\omega(t)=0$时是指数稳定的。

当外部扰动$\omega(t)\neq 0$时，分析系统（8.17）的H_∞性能。将不等式（8.32）两侧同时乘以$\mathrm{e}^{-N_\sigma(0,t)\ln\mu}$，可得

$$\mathrm{e}^{-N_\sigma(0,t)\ln\mu}V(x(t))\leqslant \mathrm{e}^{-\theta t}V_{\sigma(0)}(x(0))-\int_0^t \mathrm{e}^{-\theta(t-s)-N_\sigma(0,s)\ln\mu}\Upsilon(s)\mathrm{d}s \tag{8.35}$$

由$N_\sigma(0,s)=N_0+\frac{s-0}{\tau_a}$，$V(x(t))\geqslant 0$及零初始条件，并根据式（8.22）和式（8.35），可得

$$\int_0^t \mathrm{e}^{-\theta(t-s)-(N_0\ln\mu+\theta s)}z^{\mathrm{T}}(s)z(s)\mathrm{d}s\leqslant\int_0^t \mathrm{e}^{-\theta(t-s)}\gamma^2\omega^{\mathrm{T}}(s)\omega(s)\mathrm{d}s \tag{8.36}$$

式（8.36）两边对t从 0 到∞进行积分，有

$$\int_0^\infty \mathrm{e}^{-\theta s}z^{\mathrm{T}}(s)z(s)\mathrm{d}s\leqslant \mathrm{e}^{N_0\ln\mu}\gamma^2\omega^{\mathrm{T}}(s)\omega(s)\mathrm{d}s \tag{8.37}$$

定义$c=\theta,\bar{\gamma}=\sqrt{\mathrm{e}^{N_0\ln\mu}}\gamma$，根据式（8.37）及定义 2.4，可知闭环切换系统（8.17）具有H_∞性能指标$\sqrt{\mathrm{e}^{N_0\ln\mu}}\gamma$。

2. 控制器设计

基于定理 8.1，下面定理给出了一组求解状态反馈控制器增益和事件触发参数的充分条件。

定理 8.2 对于任意的$i,j\in\underline{N}$，给定对称正定矩阵$\Omega_{1i},\Omega_{2i},H$和正常数$\tau_m,\tau_M,\theta,\alpha_i,\gamma,\lambda_\varepsilon(\varepsilon=1,2,\cdots,7),\mu>1$，如果存在对称正定矩阵$X_i,\hat{Q}_{1i},\hat{Q}_{2i},\hat{R}_{1i},\hat{R}_{2i}$和矩阵$Y_i,\hat{S}_i$满足

$$\begin{bmatrix}\hat{R}_{2i} & \hat{S}_i\\ * & \hat{R}_{2i}\end{bmatrix}\geqslant 0 \tag{8.38}$$

$$\begin{bmatrix} \tilde{\Pi}_{1i} & \tau_m T'_{1i} & (\tau_M-\tau_m)T'_{1i} & T'_{2i} & T'_{3i} \\ * & \lambda_2^2\hat{R}_{1i}-2\lambda_2 X_i & 0 & 0 & 0 \\ * & * & \lambda_3^2\hat{R}_{2i}-2\lambda_3 X_i & 0 & 0 \\ * & * & * & -I & 0 \\ * & * & * & * & -H\Omega_{2i}^{-1}\alpha_i^{-1}H \end{bmatrix} \leqslant 0 \tag{8.39}$$

$$\begin{bmatrix} -\mu X_j & X_j \\ * & -X_i \end{bmatrix} \leqslant 0, \begin{bmatrix} -\mu\hat{Q}_{1j} & X_j \\ * & \lambda_4^2\hat{Q}_{1i}-2\lambda_4 X_i \end{bmatrix} \leqslant 0, \begin{bmatrix} -\mu\hat{Q}_{2j} & X_j \\ * & \lambda_5^2\hat{Q}_{2i}-2\lambda_5 X_i \end{bmatrix} \leqslant 0$$

$$\begin{bmatrix} -\mu\hat{R}_{1j} & X_j \\ * & \lambda_6^2\hat{R}_{1i}-2\lambda_6 X_i \end{bmatrix} \leqslant 0, \begin{bmatrix} -\mu\hat{R}_{2j} & X_j \\ * & \lambda_7^2\hat{R}_{2i}-2\lambda_7 X_i \end{bmatrix} \leqslant 0 \tag{8.40}$$

式中，

$$\Pi'_{1i} = \begin{bmatrix} M'_{1i} & M'_{2i} \\ * & M'_{3i} \end{bmatrix}$$

$$M'_{1i} = \begin{bmatrix} \varphi'_{1i} & B_i Y_i & \mathrm{e}^{-\theta\tau_m}\hat{R}_{1i} & 0 \\ * & \varphi'_{2i} & \mathrm{e}^{-\theta\tau_M}(\hat{R}_{2i}+\hat{S}_i) & \mathrm{e}^{-\theta\tau_M}(\hat{R}_{2i}+\hat{S}_i^{\mathrm{T}}) \\ * & * & \varphi'_{3i} & -\mathrm{e}^{-\theta\tau_M}\hat{S}_i^{\mathrm{T}} \\ * & * & * & -\mathrm{e}^{-\theta\tau_M}(\hat{Q}_{2i}+\hat{R}_{2i}) \end{bmatrix}$$

$$M'_{2i} = \begin{bmatrix} G_i^{\mathrm{T}} & 0 & 0 & 0 \\ Y_i^{\mathrm{T}}B_i^{\mathrm{T}} & 0 & 0 & 0 \end{bmatrix}^{\mathrm{T}}$$

$$M'_{3i} = \mathrm{diag}\{\lambda_1^2 H\Omega_{1i}^{-1}H-2\lambda_1 X_i, -\gamma^2 I\}, \varphi'_{1i} = \mathrm{sym}\{A_i X_i\}+\theta X_i+\hat{Q}_{1i}-\mathrm{e}^{-\theta\tau_m}\hat{R}_{1i}$$

$$\varphi'_{2i} = -\mathrm{e}^{-\theta\tau_M}(\hat{S}_i+\hat{S}_i^{\mathrm{T}}+2\hat{R}_{2i}), \varphi'_{3i} = \mathrm{e}^{-\theta\tau_m}(\hat{Q}_{2i}-\hat{Q}_{1i}-\hat{R}_{1i})-\mathrm{e}^{-\theta\tau_M}\hat{R}_{2i}$$

$$T'_{1i} = [A_i X_i \quad B_i Y_i \quad 0 \quad 0 \quad B_i Y_i \quad G_i]^{\mathrm{T}}, T'_{2i} = [C_i X_i \quad 0 \quad 0 \quad 0 \quad 0 \quad D_i]^{\mathrm{T}}$$

$$T'_{3i} = [0 \quad X_i^{\mathrm{T}} \quad 0 \quad 0 \quad 0 \quad 0]^{\mathrm{T}}$$

那么，可以得到相对应的事件触发状态反馈控制器增益矩阵，即

$$K_i = Y_i X_i^{-1} \tag{8.41}$$

证明 令 $X_i = P_i^{-1}$，对式（8.20）两边分别同乘 $\mathrm{diag}\{X_i, X_i, X_i, X_i, X_i, I, I, I, I\}$ 以及它的转置，可得

$$\begin{bmatrix} \tilde{\Pi}_{1i} & \tau_m T'_{1i} & (\tau_M-\tau_m)T'_{1i} & T'_{2i} \\ * & -R_{1i}^{-1} & 0 & 0 \\ * & * & -R_{2i}^{-1} & 0 \\ * & * & * & -I \end{bmatrix} < 0 \tag{8.42}$$

式中，

$$\tilde{\Pi}_{1i}=\begin{bmatrix}\tilde{M}'_{1i} & M'_{2i}\\ * & \tilde{M}'_{3i}\end{bmatrix}$$

$$\tilde{M}'_{1i}=\begin{bmatrix}\varphi'_{1i} & B_iY_i & \mathrm{e}^{-\theta\tau_m}\hat{R}_{1i} & 0\\ * & \tilde{\varphi}_{2i} & \mathrm{e}^{-\theta\tau_M}(\hat{R}_{2i}+\hat{S}_i) & \mathrm{e}^{-\theta\tau_M}(\hat{R}_{2i}+\hat{S}_i^{\mathrm{T}})\\ * & * & \varphi'_{3i} & -\mathrm{e}^{-\theta\tau_M}\hat{S}_i^{\mathrm{T}}\\ * & * & * & -\mathrm{e}^{-\theta\tau_M}(\hat{Q}_{2i}+\hat{R}_{2i})\end{bmatrix}$$

$$\tilde{\varphi}_{2i}=-\mathrm{e}^{-\theta\tau_M}(\hat{S}_i+\hat{S}_i^{\mathrm{T}}+2\hat{R}_{2i})+\alpha_iX_iH^{-1}\Omega_{2i}H^{-1}X_i$$

$$\tilde{M}'_{3i}=\mathrm{diag}\{-X_iH^{-1}\Omega_{1i}H^{-1}X_i,-\gamma^2I\}$$

同时，由引理 2.5，可以得到

$$\begin{aligned}&-X_iH^{-1}\Omega_{1i}H^{-1}X_i\leqslant\lambda_1^2H\Omega_{1i}^{-1}H-2\lambda_1X_i\\&-R_{1i}^{-1}=-X_i\hat{R}_{1i}^{-1}X_i\leqslant\lambda_2^2\hat{R}_{1i}-2\lambda_2X_i\\&-R_{2i}^{-1}=-X_i\hat{R}_{2i}^{-1}X_i\leqslant\lambda_3^2\hat{R}_{1i}-2\lambda_3X_i\end{aligned}\tag{8.43}$$

定义 $\hat{Q}_{1i}=X_iQ_{1i}X_i,\hat{Q}_{2i}=X_iQ_{2i}X_i,\hat{R}_{1i}=X_iR_{1i}X_i,\hat{R}_{2i}=X_iR_{2i}X_i$ 和 $\hat{S}_i=X_iS_iX_i$。然后，由式（8.43）及引理 2.2 可知，式（8.42）可由式（8.39）保证。此外，对式(8.19)两边分别同时乘以 $\mathrm{diag}\{X_i,X_i\}$ 及它的转置，可以得到式(8.19)和式(8.38)是等价的。对式（8.21）两边分别同时乘以 X_j 及它的转置，利用引理 2.2，条件式（8.40）可保证式（8.21）的成立。

8.2.3 仿真算例

本小节给出一个仿真算例来证明所提出方法的有效性。考虑初始状态为 $x(0)=[-0.60\quad 1.30\quad -1.50\quad 0.80]^{\mathrm{T}}$ 的具有两个子系统的切换系统，各矩阵参数如下：

$$A_1=\begin{bmatrix}-1 & 0.30 & 0.67 & 1.30\\ -0.30 & -0.30 & 1.15 & -1.21\\ 0.01 & 0.14 & -0.40 & 0.30\\ 0.24 & 0.32 & 0.25 & -0.60\end{bmatrix},A_2=\begin{bmatrix}-1.30 & 0.10 & 0.20 & 0.15\\ -0.56 & -0.32 & -0.19 & 0.10\\ 0 & -0.01 & 0.01 & 0.03\\ -0.13 & 0.42 & 0.14 & -0.68\end{bmatrix}$$

$$B_1=\begin{bmatrix}0.55 & 0.18\\ 0.09 & 0.02\\ 0.17 & 0.06\\ 0.07 & 0.05\end{bmatrix},\ B_2=\begin{bmatrix}0.34 & 0.05\\ 0.26 & 0.01\\ 0.14 & 0.10\\ 0.23 & 0.02\end{bmatrix},\ G_1=\begin{bmatrix}0.68\\ 0.25\\ 0.26\\ 1.41\end{bmatrix},\ G_2=\begin{bmatrix}1.38\\ 0.72\\ -0.12\\ -1.01\end{bmatrix}$$

$$C_1=[0.03\quad 0.01\quad 0.03\quad 0.01],\ C_2=[0.05\quad 0.02\quad 0.11\quad 0.03],\ D_1=0.1,D_2=0.08$$

外部扰动信号为

$$\omega(t)=\begin{cases}0.02\sin(2\pi t), & t\in[0,8)\\ 0.01\sin(2\pi t), & t\in[8,15)\\ 0, & \text{其他}\end{cases}$$

系统状态被分为三个通道

$$\hat{x}_1(t)=\mathrm{col}\{x_1(t),x_3(t)\},\ \hat{x}_2(t)=x_2(t),\ \hat{x}_3(t)=x_4(t)$$

相应的置换矩阵 H 取为

$$H=\begin{bmatrix}1&0&0&0\\0&0&1&0\\0&1&0&0\\0&0&0&1\end{bmatrix}$$

此外，选择相应的事件触发参数

$$\Omega_{11}=\begin{bmatrix}0.52&-0.10&0&0\\-0.10&1.30&0&0\\0&0&0.22&0\\0&0&0&0.28\end{bmatrix},\Omega_{21}=\begin{bmatrix}0.90&-0.10&0&0\\-0.10&1.25&0&0\\0&0&0.31&0\\0&0&0&0.24\end{bmatrix}$$

$$\Omega_{12}=\begin{bmatrix}1.39&-0.30&0&0\\-0.30&2.60&0&0\\0&0&0.23&0\\0&0&0&0.24\end{bmatrix},\Omega_{22}=\begin{bmatrix}0.35&-0.15&0&0\\-0.15&0.50&0&0\\0&0&0.29&0\\0&0&0&0.35\end{bmatrix}$$

$$\alpha_1=\mathrm{diag}\{0.36,0.36,0.18,0.27\},\alpha_2=\mathrm{diag}\{0.53,0.53,0.23,0.33\}$$

采样间隔及传输时滞分别设为 $h=0.1$ 及 $\tau_{k_d}^d\in(0,0.1]$。其他相关参数被设为 $\tau_m=0.05,\tau_M=0.2,\lambda_1=0.95,\lambda_2=0.16,\lambda_3=0.23,\lambda_{\bar{\varepsilon}}=1(\bar{\varepsilon}=4,\cdots,7),\gamma=18,\mu=60,\theta=0.31$。然后，通过求解 LMIs 式（8.38）～式（8.40），可以得到相应的状态反馈控制器增益为

$$K_1=\begin{bmatrix}5.1315&-7.2590&-12.0142&7.9286\\-17.5467&18.9847&28.8299&-24.6433\end{bmatrix}$$

$$K_2=\begin{bmatrix}-1.1735&-3.2724&1.4454&-2.8698\\1.3937&5.3286&-15.6251&2.7304\end{bmatrix}$$

对于式（8.22），设计平均驻留时间为 $\tau_a=13.3>\tilde{\tau}_a=\dfrac{\ln\mu}{\theta}=13.2076$，$N_0=3$。图 8.3 的（a）、（b）分别给出了四维闭环系统轨迹及切换信号。结果表明，该闭环系统在所采用的分散事件触发机制（8.3）和切换信号（8.22）的作用下渐近收

敛于零。图 8.4 分别描述了三个通道的相邻触发间隔。

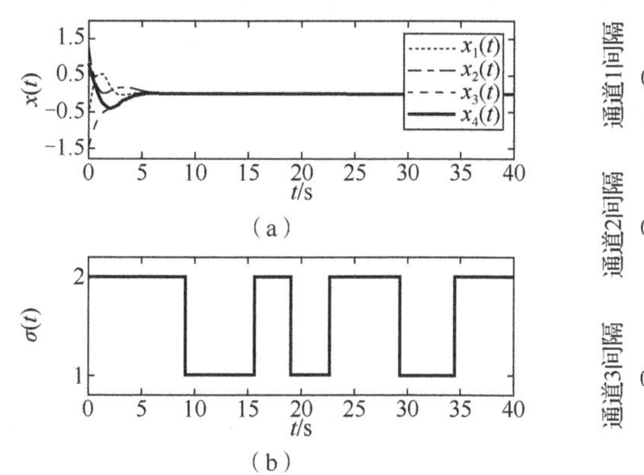

图 8.3　系统状态 $x(t)$ 和切换信号 $\sigma(t)$

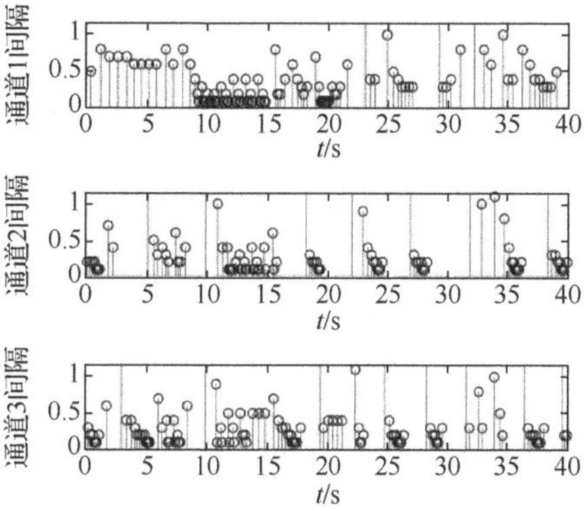

图 8.4　三个通道的事件触发相邻执行间隔

8.3　异步分散事件触发控制

8.3.1　问题描述

1. 系统描述

考虑如下连续时间带有 r 个规则的切换线性 T-S 模糊系统。

系统规则 $R^l_{\sigma(t)}$：如果 $g_{\sigma(t)1}(x(t))$ 是 $M^l_{\sigma(t)1}$ 且……且 $g_{\sigma(t)p}(x(t))$ 是 $M^l_{\sigma(t)p}$，则

$$
\begin{aligned}
\dot{x}(t) &= A_{\sigma(t)l}x(t) + B_{\sigma(t)l}u(t) + G_{\sigma(t)l}\omega(t) \\
z(t) &= C_{\sigma(t)l}x(t) + D_{\sigma(t)l}\omega(t)
\end{aligned}
\tag{8.44}
$$

式中，$x(t)\in\mathbb{R}^{n_x}$ 为系统状态；$u(t)\in\mathbb{R}^{n_u}$ 为控制输入；$z(t)\in\mathbb{R}^{n_z}$ 为受控输出；$\omega(t)\in\mathbb{R}^{n_\omega}$ 为外部扰动且属于 $L_2[0,\infty)$；$\sigma(t):[0,\infty)\to\underline{N}=\{1,2,\cdots,N\}$ 为切换信号；$R^l_{\sigma(t)}$ 表示子系统 $\sigma(t)$ 的模糊推理规则 l；$M^l_{\sigma(t)g}$ $(g=1,2,\cdots,p)$ 是模糊集，$l\in\underline{R}=\{1,2,\cdots,r\}$，$r$ 是模糊规则的数量；为了方便起见，前件变量的定义为 $g_{\sigma(t)}(t)=[g_{\sigma(t)1}(t),g_{\sigma(t)2}(t),\cdots,g_{\sigma(t)p}(t)]$；$A_{\sigma(t)l},B_{\sigma(t)l},C_{\sigma(t)l},D_{\sigma(t)l}$ 和 $G_{\sigma(t)l}$ 为适当维数的常值矩阵。

通过使用“模糊拟合”的方法，第 i 个模糊子系统的全局模型可描述为

$$
\begin{aligned}
\dot{x}(t) &= \sum_{l=1}^{r} h_{\sigma(t)l}(g_{\sigma(t)}(x))[A_{\sigma(t)l}x(t) + B_{\sigma(t)l}u(t) + G_{\sigma(t)l}\omega(t)] \\
z(t) &= \sum_{l=1}^{r} h_{\sigma(t)l}(g_{\sigma(t)}(x))[C_{\sigma(t)l}x(t) + D_{\sigma(t)l}\omega(t)]
\end{aligned}
\tag{8.45}
$$

式中，

$$
h_{\sigma(t)l}(t) = \frac{\prod_{v=1}^{p} M_{\sigma(t)v}^{l}(g_{\sigma(t)v}(x))}{\sum_{l=1}^{r}\prod_{v=1}^{p} M_{\sigma(t)v}^{l}(g_{\sigma(t)v}(x))}
$$

$M_{\sigma(t)v}^{l}(g_{\sigma(t)v}(x))$ $(v=1,2,\cdots,p)$ 表示前件变量 $g_{\sigma(t)v}(x)$ 在 $M_{\sigma(t)v}^{l}$ 中的隶属度函数等级。然后，对于 $\sigma(t)\in\underline{N}$ 和 $l\in\underline{R}$，有

$$
0 \leqslant h_{\sigma(t)l}(g_{\sigma(t)}(x)) \leqslant 1, \ \sum_{l=1}^{r} h_{\sigma(t)l}(g_{\sigma(t)}(x)) = 1
$$

如图 8.5 所示，首先，系统状态 $x(t)$ 被划分为 n $(n\in\mathbb{N}^{+})$ 个通道，也就是，$x(t)=[x_1^{\mathrm{T}}(t),\cdots,x_m^{\mathrm{T}}(t),\cdots,x_n^{\mathrm{T}}(t)]^{\mathrm{T}}$，其中，$x_m(t)(m=1,2,\cdots,n)$ 表示 $x(t)$ 的第 m 个通道状态。根据在第 m 个通道中的采样周期 $h_{d_m}^{m}$，局部系统状态 $x_m(t)$ 被采样为 $\{x_m(T_{d_m}^{m})\}_{d_m\in\mathbb{N}}$。然后，分散事件触发机制决定是否释放来自相应通道的采样数据。如果一个事件发生，则释放的数据包 $\{x_m(t_{k_m}^{m})\}_{k_m\in\mathbb{N}}$ 通过各自的网络发送到数据缓冲器。进而，新的控制输入信号 $\tilde{x}(t)$ 由数据缓冲器生成并传输到模糊子控制器。此外，子系统、事件触发机制和子控制器由切换律决定。

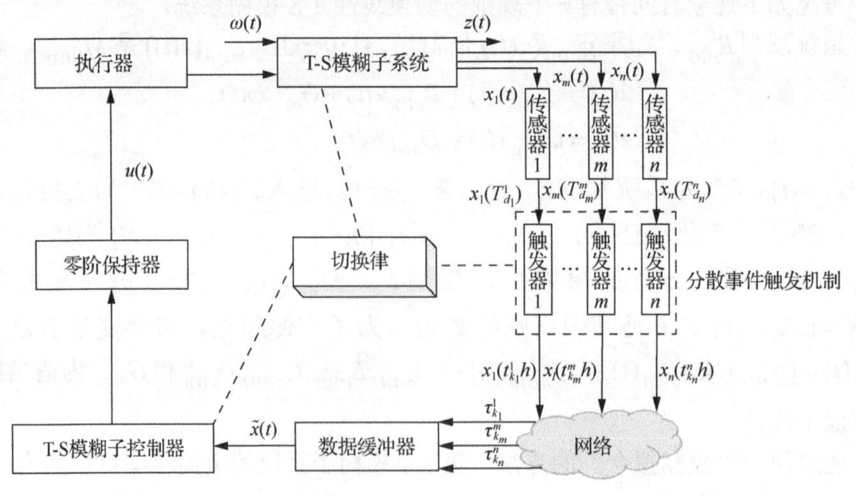

图 8.5　基于分散事件触发的切换 T-S 模糊系统控制框图

考虑如下采样周期 $h_{d_m}^m$ 的自适应算法：

$$h_{d_m+1}^m = \min\{\max[\eta \mathrm{e}^{-\varepsilon \max\{\|\Delta x\|, \|\omega(t)\|\}} h_{d_m}^m,\ h_{1'}^m],\ h_{2'}^m\} \tag{8.46}$$

式中，$\|\Delta x\| = \|x(T_{d_m+1}^m)\| - \|x(T_{d_m}^m)\|$；$\eta > 1$ 和 $\varepsilon > 0$ 是可调参数；$h_{1'}^m$ 和 $h_{2'}^m$ 分别是采样周期 $h_{d_m}^m$ 的正上界和正下界。

注释 8.2 为了更灵活地调整采样频率，式（8.46）中函数 $\eta \mathrm{e}^{-\varepsilon \max\{\|\Delta x\|, \|\omega(t)\|\}}$ 用于综合考量系统性能和外部扰动的影响来自适应调节采样周期 $h_{d_m}^m$。若 $\|x(T_{d_m+1}^m)\| > \|x(T_{d_m}^m)\|$，即系统状态趋于发散，自适应增加采样频率以保证系统快速趋于稳定。若 $\|x(T_{d_m+1}^m)\| \leqslant \|x(T_{d_m}^m)\|$，即系统状态趋于收敛，此时只需考虑外部扰动对系统采样的影响。当系统发散或外部扰动增大时，可以得到 $h_{d_m+1}^m < h_{d_m}^m$，这样可使系统采样频率更频繁。反之，可采用更大的 $h_{d_m+1}^m$ 来减少对系统状态的采样频率。

2. 事件触发机制

考虑如下各个通道的分散事件触发机制：

$$t_{k_m+1}^m = t_{k_m}^m + \min_{\varphi_{k_m}^m \in \mathbb{N}^+} \{\sum_{\varrho=0}^{\varphi_{k_m}^m} h_{d_m+\varrho}^m \mid e_m^{\mathrm{T}}(t_{k_m}^m) \Omega_{\sigma(t)}^m e_m(t_{k_m}^m) \geqslant \alpha_{\sigma(t)}^m x_m^{\mathrm{T}}(t_{k_m}^m) \Omega_{\sigma(t)}^m x_m(t_{k_m}^m)\} \tag{8.47}$$

式中，$e_m(t_{k_m}^m) = x_m(t_{k_m}^m) - x_m(t_{k_m}^m + \sum_{\varrho=0}^{\varphi_{k_m}^m} h_{d_m+\varrho}^m)$，$m = 1, 2, \cdots, n$，$k_m \in \mathbb{N}$；$x(t_{k_m}^m)$ 和 $x(t_{k_m+1}^m)$ 是任意相邻释放的采样状态；$\alpha_{\sigma(t)}^m > 0$ 是给定阈值；$\Omega_{\sigma(t)}^m$ 为对称正定矩阵。如果满足触发条件式（8.47），第 m 个通道的采样状态将释放，释放时刻为 $t_{k_m+1}^m = t_{k_m}^m + \sum_{\varrho=0}^{\varphi_{k_m}^m} h_{d_m+\varrho}^m$。

3. 数据缓冲器

采样数据是通过多通道网络传输到数据缓冲器的，网络传输延迟 $\tau_{k_m}^m$ 满足 $\max_{k_m \in \mathbb{N}}\{\tau_{k_m}^m\} \leqslant \min\{h_{d_m}^m\}$，这意味着最新采样数据在前一个数据到达之后才传输到数据缓冲器，即不等式 $t_{k_m}^m + \tau_{k_m}^m < t_{k_m+1}^m + \tau_{k_m+1}^m$ 恒成立。

数据缓冲器的更新周期设置为 h_b。在区间 $((\varpi-1)h_b,\ \varpi h_b]_{\varpi \in \mathbb{N}^+}$ 上，如果数据缓冲器中的数据包被更新，则在时刻 ϖh_b 处生成一个新的数据信号。如图 8.6 所示，$\{b_\rho | b_\rho = \varpi h_b,\ \rho \in \mathbb{N}^+\}$ 表示新数据信号产生的时刻。在区间 $(1h_b,\ 2h_b]$ 上，一

个数据包 $x_1(t_1^1)$ 到达数据缓冲器。然后，新的数据信息 $\tilde{x}(b_1)=\mathrm{col}\{x_1(t_1^1),\ x_2(t_0^2)\}$ 在时刻 b_1 处生成，其中，$x_2(t_0^2)$ 表示第二个通道的初始状态信息。类似地，在区间 $(2h_b,\ 3h_b]$，新的数据信号 $\tilde{x}(b_2)=\mathrm{col}\{x_1(t_2^1),\ x_2(t_1^2)\}$ 是在时刻 b_2 处生成的。在间隔 $(3h_b,\ 4h_b]$ 上，没有数据包到达数据缓冲器。因此，在时刻 $4h_b$ 处没有新的数据信息产生。那么，在任意时刻 b_ρ 处生成的新数据可表示为

$$\tilde{x}(b_\rho)=\mathrm{col}\{x_1(t_{k_1}^1),x_2(t_{k_2}^2),\cdots,x_n(t_{k_n}^n)\},\ \rho\in\mathbb{N}^+ \tag{8.48}$$

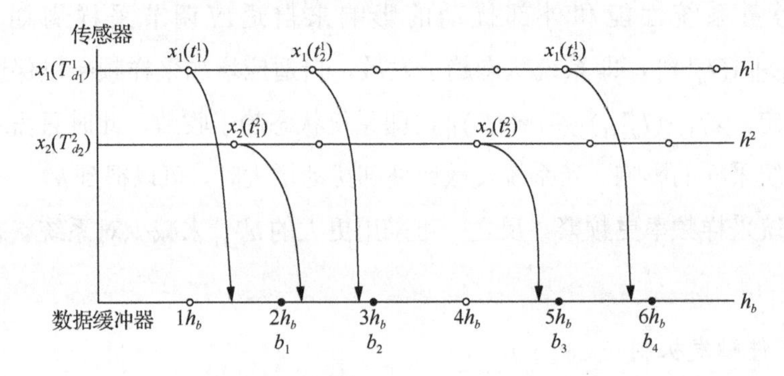

图 8.6　无数据拥塞的数据缓冲器工作机理

4. 建立闭环系统

由于事件触发机制和网络延迟的存在，模糊子控制器使用了与系统（8.45）不同的前件变量。考虑如下状态反馈控制器。

控制器规则 $R_{\sigma(t)}^f$：如果 $g_{\sigma(t)1}(\tilde{x}(b_\rho))$ 是 $L_{\sigma(t)1}^f$ 且……且 $g_{\sigma(t)q}(\tilde{x}(b_\rho))$ 是 $L_{\sigma(t)q}^f$，则

$$u(t)=K_{\sigma(t)f}\tilde{x}(b_\rho),\quad t\in[b_\rho,\ b_{\rho+1}) \tag{8.49}$$

式中，$K_{\sigma(t)f}$ $(\sigma(t)\in\underline{N},\ f\in\underline{R}=\{1,2,\cdots,r\})$ 和 $\tilde{x}(b_\rho)$ 分别是子控制器增益和实际输入，$L_{\sigma(t)1}^f,\cdots,L_{\sigma(t)q}^f$ 是模糊集。为简单起见，前件变量 $g_{\sigma(t)}(\tilde{x})$ 表示 $g_{\sigma(t)}(\tilde{x}(b_\rho))$ 并且 $g_{\sigma(t)}(\tilde{x})=[g_{\sigma(t)1}(\tilde{x}),g_{\sigma(t)2}(\tilde{x}),\cdots,g_{\sigma(t)q}(\tilde{x})]$ 是一个已知且可测的函数。类似于式(8.45)，模糊子控制器的去模糊化可描述为

$$u(t)=\sum_{f=1}^{r}\overline{h}_{\sigma(t)f}(t)K_{\sigma(t)f}\tilde{x}(b_\rho),\quad t\in[b_\rho,\ b_{\rho+1}) \tag{8.50}$$

式中，

$$\overline{h}_{\sigma(t)f}(t)=\frac{\prod_{s=1}^{q}L_{\sigma(t)s}^f(g_{\sigma(t)s}(\tilde{x}))}{\sum_{f=1}^{r}\prod_{s=1}^{q}L_{\sigma(t)s}^f(g_{\sigma(t)s}(\tilde{x}))}$$

$L^f_{\sigma(t)s}(g_{\sigma(t)s}(\tilde{x}))$ $(s=1,2,\cdots,q)$ 表示前件变量 $g_{\sigma(t)s}(\tilde{x})$ 在 $L^f_{\sigma(t)s}$ 中隶属度函数的等级。对于 $\sigma(t)\in\underline{N},\ f\in\underline{R}$，则有 $0\leqslant\bar{h}_{\sigma(t)f}(t)\leqslant 1,\ \sum_{f=1}^{r}\bar{h}_{\sigma(t)f}(t)=1$。

定义

$$[b_\rho,\ b_{\rho+1})=\bigcup_{\varrho=0}^{\varphi^m_{k_m}-1}\varPhi^{b_\rho}_{\varrho},\quad \varphi^m_{k_m}\in\mathbb{N}^+ \tag{8.51}$$

式中，

$$\varPhi^{b_\rho}_{\varrho}=\begin{cases}[b_\rho,\ b_\rho+h^m_{d_m}),\ \varPhi^{b_\rho}_0\\ [b_\rho+h^m_{d_m},\ b_\rho+h^m_{d_m}+h^m_{d_m+1}),\ \varPhi^{b_\rho}_1\\ \quad\vdots\\ [b_\rho+\sum_{\varrho=0}^{\varphi^m_{k_m}-1}h^m_{d_m+\varrho},\ b_{\rho+1}),\ \varPhi^{b_\rho}_{\varphi^m_{k_m}-1}\end{cases}$$

且有

$$b_\rho+\sum_{\varrho=0}^{\varphi^m_{k_m}-1}h^m_{d_m+\varrho}<b_{\rho+1}\leqslant b_\rho+\sum_{\varrho=0}^{\varphi^m_{k_m}}h^m_{d_m+\varrho} \tag{8.52}$$

将 $\tau^m_{k_m}$ 和 $\vartheta^m_{k_m}$ 分别定义为传输延迟和等待时间。从 $t^m_{k_m}=b_\rho-\tau^m_{k_m}-\vartheta^m_{k_m}$，可知

$$\tau_m(t)=\begin{cases}t-t^m_{k_m},\quad t\in\varPhi^{b_\rho}_0\\ t-t^m_{k_m}-h^m_{d_m},\quad t\in\varPhi^{b_\rho}_1\\ \quad\vdots\\ t-t^m_{k_m}-\sum_{\varrho=0}^{\varphi^m_{k_m}-1}h^m_{d_m+\varrho},\quad t\in\varPhi^{b_\rho}_{\varphi^m_{k_m}-1}\end{cases} \tag{8.53}$$

从式（8.51）～式（8.53），可得

$$\tau^m_{k_m}+\vartheta^m_{k_m}\leqslant\tau_m(t)\leqslant\tau^m_{k_m}+\vartheta^m_{k_m}+h^m_{2'},\quad t\in[b_\rho,\ b_{\rho+1}) \tag{8.54}$$

由于数据缓冲器的更新周期为 h_b，并且数据包在区间 $((\varpi-1)h_b,\ \varpi h_b]$ 内的任意时刻可能到达。因此，等待时间 $\vartheta^m_{k_m}$ 满足 $\vartheta^m_{k_m}\in[0,\ h_b)$，则有

$$0\leqslant\tau^m_{k_m}\leqslant\tau_m(t)<\tau^m_{k_m}+h_b+h^m_{2'},\quad t\in[b_\rho,\ b_{\rho+1}) \tag{8.55}$$

然后，从式（8.55），通过组合所有的分散通道可得到

$$0\leqslant\tau_{m'}\leqslant\tau(t)\triangleq\tau_m(t)<\tau_M,\quad m=1,2,\cdots,n,\ t\in[b_\rho,\ b_{\rho+1}) \tag{8.56}$$

式中，$\tau_{m'}=\min_{k_m\in\mathbb{N},\ m=1,2,\cdots,n}\{\tau^m_{k_m}\}$ 和 $\tau_M=\max_{k_m\in\mathbb{N},\ m=1,2,\cdots,n}\{\tau^m_{k_m}\}+\max_{m=1,2,\cdots,n}\{h^m_{2'}\}+h_b$。对于通道 $m=1,2,\cdots,n$，令

$$e(t_k)=\text{col}\{e_1(t_{k_1}^1),\ e_2(t_{k_2}^2),\cdots,\ e_n(t_{k_n}^n)\}$$
$$x(t-\tau(t))=\text{col}\{x_1(t-\tau(t)),\ x_2(t-\tau(t)),\cdots,\ x_n(t-\tau(t))\} \tag{8.57}$$

那么，可得

$$\tilde{x}(b_\rho)=x(t-\tau(t))+e(t_k),\quad t\in[b_\rho,\ b_{\rho+1}) \tag{8.58}$$

此外，将 $h_{\sigma(t)l}(t)$ 缩写为 $h_{\sigma(t)l}$，$\bar{h}_{\sigma(t)f}(t)$ 缩写为 $\bar{h}_{if}$。然后，由式（8.45）、式（8.50）及式（8.58），得到时滞闭环切换 T-S 模糊系统模型，即

$$\begin{aligned}
\dot{x}(t)&=\sum_{l=1}^{r}\sum_{f=1}^{r}h_{\sigma(t)l}\bar{h}_{\sigma(t)f}[A_{\sigma(t)l}x(t)+B_{\sigma(t)l}K_{\sigma(t)f}x(t-\tau(t))+B_{\sigma(t)l}K_{\sigma(t)f}e(t_k)+G_{\sigma(t)l}\omega(t)]\\
z(t)&=\sum_{l=1}^{r}h_{\sigma(t)l}[C_{\sigma(t)l}x(t)+D_{\sigma(t)l}\omega(t)]\\
x(t)&=\varphi(t),\quad \forall t\in[-\tau_M,\ 0]
\end{aligned} \tag{8.59}$$

根据式（8.47）中的分散事件触发机制和数据缓冲器，对于通道 $m=1,\ 2,\ \cdots,n,\ x_\omega(t)\in\mathbb{R}^{n_\omega}$，可以通过组合所有分散的通道来获得以下不等式：

$$e^{\mathrm{T}}(t_k)\Omega_{\sigma(t)}e(t_k)<[x(t-\tau(t))+e(t_k)]^{\mathrm{T}}\alpha_{\sigma(t)}\Omega_{\sigma(t)}[x(t-\tau(t))+e(t_k)],\quad t\in[b_\rho,\ b_{\rho+1}) \tag{8.60}$$

式中，$\Omega_{\sigma(t)}=\text{diag}\{\Omega_{\sigma(t)}^1,\ \Omega_{\sigma(t)}^2,\cdots,\ \Omega_{\sigma(t)}^n\}$；$\alpha_{\sigma(t)}=\text{diag}\{\alpha_{\sigma(t)}^1 I,\ \alpha_{\sigma(t)}^2 I,\cdots,\ \alpha_{\sigma(t)}^n I\}$。

8.3.2 主要结果

针对上述闭环系统（8.59），本小节主要研究如下两个问题：

（1）如何得到保证闭环切换 T-S 模糊系统（8.59）是指数稳定的充分条件？

（2）基于稳定性条件，如何求解状态反馈控制器增益和事件触发参数？

1. 稳定性分析

本小节利用分段 Lyapunov 函数方法和平均驻留时间技术，给出了保证闭环切换线性 T-S 模糊系统（8.59）具有指数稳定性的充分条件。

定理 8.3 对于任意的 $i,j\in\underline{N}$，$i\neq j$，$l,f\in\underline{R}$，给定正的标量 $\alpha_i,\tau_M,\gamma,\theta$ 和 $\mu>1$，以及 $\bar{h}_{if}-\delta_{if}h_{if}>0\ (0<\delta_{if}\leqslant 1)$，如果存在对称正定矩阵 P_i,Q_i,R_i 和 Ω_i 满足

$$\Lambda_{lf}+\Lambda_{fl}-2Z<0,\quad l\leqslant f \tag{8.61}$$

$$\alpha_{if}\Lambda_{lf}+\alpha_{il}\Lambda_{fl}-\alpha_{if}Z-\alpha_{il}Z+2Z<0,\quad l\leqslant f \tag{8.62}$$

$$P_i\leqslant\mu P_j,\ Q_i\leqslant\mu Q_j,\quad R_i\leqslant\mu R_j \tag{8.63}$$

式中，

$$\Lambda_{lf}=\begin{bmatrix}\bar{\Omega}_{1i} & \tau_M\bar{\Omega}_{2i} & \bar{\Omega}_{3i}\\ * & -R_i^{-1} & 0\\ * & * & -I\end{bmatrix}$$

$$\bar{\Omega}_{1i}=\begin{bmatrix}Y_{1i} & Y_{2i} & 0 & P_iB_{il}K_{if} & P_iG_{il}\\ * & Y_{3i} & \mathrm{e}^{-\theta\tau_M}R_i & \alpha_i\Omega_i & 0\\ * & * & Y_{4i} & 0 & 0\\ * & * & * & (\alpha_i-1)\Omega_i & 0\\ * & * & * & * & -\gamma^2 I\end{bmatrix}$$

$$\bar{\Omega}_{2i}=[A_{il}\quad B_{il}K_{if}\quad 0\quad B_{il}K_{if}\quad G_{il}]^{\mathrm{T}},\bar{\Omega}_{3i}=[C_{il}\quad 0\quad 0\quad 0\quad D_{il}]^{\mathrm{T}}$$

$$Y_{1i}=\mathrm{sym}\{P_iA_{il}\}+\theta P_i+Q_i-\mathrm{e}^{-\theta\tau_M}R_i,Y_{2i}=P_iB_{il}K_{if}+\mathrm{e}^{-\theta\tau_M}R_i$$

$$Y_{3i}=\alpha_i\Omega_i-2\mathrm{e}^{-\theta\tau_M}R_i,Y_{4i}=-\mathrm{e}^{-\theta\tau_M}(R_i+Q_i)$$

那么，在事件触发机制（8.47）、状态反馈控制器（8.49）和切换信号$\sigma(t)$的作用下，时滞闭环切换 T-S 模糊系统（8.59）具有H_∞性能指标$\sqrt{\mathrm{e}^{N_0\ln\mu}}\gamma$，并且切换信号的平均驻留时间满足

$$\tau_a>\tau_a'=\frac{\ln\mu}{\theta} \tag{8.64}$$

证明　考虑以下 Lyapunov 函数：

$$V(x(t))=V_{\sigma(t)}(x(t))=\sum_{\ell=1}^{3}V_{\ell\sigma(t)}(x(t)) \tag{8.65}$$

式中，

$$V_{1\sigma(t)}(x(t))=x^{\mathrm{T}}(t)P_{\sigma(t)}x(t)$$

$$V_{2\sigma(t)}(x(t))=\int_{t-\tau_M}^{t}\mathrm{e}^{\theta(s-t)}x^{\mathrm{T}}(s)Q_{\sigma(s)}x(s)\mathrm{d}s$$

$$V_{3\sigma(t)}(x(t))=\tau_M\int_{-\tau_M}^{0}\int_{t+s}^{t}\mathrm{e}^{\theta(v-t)}\dot{x}^{\mathrm{T}}(v)R_{\sigma(v)}\dot{x}(v)\mathrm{d}v\mathrm{d}s$$

存在正的常数$a>0$和$b>0$满足以下条件：

$$a\|x(t)\|^2\leqslant V(x(t))\leqslant b\|\bar{G}(t)\|^2 \tag{8.66}$$

式中，

$$a=\min_{i\in\underline{N}}\{\lambda_{\min}(P_i)\}$$

$$b=\max_{i\in\underline{N}}\{\lambda_{\max}(P_i)\}+\frac{1}{\theta}\max_{i\in\underline{N}}\{\lambda_{\max}(Q_i)\}+\frac{\tau_M^2}{\theta}\max_{i\in\underline{N}}\{\lambda_{\max}(R_i)\}$$

$$\|\bar{G}(t)\|^2=\max\{\|x(t)\|^2,\|x(t-\tau_M)\|^2,\|\dot{x}(t)\|^2\}$$

假设$\sigma(l'_q)=i$在区间$t\in[l'_q, l'_{q+1})$上被激活，式（8.65）中$V(x(t))$的时间导数为

$$
\begin{aligned}
&\dot{V}_{1i}(x(t))=\dot{x}^{\mathrm{T}}(t)P_i x(t)+x^{\mathrm{T}}(t)P_i\dot{x}(t)\\
&\dot{V}_{2i}(x(t))=-\theta V_{2i}(x(t))+x^{\mathrm{T}}(t)Q_i x(t)-\mathrm{e}^{-\theta\tau_M}x^{\mathrm{T}}(t-\tau_M)Q_i x(t-\tau_M)\\
&\dot{V}_{3i}(x(t))=-\theta V_{3i}(x(t))+\tau_M^2\dot{x}^{\mathrm{T}}(t)R_i\dot{x}(t)-\tau_M\int_{t-\tau_M}^{t}\mathrm{e}^{\theta(s-t)}\dot{x}^{\mathrm{T}}(s)R_i\dot{x}(s)\mathrm{d}s\\
&\qquad\leqslant-\theta V_{3i}(x(t))+\tau_M^2\dot{x}^{\mathrm{T}}(t)R_i\dot{x}(t)-\mathrm{e}^{-\theta\tau_M}\tau_M\int_{t-\tau_M}^{t}\dot{x}^{\mathrm{T}}(s)R_i\dot{x}(s)\mathrm{d}s
\end{aligned}
\tag{8.67}
$$

定义$e(t)\triangleq e(t_k)$和$\widetilde{\Gamma}(t)=[x^{\mathrm{T}}(t)\quad x^{\mathrm{T}}(t-\tau(t))\quad x^{\mathrm{T}}(t-\tau_M)\quad e^{\mathrm{T}}(t)\quad \omega^{\mathrm{T}}(t)]^{\mathrm{T}}$。对于式（8.67）中$\dot{V}_{3i}(x(t))$的最后一项，使用引理2.4，可得

$$
-\tau_M\mathrm{e}^{-\theta\tau_M}\int_{t-\tau_M}^{t}\dot{x}^{\mathrm{T}}(s)R_i\dot{x}(s)\mathrm{d}s\leqslant\mathrm{e}^{-\theta\tau_M}\eta^{\mathrm{T}}(t)\begin{bmatrix}-R_i & R_i & 0\\ * & -2R_i & R_i\\ * & * & -R_i\end{bmatrix}\eta(t)
\tag{8.68}
$$

式中，$\eta(t)=[x^{\mathrm{T}}(t)\quad x^{\mathrm{T}}(t-\tau(t))\quad x^{\mathrm{T}}(t-\tau_M)]^{\mathrm{T}}$。

根据条件式（8.59）、式（8.60）、式（8.67）和式（8.68），可得

$$
\begin{aligned}
&\dot{V}_i(x(t))+\theta V_i(x(t))\\
&\leqslant\sum_{l=1}^{r}\sum_{f=1}^{r}h_{il}\bar{h}_{if}\{x^{\mathrm{T}}(t)(A_{il}^{\mathrm{T}}P_i+P_iA_{il}+Q_i+\theta P_i-\mathrm{e}^{-\theta\tau_M}R_i)x(t)\\
&\quad+x^{\mathrm{T}}(t-\tau(t))(P_iB_{il}K_{if}+\mathrm{e}^{-\theta\tau_M}R_i)^{\mathrm{T}}x(t)+x^{\mathrm{T}}(t)(P_iB_{il}K_{if}+\mathrm{e}^{-\theta\tau_M}R_i)x(t-\tau(t))\\
&\quad+e^{\mathrm{T}}(t)(P_iB_{il}K_{if})^{\mathrm{T}}x(t)+x^{\mathrm{T}}(t)P_iB_{il}K_{if}e(t)+\omega^{\mathrm{T}}(t)(P_iG_{il})^{\mathrm{T}}x(t)\\
&\quad+x^{\mathrm{T}}(t)P_iG_{il}\omega(t)+\mathrm{e}^{-\theta\tau_M}x^{\mathrm{T}}(t-\tau_M)R_i^{\mathrm{T}}x(t-\tau(t))+\mathrm{e}^{-\theta\tau_M}x^{\mathrm{T}}(t-\tau(t))R_ix(t-\tau_M)\\
&\quad-\mathrm{e}^{-\theta\tau_M}x^{\mathrm{T}}(t-\tau_M)(Q_i+R_i)x(t-\tau_M)+\tau_M^2\eta^{\mathrm{T}}(t)\bar{\Omega}_{2i}^{\mathrm{T}}R_i\bar{\Omega}_{2i}\eta(t)\\
&\quad-\mathrm{e}^{\mathrm{T}}(t)\Omega_i\mathrm{e}(t)+x^{\mathrm{T}}(t-\tau(t))(\delta_i\Omega_i-2\mathrm{e}^{-\theta\tau_M}R_i)x(t-\tau(t))+\delta_ie^{\mathrm{T}}(t)\Omega_ie(t)\\
&\quad+\alpha_ix^{\mathrm{T}}(t-\tau(t))\Omega_ie(t)+\alpha_ie^{\mathrm{T}}(t)\Omega_ix(t-\tau(t))+\eta^{\mathrm{T}}(t)\bar{\Omega}_{3i}^{\mathrm{T}}\bar{\Omega}_{3i}\eta(t)-\gamma^2\omega^{\mathrm{T}}(t)\omega(t)\}
\end{aligned}
\tag{8.69}
$$

式中，$\bar{\Omega}_{2i}$和$\bar{\Omega}_{3i}$在定理8.3中已经被定义。然后，通过引理2.2，有

$$
\dot{V}_i(x(t))+\theta V_i(x(t))\leqslant\sum_{l=1}^{r}\sum_{f=1}^{r}h_{il}\bar{h}_{if}\widetilde{\Gamma}^{\mathrm{T}}(t)\Lambda_{lf}\widetilde{\Gamma}(t)
\tag{8.70}
$$

为了降低结果的保守性，引入松弛矩阵

$$
\sum_{l=1}^{r}\sum_{f=1}^{r}h_{il}(h_{if}-\bar{h}_{if})Z=\sum_{l=1}^{r}h_{il}\Big(\sum_{f=1}^{r}h_{if}-\sum_{f=1}^{r}\bar{h}_{if}\Big)Z=\sum_{l=1}^{r}h_{il}(1-1)Z=0
\tag{8.71}
$$

然后，可得到

$$
\begin{aligned}
&\dot{V}_i(x(t))+\theta V_i(x(t)) \\
&\leqslant \sum_{l=1}^{r}\sum_{f=1}^{r} h_{il}\bar{h}_{if}\widetilde{\Gamma}^{\mathrm{T}}(t)\Lambda_{lf}\widetilde{\Gamma}(t) \\
&=\sum_{l=1}^{r}\sum_{f=1}^{r} h_{il}\widetilde{\Gamma}^{\mathrm{T}}(t)[h_{if}(\delta_{if}\Lambda_{lf}-\delta_{if}Z+Z)+(\bar{h}_{if}-\delta_{if}h_{if})(\Lambda_{lf}-Z)]\widetilde{\Gamma}(t) \\
&=\frac{1}{2}\sum_{l=1}^{r}\sum_{f=1}^{r} h_{il}\widetilde{\Gamma}^{\mathrm{T}}(t)[h_{if}(\delta_{if}\Lambda_{lf}+\delta_{il}\Lambda_{fl}-\delta_{if}Z-\delta_{il}Z+2Z) \\
&\quad +(\bar{h}_{if}-\delta_{if}h_{if})(\Lambda_{lf}+\Lambda_{fl}-2Z)]\widetilde{\Gamma}(t)
\end{aligned} \tag{8.72}
$$

此外，从式（8.61）和式（8.62），可得

$$\dot{V}_i(x(t))\leqslant -\theta V_i(x(t))-z^{\mathrm{T}}(t)z(t)+\gamma^2\omega^{\mathrm{T}}(t)\omega(t) \tag{8.73}$$

定义 $J(s)=z^{\mathrm{T}}(s)z(s)-\gamma^2\omega^{\mathrm{T}}(s)\omega(s)$，通过比较引理，可得

$$V_i(x(t))\leqslant \mathrm{e}^{-\theta(t-l_q')}V_i(x(l_q'))-\int_{l_q'}^{t}\mathrm{e}^{-\theta(t-s)}J(s)\mathrm{d}s,\quad t\in[l_q',\ l_{q+1}') \tag{8.74}$$

根据式（8.63），对于任何切换时刻，有以下不等式成立：

$$V_{\sigma(l_q')}(x(l_q'))\leqslant \mu V_{\sigma(l_q'^-)}(x(l_q'^-)) \tag{8.75}$$

假设 $0=l_0'<l_1'<l_2'<\cdots<l_q'=t_{N_\sigma(0,t)}<t$，其中，$l_0',\ l_1',\ \cdots,\ l_q'$ 表示切换时刻。根据条件式（8.74）和式（8.75），有

$$
\begin{aligned}
V(x(t))&\leqslant \mathrm{e}^{-\theta(t-l_q')}V_{\sigma(l_q')}(x(l_q'))-\int_{l_q'}^{t}\mathrm{e}^{-\theta(t-s)}J(s)\mathrm{d}s \\
&\leqslant \mu\mathrm{e}^{-\theta(t-l_q')}V_{\sigma(l_q'^-)}(x(l_q'^-))-\int_{l_q'}^{t}\mathrm{e}^{-\theta(t-s)}J(s)\mathrm{d}s \\
&\leqslant \mu\mathrm{e}^{-\theta(t-l_q')}[\mathrm{e}^{-\theta(l_q'-l_{q-1}')}V_{\sigma(l_{q-1}')}(x(l_{q-1}'))-\int_{l_{q-1}'}^{l_q'}\mathrm{e}^{-\theta(l_q'-s)}J(s)\mathrm{d}s] \\
&\quad -\int_{l_q'}^{t}\mathrm{e}^{-\theta(t-s)}J(s)\mathrm{d}s \\
&\quad \vdots \\
&\leqslant \mu^{N_\sigma(l_0',t)}\mathrm{e}^{-\theta(t-l_0')}V_{\sigma(l_0')}(x(l_0'))-\mu^{N_\sigma(l_0',t)}\int_{l_0'}^{l_1'}\mathrm{e}^{-\theta(t-s)}J(s)\mathrm{d}s \\
&\quad -\mu^{N_\sigma(l_0',t)-1}\int_{l_1'}^{l_2'}\mathrm{e}^{-\theta(t-s)}J(s)\mathrm{d}s-\cdots-\mu^0\int_{l_q'}^{t}\mathrm{e}^{-\theta(t-s)}J(s)\mathrm{d}s \\
&=\mu^{N_\sigma(l_0',t)}\mathrm{e}^{-\theta(t-l_0')}V_{\sigma(l_0')}(x(l_0'))-\int_{l_0'}^{t}\mathrm{e}^{-\theta(t-s)+N_\sigma(s,t)\ln\mu}J(s)\mathrm{d}s
\end{aligned} \tag{8.76}
$$

当扰动 $\omega(t)=0$ 时，由式（8.76）可得

$$V(x(t))\leqslant \mathrm{e}^{-\theta(t-l_0')+(N_0+\frac{t-l_0'}{\tau_a})\ln\mu}V_{\sigma(l_0')}(x(l_0')) \tag{8.77}$$

此外，从条件式（8.66）和式（8.77），有

$$\| x(t) \| \leqslant \sqrt{\frac{b}{a}} \mathrm{e}^{\frac{1}{2} N_0 \ln \mu} \mathrm{e}^{-\frac{1}{2}(\theta - \frac{\ln \mu}{\tau_a})t} \| \bar{G}(0) \|_{d1} \tag{8.78}$$

令 $\kappa = \sqrt{\frac{b}{a}} \mathrm{e}^{\frac{1}{2} N_0 \ln \mu}$ 和 $\zeta = -\frac{1}{2}(\theta - \frac{\ln \mu}{\tau_a})$。因此，由式（8.64）、式（8.78）和定义 2.1 可知，闭环系统（8.59）在扰动 $\omega(t) = 0$ 时是指数稳定的。

另外，当 $\omega(t) \neq 0$ 时，对式（8.76）的两边乘以 $\mathrm{e}^{-N_\sigma(0,t)\ln \mu}$ 可以得到

$$\mathrm{e}^{-N_\sigma(0,t)\ln \mu} V(x(t)) \leqslant \mathrm{e}^{-\theta t} V_{\sigma(0)}(x(0)) - \int_0^t \mathrm{e}^{-\theta(t-s) - N_\sigma(0,s)\ln \mu} J(s) \mathrm{d}s \tag{8.79}$$

由于 $N_\sigma(0,s) \leqslant N_0 + \frac{s-0}{\tau_a}$，$V(x(t)) \geqslant 0$ 及零初始条件，由式（8.64）和式（8.79），则

$$\int_0^t \mathrm{e}^{-\theta(t-s) - (N_0 \ln \mu + \theta s)} z^{\mathrm{T}}(s) z(s) \mathrm{d}s \leqslant \int_0^t \mathrm{e}^{-\theta(t-s)} \gamma^2 \omega^{\mathrm{T}}(s) \omega(s) \mathrm{d}s \tag{8.80}$$

此外，式（8.80）两边对 t 从 0 到 ∞ 积分，可得

$$\int_0^\infty \mathrm{e}^{-\theta s} z^{\mathrm{T}}(s) z(s) \mathrm{d}s \leqslant \mathrm{e}^{N_0 \ln \mu} \gamma^2 \int_0^\infty \omega^{\mathrm{T}}(s) \omega(s) \mathrm{d}s \tag{8.81}$$

式中，$c = \theta$ 和 $\bar{\gamma} = \sqrt{\mathrm{e}^{N_0 \ln \mu}} \gamma$，由定义 2.4 可得，系统（8.59）具有 H_∞ 性能指标 $\sqrt{\mathrm{e}^{N_0 \ln \mu}} \gamma$。

2. 控制器设计

基于定理 8.3，下面定理给出了一组求解状态反馈控制器增益和事件触发参数的充分条件。

定理 8.4 对于任意的 $i, j \in \underline{N}$，$i \neq j$，$l, f \in \underline{R}$，$\bar{h}_{if} - \delta_{if} h_{if} > 0 \ (0 < \delta_{if} \leqslant 1)$ 以及给定正的标量 $\alpha_i, \tau_M, \gamma, \theta, \lambda_o \ (o = 1,2,3,4)$ 和 $\mu > 1$，如果存在对称正定矩阵 $P_i, \hat{Q}_i, \hat{R}_i$ 和 Ω_i' 满足

$$\bar{\Lambda}_{lf} + \bar{\Lambda}_{fl} - 2\bar{Z} < 0, \ l \leqslant f \tag{8.82}$$

$$\delta_{if} \bar{\Lambda}_{lf} + \delta_{il} \bar{\Lambda}_{fl} - \delta_{if} \bar{Z} - \delta_{il} \bar{Z} + 2\bar{Z} < 0, \ l \leqslant f \tag{8.83}$$

$$\begin{bmatrix} -\mu X_j & X_j \\ * & -X_i \end{bmatrix} \leqslant 0, \begin{bmatrix} -\mu \hat{Q}_j & X_j \\ * & \lambda_1^2 \hat{Q}_i - 2\lambda_1 X_i \end{bmatrix} \leqslant 0, \begin{bmatrix} -\mu \hat{R}_j & X_j \\ * & \lambda_2^2 \hat{R}_i - 2\lambda_2 X_i \end{bmatrix} \leqslant 0 \tag{8.84}$$

式中，

$$\bar{\Lambda}_{lf} = \begin{bmatrix} \bar{\Omega}_{1i}' & \tau_M \bar{\Omega}_{2i}' & \bar{\Omega}_{3i}' & \bar{\Omega}_{4i}' \\ * & \lambda_3^2 \hat{R}_i - 2\lambda_3 X_i & 0 & 0 \\ * & * & -I & 0 \\ * & * & * & -\Omega_i^{-1} \alpha_i^{-1} \end{bmatrix}$$

$$\bar{\Omega}'_{1i}=\begin{bmatrix} Y'_{1i} & Y'_{2i} & 0 & B_{il}Y_{if} & G_{il} \\ * & Y'_{3i} & \mathrm{e}^{-\theta\tau_M}\hat{R}_i & 0 & 0 \\ * & * & Y'_{4i} & 0 & 0 \\ * & * & * & \lambda_4^2\Omega_i^{-1}-2\lambda_4X_i & 0 \\ * & * & * & * & -\gamma^2I \end{bmatrix}$$

$$\bar{\Omega}'_{2i}=[A_{il}X_i \quad B_{il}Y_{if} \quad 0 \quad B_{il}Y_{if} \quad G_{il}]^{\mathrm{T}}$$

$$\bar{\Omega}'_{3i}=[C_{il}X_i \quad 0 \quad 0 \quad 0 \quad D_{il}]^{\mathrm{T}},\bar{\Omega}'_{4i}=[0 \quad 1 \quad 0 \quad 1 \quad 0]^{\mathrm{T}}$$

$$Y'_{1i}=\mathrm{sym}\{A_{il}X_i\}+\theta X_i+\hat{Q}_i-\mathrm{e}^{-\theta\tau_M}\hat{R}_i$$

$$Y'_{2i}=B_{il}Y_{if}+\mathrm{e}^{-\theta\tau_M}\hat{R}_i,Y'_{3i}=-2\mathrm{e}^{-\theta\tau_M}\hat{R}_i,Y'_{4i}=-\mathrm{e}^{-\theta\tau_M}(\hat{R}_i+\hat{Q}_i)$$

那么，可以得到相对应的事件触发状态反馈控制器增益矩阵，即

$$K_{if}=Y_{if}X_i^{-1} \tag{8.85}$$

证明 本小节证明过程与 8.2 节类似，不再赘述。

8.3.3 仿真算例

本小节给出一个仿真算例来证明所提出方法的有效性。考虑初始状态为 $x(0)=[1.5 \quad -1]^{\mathrm{T}}$ 的具有两个子系统的切换线性 T-S 模糊系统，各矩阵参数如下：

$$A_{11}=\begin{bmatrix} -1.7 & 0.3 \\ 1.2 & -1.9 \end{bmatrix},A_{12}=\begin{bmatrix} -3.1 & 3.5 \\ -5 & -1 \end{bmatrix},A_{21}=\begin{bmatrix} 0.1 & -2 \\ 3 & -5 \end{bmatrix},A_{22}=\begin{bmatrix} -0.1 & -2 \\ 2 & -5 \end{bmatrix}$$

$$B_{11}=\begin{bmatrix} 0.1 \\ 0.2 \end{bmatrix},\ B_{12}=\begin{bmatrix} 0.2 \\ 0.3 \end{bmatrix},\ B_{21}=\begin{bmatrix} 0.58 \\ 0.01 \end{bmatrix},\ B_{22}=\begin{bmatrix} 0.5 \\ 0.2 \end{bmatrix}$$

$$G_{11}=\begin{bmatrix} 0.35 \\ 0.22 \end{bmatrix},\ G_{12}=\begin{bmatrix} 0.1 \\ 0.1 \end{bmatrix},\ G_{21}=\begin{bmatrix} 0.2 \\ 0.3 \end{bmatrix},\ G_{22}=\begin{bmatrix} 0.12 \\ 0.08 \end{bmatrix}$$

$$C_{11}=\begin{bmatrix} 0.3 & 0.5 \end{bmatrix},\ C_{12}=\begin{bmatrix} 0.2 & 0.2 \end{bmatrix},\ C_{21}=\begin{bmatrix} 0.15 & 0.25 \end{bmatrix},\ C_{22}=\begin{bmatrix} 0.3 & 0.5 \end{bmatrix}$$

$$D_{11}=0.1,\ D_{12}=0.05,\ D_{21}=0.1,\ D_{22}=0.1$$

切换 T-S 模糊系统的隶属度函数为

$$h_{11}=1-\frac{1}{(1+\mathrm{e}^{\sin(x_1)-2x_1})(1+\mathrm{e}^{3x_1})}\in[0,1],\ h_{12}=1-h_{11}$$

$$h_{21}=1-\sin(x_2^2+0.5)^2\in[0,1],\ h_{22}=1-h_{21}$$

外部扰动信号为

$$\omega(t)=\begin{cases} 0.5\sin(2\pi t), & t\in[0,\ 8) \\ 0.2\sin(2\pi t), & t\in[8,\ 15) \\ 0, & \text{其他} \end{cases}$$

选择相应的事件触发参数矩阵为

$$\alpha_1 = \text{diag}\{\alpha_{11},\ \alpha_{12}\} = \text{diag}\{0.36,\ 0.27\}, \alpha_2 = \text{diag}\{\alpha_{21},\ \alpha_{22}\} = \text{diag}\{0.44,\ 0.35\}$$

其他相关参数被设为$\theta = 1.93, \mu = 80, h_{1'}^m = 0.01, h_{2'}^m = 0.15, h_b = 0.05, \gamma = 1.90, \lambda_1 = 0.82, \lambda_2 = 0.37, \lambda_3 = 0.90, \lambda_4 = 0.80, \tau_M = 0.05, \delta_{11} = \delta_{21} = 0.60, \delta_{12} = \delta_{22} = 0.85$，以及保证条件$\bar{h}_{if} - \delta_{if} h_{if} > 0$成立。通过求解 LMIs 式（8.82）～式（8.84），可以得到相应的事件触发参数和状态反馈控制器增益为

$$\Omega_1 = \begin{bmatrix} 0.7543 & 0 \\ 0 & 0.8792 \end{bmatrix}, \ \Omega_2 = \begin{bmatrix} 1.0671 & 0 \\ 0 & 0.5702 \end{bmatrix}$$

$$K_{11} = -\begin{bmatrix} 1.7493 & 1.9310 \end{bmatrix}, \ K_{12} = -\begin{bmatrix} 0.2673 & 1.4134 \end{bmatrix}$$

$$K_{21} = \begin{bmatrix} -0.8586 & 0.3345 \end{bmatrix}, \ K_{22} = \begin{bmatrix} -1.2649 & 0.4002 \end{bmatrix}$$

此外，可计算平均驻留时间为$\tau_a = 2.8 \geqslant \tau_a^* = 2.2705$，设置颤抖界$N_0 = 1$。

图 8.7 的（a）、（b）分别描述了二维闭环系统状态轨迹和切换信号。结果表明，在切换信号和状态反馈控制器共同作用下，系统运行轨迹是渐近趋向于零。图 8.8 的（a）、（b）分别分别描述了两个分散通道的事件触发执行间隔情况。显然，任意两个执行间隔都不少于一个采样周期$h_{d_m}^m$，避免了 Zeno 问题。根据自适应算法（8.46），图 8.9 的（a）、（b）分别描述了采样周期$h_{d_m}^m$的自适应变化情况，并且相应的可调因子设为$\eta = 1.3$和$\varepsilon = 1.5$。可知，当系统有发散趋势或者外部扰动信号增大时，采样周期$h_{d_m}^m$将变得更小以使系统采样和通信更加频繁和密集，从而保证系统良好的稳定性能。

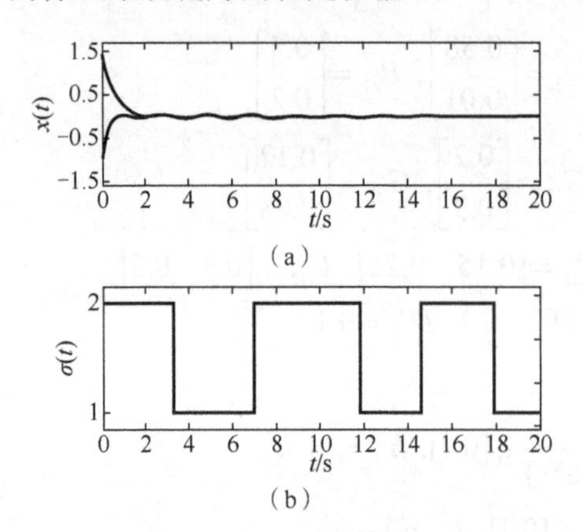

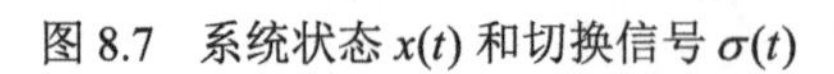

图 8.7　系统状态 $x(t)$ 和切换信号 $\sigma(t)$

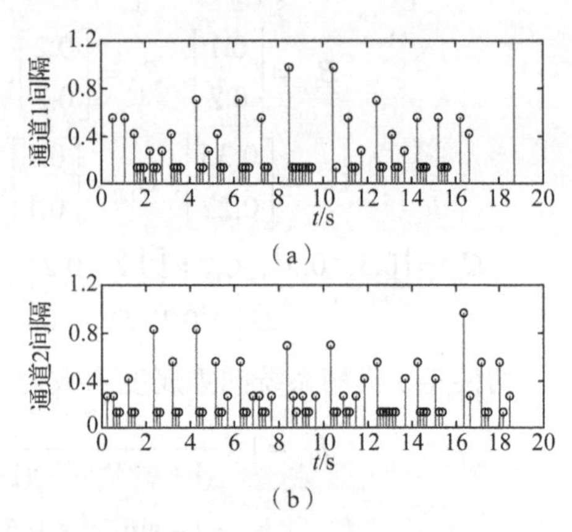

图 8.8　两个通道的事件触发相邻执行间隔

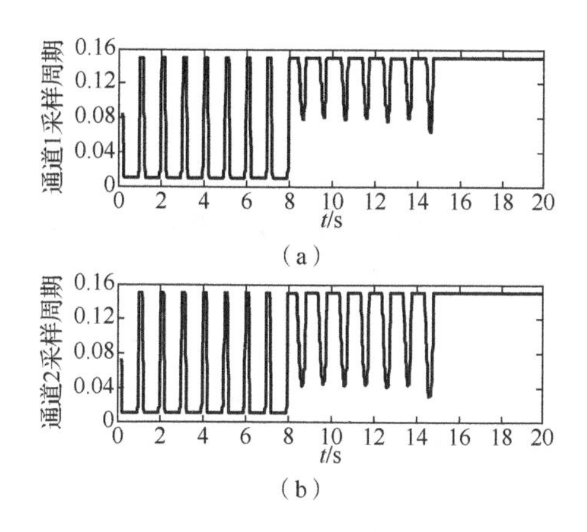

图 8.9 两个通道的采样周期自适应变化轨迹

8.4 小　结

首先，研究了切换线性系统的分散事件触发控制问题。针对不同的传感器采样周期和相应的事件触发机制，分类讨论分散通道下的系统稳定性与控制综合问题。利用 Lyapunov 函数方法和平均驻留时间技术，给出了能够保证系统稳定并具有鲁棒性的设计条件。另外，相应地给出了一组控制器增益和事件触发机制参数协同设计的条件。最后，给出的仿真算例表明，所设计的分散事件触发控制方法是有效的。

然后，研究了切换 T-S 线性模糊系统的异步分散事件触发控制问题。详细分析了由网络延迟诱导的切换异步现象及对系统性能的影响。考虑分散控制，在每个分散通道采用了不同的事件触发机制。同时，考虑了变采样周期控制，设计的采样周期可根据系统性能自适应变化，以进一步提高网络资源利用率。通过时滞转换建模方法，构建了分散变周期采样的切换 T-S 模糊系统模型。进而，使用分段 Lyapunov 函数方法和平均驻留时间技术，给出了闭环切换 T-S 模糊系统稳定性的充分条件，并给出了控制器增益和事件触发参数的协同设计条件。最后，通过给出的仿真算例表明，所设计的异步分散事件触发控制方法是有效的。

参 考 文 献

[1] Zhao X D, Wang X Y, Ma L, et al. Fuzzy approximation based asymptotic tracking control for a class of uncertain switched nonlinear systems[J]. IEEE Transactions on Fuzzy Systems, 2020, 28(4): 632-644.

[2] Wu Z G, Dong S L, Shi P, et al. Reliable filter design of Takagi-Sugeno fuzzy switched systems with imprecise modes[J]. IEEE Transactions on Cybernetics, 2020, 50(5): 1941-1951.

[3] Zhang J C, Zhao X D, Zhu F L, et al. Reduced-order observer design for switched descriptor systems with unknown inputs[J]. IEEE Transactions on Automatic Control, 2020, 65(1): 287-294.

[4] Zhang M, Shen C, Wu Z G, et al. Dissipative filtering for switched fuzzy systems with missing measurements[J]. IEEE Transactions on Cybernetics, 2020, 50(5): 1931-1940.

[5] Che W W, Su H Y, Shi P, et al. Nonfragile and nonsynchronous synthesis of reachable set for bernoulli switched systems[J]. IEEE Transactions on Systems, Man, and Cybernetics: Systems, 2020, 50(2): 726-731.

[6] Li Z H, Long L J. Global stabilization of switched feedforward nonlinear time-delay systems under asynchronous switching[J]. IEEE Transactions on Circuits and Systems I: Regular Papers, 2020, 67(2): 711-724.

[7] Liu L J, Zhao X D, Sun X M, et al. Stability and L_2-gain analysis of discrete-time switched systems with mode-dependent average dwell time[J]. IEEE Transactions on Systems, Man, and Cybernetics: Systems, 2020, 50(6): 2305-2314.

[8] Yang D, Zhao J. Dissipativity for switched LPV systems and its application: A parameter and dwell time-dependent multiple storage functions method[J]. IEEE Transactions on Systems, Man, and Cybernetics: Systems, 2020, 50(2): 502-513.

[9] 刘晓锋. 航空发动机调节/保护系统多目标控制问题研究[D]. 哈尔滨：哈尔滨工业大学, 2008.

[10] Yang H, Cocquempot V, Jiang B. Fault tolerance analysis for switched systems via global passivity[J]. IEEE Transactions on Circuits and Systems II: Express Briefs, 2008, 55(12): 1279-1283.

[11] Jin Y, Zhang Y M, Jing Y W, et al. An average dwell-time method for fault-tolerant control of switched time-delay systems and its application[J]. IEEE Transactions on Industrial Electronics, 2019, 66(4): 3139-3147.

[12] 韩璐. 切换系统稳定性分析及其在电力电子系统中的应用研究[D]. 成都：西南交通大学, 2014.

[13] Tang L, Zhao J. Switched threshold-based fault detection for switched nonlinear systems with its application to Chua's circuit system[J]. IEEE Transactions on Circuits and Systems I: Regular

Papers, 2019, 66(2): 733-741.

[14] Lian J, Li C, Xia B. Sampled-data control of switched linear systems with application to an F-18 aircraft[J]. IEEE Transactions on Industrial Electronics, 2017, 64(2): 1332-1340.

[15] Cardim R, Teixeira M C M, Assuncao E, et al. Variable-structure control design of switched systems with an application to a DC-DC power converter[J]. IEEE Transactions on Industrial Electronics, 2009, 56(9): 3505-3513.

[16] Yazdi M B, Motlagh M R J. Stabilization of a CSTR with two arbitrarily switching modes using modal state feedback linearization[J]. Chemical Engineering Journal, 2009, 155(3): 838-843.

[17] Ifqir S, Ichalal D, Oufroukh N A, et al. Robust interval observer for switched systems with unknown inputs: Application to vehicle dynamics estimation[J]. European Journal of Control, 2018, 44: 3-14.

[18] Zhai D, Lu A Y, Dong J X, et al. Adaptive tracking control for a class of switched nonlinear systems under asynchronous switching[J]. IEEE Transactions on Fuzzy Systems, 2018, 26(3): 1245-1256.

[19] Zha W, Guo Y, Wu H, et al. A new switched state jump observer for traffic density estimation in expressways based on hybrid-dynamic-traffic-network-model[J]. Sensors, 2019, 19(18): 3822.

[20] Zhai D, An L W, Dong J X, et al. Switched adaptive fuzzy tracking control for a class of switched nonlinear systems under arbitrary switching[J]. IEEE Transactions on Fuzzy Systems, 2018, 26(2): 585-597.

[21] Graziano C, Patrizio C, Jose C G, et al. A nonconservative LMI condition for stability of switched systems with guaranteed dwell time[J]. IEEE Transactions on Automatic Control, 2012, 57(5): 1297-1302.

[22] Zhang L, Shi P. Stability L_{∞}-gain and asynchronous H_{∞} control of discrete-time switched systems with average dwell time[J]. IEEE Transactions on Automatic Control, 2009, 54(9): 2192-2199.

[23] Zhao X D, Zhang L X, Shi P, et al. Stability and stabilization of switched linear systems with mode-dependent average dwell time[J]. IEEE Transactions on Automatic Control, 2012, 57(7): 1809-1815.

[24] Zhang L X, Zhuang S L, Shi P, et al. Uniform tube based stabilization of switched linear systems with mode-dependent persistent dwell-time[J]. IEEE Transactions on Automatic Control, 2015, 60(11): 2994-2999.

[25] Liberzon D, Morse A S. Basic problems in stability and design of switched systems[J]. IEEE Control Systems Magazine, 1999, 19(5): 59-70.

[26] Akar M, Paul A, Safonov M G, et al. Conditions on the stability of a class of second order switched systems[J]. IEEE Transactions on Automatic Control, 2006, 51(2): 338-340.

[27] Morse A S. Supervisory control of families of linear set-point controllers-part I: Exact matching[J]. IEEE Transactions on Automatic Control, 1996, 41(10): 1413-1431.

[28] Hespanha J P, Morse A S. Stability of switched systems by average dwell time[C]. Proceedings of the 38th IEEE Conference on Decision and Control, 1999: 2655-2660.

[29] Lee S H, Kim T H, Lim J T. A new stability analysis of switched systems[J]. Automatica, 2000, 36(6): 917-922.

[30] Xiang Z R, Xiang W M. Stability analysis of switched systems under dynamical dwell time control approach[J]. International Journal of Systems Science, 2009, 40(4): 347-355.

[31] Wang M, Zhao J. Quadratic stabilization of a class of switched nonlinear systems via single

Lyapunov function[J]. Nonlinear Analysis: Hybrid Systems, 2010, 4(1): 44-53.
[32] Zhao J, Hill D J. Passivity and stability of switched systems: A multiple storage function method[J]. Systems and Control Letters, 2008, 57(2): 158-164.
[33] Wicks M A, Peleties P, DeCarlo R A. Construction of piecewise Lyapunov functions for stabilizing switched systems[C]. Proceedings of the 33rd IEEE Conference on Decision and Control, 1994: 3492-3497.
[34] Peleties P, Decarlo R A. Asymptotic stability of m-switched systems using Lyapunov-like function[C]. Proceedings of the 31st IEEE Conference on Decision and Control, 1992: 1679-1684.
[35] Ye H, Michel A N, Ho L. Stability theory for hybrid dynamical systems[J]. IEEE Transactions on Automatic Control, 1998, 43(4): 461-474.
[36] Luo J M, Zhao J. Robust H_∞ control for networked switched fuzzy systems with network-induced delays and packet dropout[J]. Circuits System Signal Process, 2015, 34(2): 663-679.
[37] Miriam G S, Pavithra P. Abstraction based verification of stability of polyhedral switched systems[J]. Nonlinear Analysis: Hybrid Systems, 2020, 36(5): 100856.
[38] Niu B, Wang D, Li H, et al. A novel neural-network-based adaptive control scheme for output-constrained stochastic switched nonlinear systems[J]. IEEE Transactions on Systems, Man, and Cybernetics: Systems, 2019, 49(2): 418-432.
[39] Liu J J, Gu Y Y, Zha L J, et al. Event-triggered H_∞ load frequency control for multiarea power systems under hybrid cyber attacks[J]. IEEE Transactions on Systems, Man, and Cybernetics: Systems, 2019, 49(8): 1665-1678.
[40] Li T F, Fu J. Event-triggered control of switched linear systems[J]. Journal of the Franklin Institute, 2017, 354(15): 6451-6462.
[41] Zheng G J, Xiong J D, Yu X, et al. Stabilization for infinite dimensional switched linear systems[J]. IEEE Transactions on Automatic Control, 2020, 65(12): 5456-5463.
[42] Jiao T C, Zheng W X, Xu S Y. Unified stability criteria of random nonlinear time-varying impulsive switched systems[J]. IEEE Transactions on Circuits and Systems I: Regular Papers, 2020, 67(9): 3099-3112.
[43] Huang J T, Hung T V, Tseng M L. Smooth switching robust adaptive control for omnidirectional mobile robots[J]. IEEE Transactions on Control Systems Technology, 2015, 23(5): 1986-1993.
[44] Nguyen A, Dambrine M, Lauber J. Lyapunov-based robust control design for a class of switching non-linear systems subject to input saturation: Application to engine control[J]. IET Control Theory and Applications, 2014, 8(17): 1789-1802.
[45] Qiu L, Shi Y, Pan J F, et al. Robust cooperative positioning control of composite nested linear switched reluctance machines with network-induced time delays[J]. IEEE Transactions on Industrial Electronics, 2018, 65(9): 7447-7457.
[46] Qi Y W, Zeng P Y, Bao W. Event-triggered and self-triggered H_∞ control of uncertain switched linear systems[J]. IEEE Transactions on Systems, Man, and Cybernetics: Systems, 2020, 50(4): 1442-1454.
[47] Otsuka N, Saito H, Conte G, et al. Robust controlled invariant subspaces and disturbance decoupling for uncertain switched linear systems[J]. IMA Journal of Mathematical Control and Information, 2017, 34(1): 139-157.
[48] Qi Y W, Zeng P Y, Bao W, et al. Event-triggered robust H_∞ control for uncertain switched

linear systems[J]. International Journal of Systems Science, 2017, 48(15): 3172-3185.
[49] Bao W, Qi Y W, Zhao J, et al. Robust dynamic bumpless transfer: An exact model matching approach[J]. IET Control Theory and Applications, 2012, 6(10): 1341-1350.
[50] Qi Y W, Bao W. Robust bumpless transfer design using adaptive sliding mode approach[J]. Asian Journal of Control, 2013, 15(6): 1785-1793.
[51] Esfahani P S, Pieper J K. Robust model predictive control for switched linear systems[J]. ISA Transactions, 2019, 89: 1-11.
[52] Júnior M, Teixeira E I, Cardim M C M, et al. Robust control of switched linear systems with output switching strategy[J]. Journal of Control, Automation and Electrical Systems, 2015, 26(5): 455-465.
[53] Yu Q, Wu B W. Robust stability analysis of uncertain switched linear systems with unstable subsystems[J]. International Journal of Systems Science, 2013, 46(7): 1278-1287.
[54] Zhao Y, Zhao J, Fu J, et al. Integrated H_∞ filtering bumpless transfer control for switched linear systems[J]. ISA Transactions, 2019, 94: 47-56.
[55] Yang L, Guan C X, Fei Z Y. Finite-time asynchronous filtering for switched linear systems with an event-triggered mechanism[J]. Journal of the Franklin Institute, 2019, 356(10): 5503-5520.
[56] Xiao X Q, Park J H, Zhou L. Event-triggered H_∞ filtering of discrete-time switched linear systems[J]. ISA Transactions, 2018, 77: 112-121.
[57] Xiao X Q, Zhou L, Lu G P. Event-triggered H_∞ filtering of continuous-time switched linear systems[J]. Signal Processing, 2017, 141: 343-349.
[58] 付亮, 蔡远利. 高超声速飞行器单因素椭圆集序列鲁棒预测控制方法[J]. 导弹与航天运载技术, 2014, 6: 21-26.
[59] Benallouch M, Schutz G, Fiorelli D, et al. H_∞ model predictive control for discrete-time switched linear systems with application to drinking water supply network[J]. Journal of Process Control, 2014, 24(6): 924-938.
[60] Qi W H, Park J H, Zong G D, et al. Anti-windup design for saturated Semi-Markovian switching systems with stochastic disturbance[J]. IEEE Transactions on Circuits and Systems II: Express Briefs, 2019, 66(7): 1187-1191.
[61] Kundu A, Chatterjee D. Robust matrix commutator conditions for stability of switched linear systems under restricted switching[J]. Automatica, 2020, 115: 108904.
[62] Kundu A. A new condition for stability of switched linear systems under restricted minimum dwell time switching[J]. Systems and Control Letters, 2020, 135: 104597.
[63] Wu L G, Yang R N, Shi P, et al. Stability analysis and stabilization of 2-D switched systems under arbitrary and restricted switchings[J]. Automatica, 2015, 59: 206-215.
[64] 师路欢. 具有输出约束的非线性切换系统输出反馈自适应控制研究[D]. 扬州：扬州大学, 2019.
[65] Wu X, Zhang K J, Cheng M. Computational method for optimal control of switched systems with input and state constraints[J]. Nonlinear Analysis: Hybrid Systems, 2017, 26: 1-18.
[66] Sun K K, Mou S S, Qiu J B, et al. Adaptive fuzzy control for nontriangular structural stochastic switched nonlinear systems with full state constraints[J]. IEEE Transactions on Fuzzy Systems, 2019, 27(8): 1587-1601.
[67] Lian J, Wu F Y. Stabilization of switched linear systems subject to actuator saturation via invariant semi-ellipsoids[J]. IEEE Transactions on Automatic Control, 2020, 65(10): 4332-4339.
[68] Wu F Y, Lian J. A parametric multiple Lyapunov equations approach to switched systems with actuator saturation[J]. Nonlinear Analysis: Hybrid Systems, 2018, 29: 121-132.

[69] 赵广磊, 王景成. 基于LMI的执行器饱和的切换系统稳定性研究[J]. 科技通报, 2010, 26(5): 692-695.
[70] 方敏. 执行器饱和控制研究[D]. 济南：山东大学, 2007.
[71] Ma R C, Chen Q, Zhao S Z, et al. Dwell-time-based exponential stabilization of switched positive systems with actuator saturation[J]. IEEE Transactions on Systems, Man, and Cybernetics: Systems, 2021, 51(12): 7685-7691.
[72] Ma Y C, Fu L, Jing Y H, et al. Finite-time H_∞ control for a class of discrete-time switched singular time-delay systems subject to actuator saturation[J]. Applied Mathematics and Computation, 2015, 261: 264-283.
[73] Yang W, Tong S C. Output feedback robust stabilization of switched fuzzy systems with time-delay and actuator saturation[J]. Neurocomputing, 2015, 164: 173-181.
[74] Wang J, Zhao J. Stabilisation of switched positive systems with actuator saturation[J]. IET Control Theory and Applications, 2016, 10(6): 717-723.
[75] Zhao X Q, Zhao J. L_2-gain analysis and output feedback control for switched delay systems with actuator saturation[J]. Journal of the Franklin Institute, 2015, 352(7): 2646-2664.
[76] Yu Z X, Dong Y, Li S G, et al. Adaptive tracking control for switched strict-feedback nonlinear systems with time-varying delays and asymmetric saturation actuators[J]. Neurocomputing, 2017, 238: 245-254.
[77] Zhang M, Zhu Q X. New criteria of input-to-state stability for nonlinear switched stochastic delayed systems with asynchronous switching[J]. Systems and Control Letters, 2019, 129: 43-50.
[78] Liu G P, Hua C C, Guan X P. Asynchronous stabilization of switched neutral systems: A cooperative stabilizing approach[J]. Nonlinear Analysis: Hybrid Systems, 2019, 33: 380-392.
[79] Yuan S, Zhang L X, Schutter B D, et al. A novel Lyapunov function for a non-weighted L_2 gain of asynchronously switched linear systems[J]. Automatica, 2018, 87: 310-317.
[80] Jiang Z Y, Yan P. H_∞ output-feedback control for discrete-time switched linear systems via asynchronous switching[J]. Journal of the Franklin Institute, 2018, 355(14): 6215-6238.
[81] Liu T H, Wang C H. Quasi-time-dependent asynchronous H_∞ control of discrete-time switched systems with mode-dependent persistent dwell-time[J]. European Journal of Control, 2019, 48: 66-73.
[82] Hua C C, Liu G P, Zhang L, et al. Cooperative stabilization for linear switched systems with asynchronous switching[J]. IEEE Transactions on Systems, Man, and Cybernetics: Systems, 2019, 49(6): 1081-1087.
[83] Han M H, Zhang R X, Zhang L X, et al. Asynchronous observer design for switched linear systems: A tube-based approach[J]. IEEE/CAA Journal of Automatica Sinica, 2020, 7(1): 70-81.
[84] Eddoukali Y, Benzaouia A, Ouladsine M. Integrated fault detection and control design for continuous-time switched systems under asynchronous switching[J]. ISA Transactions, 2019, 84: 12-19.
[85] Qi Y W, Xing N, Zhao X D, et al. Asynchronous decentralized event-triggered control for switched large-scale systems subject to data congestions and disorders[J]. IEEE Systems Journal, 2021, 15(2): 2541-2552.
[86] Qi Y W, Cao Z, Li X L. Decentralized event-triggered H_∞ control for switched systems with network communication delay[J]. Journal of the Franklin Institute, 2019, 356(3): 1424-1445.
[87] Liu X, Zhai D. Adaptive decentralized control for switched nonlinear large-scale systems with quantized input signal[J]. Nonlinear Analysis: Hybrid Systems, 2020, 35: 100817.

[88] Ananduta W, Pippia T, Martinez C O, et al. Online partitioning method for decentralized control of linear switching large-scale systems[J]. Journal of the Franklin Institute, 2019, 356(6): 3290-3313.
[89] Wang T, Wang X H, Xiang W M. Reachable set estimation and decentralized control synthesis for a class of large-scale switched systems[J]. ISA Transactions, 2020, 103: 75-85.
[90] Zhang X M, Han Q L, Zhang B L. An overview and deep investigation on sampled-data-based event-triggered control and filtering for networked systems[J]. IEEE Transactions on Industrial Informatics, 2017, 13(1): 4-16.
[91] Åarzén K E. A simple event-based PID controller[J]. IFAC Proceedings Volumes, 1999, 32(2): 8687-8692.
[92] Åarzén K E, Bernhardsson B. Comparison of riemann and lebesgue sampling for first order stochastic systems[C]. Proceedings of the 41st IEEE Conference on Decision and Control, 2002: 2011-2016.
[93] Tabuada P. Event-triggered real-time scheduling of stabilizing control tasks[J]. IEEE Transactions on Automatic Control, 2007, 52(9): 1680-1685.
[94] Tabuada P, Wang X. Preliminary results on state-triggered scheduling of stabilizing control tasks[C]. Proceedings of the 45th IEEE Conference on Decision and Control, 2006: 282-287.
[95] Demirel B, Ghadimi E, Quevedo D E, et al. Optimal control of linear systems with limited control actions: Threshold-based event-triggered control[J]. IEEE Transactions on Control of Network Systems, 2018, 5(3): 1275-1286.
[96] Qi Y W, Liu Y H, Niu B. Event-triggered H_∞ filtering for networked switched systems with packet disorders[J]. IEEE Transactions on Systems, Man, and Cybernetics: Systems, 2021, 51(5): 2847-2859.
[97] Qi Y W, Cao M. Finite-time boundedness and stabilisation of switched linear systems using event-triggered controllers[J]. IET Control Theory and Applications, 2017, 11(18): 3240-3248.
[98] Hu S L, Yue D, Han Q L, et al. Observer-based event-triggered control for networked linear systems subject to denial-of-service attacks[J]. IEEE Transactions on Cybernetics, 2020, 50(5): 1952-1964.
[99] Cheng Y Y, Zhang J, Du H B, et al. Global event-triggered output feedback stabilization of a class of nonlinear systems[J]. IEEE Transactions on Systems, Man, and Cybernetics: Systems, 2021, 51(7): 4040-4047.
[100] Adloo H, Shafiei M H. A robust adaptive event-triggered control scheme for dynamic output-feedback systems[J]. Information Sciences, 2019, 477: 65-79.
[101] Liu J L, Tian E G, Xie X P, et al. Distributed event-triggered control for networked control systems with stochastic cyber-attacks[J]. Journal of the Franklin Institute, 2019, 356(17): 10260-10276.
[102] Yi X L, Yang T, Wu J F, et al. Distributed event-triggered control for global consensus of multi-agent systems with input saturation[J]. Automatica, 2019, 100: 1-9.
[103] Li X W, Tang Y, Karimi H R. Consensus of multi-agent systems via fully distributed event-triggered control[J]. Automatica, 2020, 116: 108898.
[104] Qi Y W, Liu Y H, Fu J, et al. Event-triggered L_∞ control for network-based switched linear systems with transmission delay[J]. Systems and Control Letters, 2019, 134: 104533.
[105] Heemels W P M H, Donkers M C F, Teel A R. Periodic event-triggered control for linear systems[J]. IEEE Transactions on Automatic Control, 2013, 58(4): 847-861.
[106] Qi Y W, Xu X D, Li X L, et al. H_∞ control for networked switched systems with mixed

switching law and an event-triggered communication mechanism[J]. International Journal of Systems Science, 2020, 51(6): 1066-1083.
[107] Zheng S Q, Shi P, Wang S Y, et al. Event triggered adaptive fuzzy consensus for interconnected switched multiagent systems[J]. IEEE Transactions on Fuzzy Systems, 2019, 27(1): 144-158.
[108] Li Y X, Yang G H. Observer-based fuzzy adaptive event-triggered control codesign for a class of uncertain nonlinear systems[J]. IEEE Transactions on Fuzzy Systems, 2018, 26(3): 1589-1599.
[109] Aslam M S, Rajput A R, Li Q, et al. Adaptive event-triggered mixed H_∞ and passivity-based filter design for nonlinear T-S fuzzy Markovian switching systems with time-varying delays[J]. IEEE Access, 2019, 7: 62577-62591.
[110] Heemels W P M H, Johansson K H, Tabuada P. An introduction to event-triggered and self-triggered control[C]. Proceedings of the 51st IEEE Conference on Decision and Control, 2012: 3270-3285.
[111] Yi X L, Liu K, Dimarogonas D V, et al. Dynamic event-triggered and self-triggered control for multi-agent systems[J]. IEEE Transactions on Automatic Control, 2019, 64(8): 3300-3307.
[112] Wang Y J, Jia Z X, Zuo Z Q. Dynamic event-triggered and self-triggered output feedback control of networked switched linear systems[J]. Neurocomputing, 2018, 314: 39-47.
[113] Li Q, Wang Z D, Sheng W G, et al. Dynamic event-triggered mechanism for H_∞ non-fragile state estimation of complex networks under randomly occurring sensor saturations[J]. Information Sciences, 2020, 509: 304-316.
[114] Zha L L, Liu J L, Cao J D. Security control for T-S fuzzy systems with multi-sensor saturations and distributed event-triggered mechanism[J]. Journal of the Franklin Institute, 2020, 357(5): 2851-2867.
[115] Kwon W, Jin Y, Lee S M. PI-type event-triggered H_∞ filter for networked T-S fuzzy systems using affine matched membership function approach[J]. Applied Mathematics and Computation, 2020, 385: 125420.
[116] Wang X H, Wang Z, Song Q K, et al. A waiting-time-based event-triggered scheme for stabilization of complex-valued neural networks[J]. Neural Networks, 2020, 121: 329-338.
[117] Wang K Y, Tian E G, Shen S B, et al. Input-output finite-time stability for networked control systems with memory event-triggered scheme[J]. Journal of the Franklin Institute, 2019, 356(15): 8507-8520.
[118] Luo S P, Ye D. Adaptive double event-triggered control for linear multi-agent systems with actuator faults[J]. IEEE Transactions on Circuits and Systems I: Regular Papers, 2019, 66(12): 4829-4839.
[119] Hu S L, Yue D, Xie X P, et al. Resilient event-triggered controller synthesis of networked control systems under periodic DoS jamming attacks[J]. IEEE Transactions on Cybernetics, 2019, 49(12): 4271-4281.
[120] Han Y C, Lian J, Huang X. Event-triggered H_∞ control of networked switched systems subject to denial-of-service attacks[J]. Nonlinear Analysis: Hybrid Systems, 2020, 38: 100930.
[121] Ma G Q, Liu X H, Qin L L, et al. Finite-time event-triggered H_∞ control for switched systems with time-varying delay[J]. Neurocomputing, 2016, 207: 828-842.
[122] Xiao X Q, Park J H, Zhou L, et al. Event-triggered control of discrete-time switched linear systems with network transmission delays[J]. Automatica, 2020, 111: 108585.
[123] Xiao X Q, Park J H, Zhou L. Event-triggered control of discrete-time switched linear systems

with packet losses[J]. Applied Mathematics and Computation, 2018, 333: 344-352.
[124] Qi Y W, Xu X D, Lu S W, et al. A waiting time based discrete event-triggered control for networked switched systems with actuator saturation[J]. Nonlinear Analysis: Hybrid Systems, 2020, 37: 100904.
[125] Qi Y W, Zeng P Y, Bao W. Event-triggered and self-triggered H_∞ control of uncertain switched linear systems[J]. IEEE Transactions on Systems, Man, and Cybernetics: Systems, 2020, 50(4): 1442-1454.
[126] Ma Y J, Zhao J. Distributed integral-based event-triggered scheme for cooperative output regulation of switched multi-agent systems[J]. Information Sciences, 2018, 457-458: 208-221.
[127] Liu J X, Wu L G, Wu C W, et al. Event-triggering dissipative control of switched stochastic systems via sliding mode[J]. Automatica, 2019, 103: 261-273.
[128] Liu Y H, Zhi H M, Wei J M, et al. Event-triggered control for linear continuous switched singular systems[J]. Applied Mathematics and Computation, 2020, 374: 125038.
[129] Li T F, Fu J, Deng F, et al. Stabilization of switched linear neutral systems: An event-triggered sampling control scheme[J]. IEEE Transactions on Automatic Control, 2018, 63(10): 3537-3544.
[130] Zhu K W, Ma D, Zhao J. Event triggered control for a switched LPV system with applications to aircraft engines[J]. IET Control Theory and Applications, 2018, 12(10): 1505-1514.
[131] Liu L Y, Zhang J F, Shao Y, et al. Event-triggered control of positive switched systems based on linear programming[J]. IET Control Theory and Applications, 2020, 14(1): 145-155.
[132] Lian J, Li C. Event-triggered control for a class of switched uncertain nonlinear systems[J]. Systems and Control Letters, 2020, 135: 104592.
[133] Li C, Lian J. Event-triggered feedback stabilization of switched linear systems using dynamic quantized input[J]. Nonlinear Analysis: Hybrid Systems, 2019, 31: 292-301.
[134] Ma G Q, Pagilla P R. Periodic event-triggered dynamic output feedback control of switched systems[J]. Nonlinear Analysis: Hybrid Systems, 2019, 31: 247-264.
[135] Ma G Q, Liu X H, Pagilla P R, et al. Asynchronous repetitive control of switched systems via periodic event-based dynamic output feedback[J]. IMA Journal of Mathematical Control and Information, 2020, 37(2): 640-669.
[136] Qu H Q, Zhao J. Event-triggered H_∞ filtering for discrete-time switched systems under denial-of-service[J]. IEEE Transactions on Circuits and Systems I: Regular Papers, 2021, 68(6): 2604-2615.
[137] Fei Z Y, Guan C X, Zhao X D. Event-triggered dynamic output feedback control for switched systems with frequent asynchronism[J]. IEEE Transactions on Automatic Control, 2020, 65(7): 3120-3127.
[138] Su X J, Liu X X, Shi P, et al. Sliding mode control of hybrid switched systems via an event-triggered mechanism[J]. Automatica, 2018, 90: 294-303.
[139] He H F, Gao X W, Qi W H. Distributed event-triggered sliding mode control of switched systems[J]. Journal of the Franklin Institute, 2019, 356(17): 10296-10314.
[140] Niu B, Liu Y J, Zhou W L, et al. Multiple lyapunov functions for adaptive neural tracking control of switched nonlinear nonlower-triangular systems[J]. IEEE Transactions on Cybernetics, 2020, 50(5): 1877-1886.
[141] Qi Y W, Liu Y H, Zhang Q X, et al. Dynamic output feedback L_∞ control for network-based switched linear systems with performance dependent event-triggering strategies[J]. IET Control Theory and Applications, 2019, 13(9): 1258-1270.

[142] Sun X M, Zhao J, Hill D J. Stability and L_2-gain analysis for switched delay systems: A delay-dependent method[J]. Automatica, 2006, 42(10): 1769-1774.
[143] Lin H, Antsaklis P J. Stability and stabilizability of switched linear systems: A survey of recent results[J]. IEEE Transactions on Automatic Control, 2009, 5(4): 308-322.
[144] Wang J, Zhang X M, Lin Y F, et al. Event-triggered dissipative control for networked stochastic systems under non-uniform sampling[J]. Information Sciences, 2018, 447: 216-228.
[145] Li F Q, Fu J Q, Du D J. An improved event-triggered communication mechanism and L_∞ control co-design for network control systems[J]. Information Science, 2016, 370-371: 743-762.
[146] Donkers M C F, Heemels W P M H. Output-based event-triggered control with guaranteed L_∞-gain and improved and decentralized event-triggering[J]. IEEE Transactions on Automatic Control, 2012, 57(6): 1362-1376.
[147] Wu L G, Zheng W X, Gao H J. Dissipativity-based sliding mode control of switched stochastic systems[J]. IEEE Transactions on Automatic Control, 2012, 58(3): 785-791.
[148] Wu L G, Ho D W C. Fuzzy filter design for Itô stochastic systems with application to sensor fault detection[J]. IEEE Transactions on Fuzzy Systems, 2009, 17(1): 233-242.
[149] Petersen I R, Hollot C V. A riccati equation to the stabilization of uncertain linear systems[J]. Automatica, 1986, 22(4): 397-441.
[150] Scherer C, Weiland S. Lecture Notes DISC Course on Linear Matrix Inequalities in Control[M]. Berlin: Springer-Verlag, 1999.
[151] Stephenson R A. On the uniqueness of the square-root of a symmetric, positive-definite tensor[J]. Journal of Elasticity, 1980, 10(2): 213-214.
[152] Gu K, Kharitonov V, Chen J. Stability of Time-Delay Systems[M]. Boston: Birkhauser, 2003.
[153] Xiong J L, Lam J. Stabilization of networked control systems with a logic ZOH[J]. IEEE Transactions on Automatic Control, 2009, 54(2): 358-363.
[154] Park P, Lee W, Lee S. Auxiliary function-based integral inequalities for quadratic functions and their applications to time-delay systems[J]. Journal of Franklin Institute, 2015, 352(4): 1378-1396.
[155] Zhang X M, Han Q L, Seuret A, et al. An improved reciprocally convex inequality and an augmented Lyapunov-Krasovskii functional for stability of linear systems with time-varying delay[J]. Automatica, 2017, 84: 221-226.
[156] Hu T S, Lin Z L, Chen B M. Analysis and design for discrete-time linear systems subject to actuator saturation[J]. Systems and Control Letters, 2002, 45(2): 97-112.
[157] Vu L, Kristi M A. Stability of time-delay feedback switched linear systems[J]. IEEE Transactions on Automatic Control, 2010, 55(10): 2385-2389.
[158] Mahmoud M S. Robust H_∞ control of discrete systems with uncertain parameters and unknown delays[J]. Automatica, 2000, 36(4): 627-635.
[159] Sokolov V F. Adaptive suboptimal control of a linear system with bounded disturbance[J]. Systems and Control Letters, 1985, 6(2): 93-98.
[160] Zhang X Y. Robust integral sliding mode control for uncertain switched systems under arbitrary switching rules[J]. Nonlinear Analysis: Hybrid Systems, 2020, 37: 100900.
[161] Wang F, Lai G Y. Fixed-time control design for nonlinear uncertain systems via adaptive method[J]. Systems and Control Letters, 2020, 140: 104704.
[162] Chang S, Peng T. Adaptive guaranteed cost control of systems with uncertain parameters[J]. IEEE Transactions on Automatic Control, 1972, 17(4): 474-483.

[163] Liu Y R, Arumugam A, Rathinasamy S, et al. Event-triggered non-fragile finite-time guaranteed cost control for uncertain switched nonlinear networked systems[J]. Nonlinear Analysis: Hybrid Systems, 2020, 36: 100884.

[164] Wang C H, Lin T C, Lee T T, et al. Adaptive hybrid intelligent control for uncertain nonlinear dynamical systems[J]. IEEE Transactions on Systems, Man, and Cybernetics, Part B (Cybernetics), 2002, 32(5): 583-597.

[165] Nguyen N H A, Kim S H. Reliable dissipative control for saturated nonhomogeneous Markovian jump fuzzy systems with general transition rates[J]. Journal of the Franklin Institute, 2020, 357(7): 4059-4078.

[166] Wang Y Q, Chen F, Zhuang G M, et al. Dynamic event-based mixed H_∞ and dissipative asynchronous control for Markov jump singularly perturbed systems[J]. Applied Mathematics and Computation, 2020, 386: 125443.

[167] Souza C E D, Xie L H. On the discrete-time bounded real lemma with application in the characterization of static state feedback H_∞ controllers[J]. Systems and Control Letters, 1992, 18(1): 61-71.

[168] Brogliato B, Lozano R, Landau I D. New relationships between Lyapunov functions and the passivity theorem[J]. International Journal of Adaptive Control and Signal Processing, 1993, 7(5): 353-365.

[169] Tao G, Ioannou P A. Strictly positive real matrices and the Lefschetz-Kalman-Yakubovich lemma[J]. IEEE Transactions on Automatic Control, 1988, 33(12): 1183-1185.

[170] Ma G Q, Liu X H, Pagilla P R, et al. Periodic event-triggered dynamic output feedback dissipative control with stochastic detection[J]. IEEE Transactions on Circuits and Systems II: Express Briefs, 2020, 67(6): 1069-1073.

[171] Gao H, Zhang H B. Finite-time extended dissipative analysis for a class of discrete time switched linear systems[J]. IFAC-PapersOnLine, 2019, 52(24): 145-150.

[172] Wang J L, Yuan W, Shu Z X, et al. Dissipative control for a class of polytopic LPV systems with a state delay[C]. Proceedings of the 27th Chinese Control Conference, 2008: 786-790.

[173] Wu Z G, Dong S L, Su H Y, et al. Asynchronous dissipative control for fuzzy Markov jump systems[J]. IEEE Transactions on Cybernetics, 2018, 48(8): 2426-2436.

[174] Khalil H K. Nonlinear Systems[M]. New Jersey: Prentice-Hall, 2002.

[175] Adkins W A, Davidson M G. Ordinary Differential Equations[M]. New York: Springer-Verlag, 2012.

[176] Zhao M, Peng C, He W L, et al. Event-triggered communication for leader-following consensus of second-order multiagent systems[J]. IEEE Transactions on Cybernetics, 2018, 48(6): 1888-1897.

[177] Wang A Q, Liu L, Qiu J B, et al. Event-triggered robust adaptive fuzzy control for a class of nonlinear systems[J]. IEEE Transactions on Fuzzy Systems, 2019, 27(8): 1648-1658.

[178] Xing L T, Wen C Y, Liu Z T, et al. Event-triggered adaptive control for a class of uncertain nonlinear systems[J]. IEEE Transactions on Automatic Control, 2017, 62(4): 2071-2076.

[179] Hu W F, Liu L, Feng G. Consensus of linear multi-agent systems by distributed event-triggered strategy[J]. IEEE Transactions on Cybernetics, 2016, 46(1): 148-157.

[180] Fan Y, Liu L, Feng G, et al. Self-triggered consensus for multi-agent systems with zeno-free triggers[J]. IEEE Transactions on Automatic Control, 2015, 60(10): 2779-2784.

[181] Hu W F, Liu L, Feng G. Output consensus of heterogeneous linear multi-agent systems by distributed event-triggered/self-triggered strategy[J]. IEEE Transactions on Cybernetics, 2017,

47(8): 1914-1924.
[182] Liu J, Zhang Y L, Yu Y. Fixed-time leader-follower consensus of networked nonlinear systems via event/self-triggered control[J]. IEEE Transactions on Neural Networks and Learning Systems, 2020, 31(11): 5029-5037.
[183] Xu W Y, Ho D W C, Zhong J, et al. Event/self-triggered control for leader-following consensus over unreliable network with DoS attacks[J]. IEEE Transactions on Neural Networks and Learning Systems, 2019, 30(10): 3137-3149.
[184] Zong G D, Yang D. H_∞ synchronization of switched complex networks: A switching impulsive control method[J]. Communications in Nonlinear Science and Numerical Simulation, 2019, 77: 338-348.
[185] Yang D, Li X D, Qiu J L. Output tracking control of delayed switched systems via state-dependent switching and dynamic output feedback[J]. Nonlinear Analysis: Hybrid Systems, 2019, 32: 294-305.
[186] Zhang X M, Han Q L. Event-based H_∞ filtering for sampled-data systems[J]. Automatica, 2015, 51: 55-69.
[187] Sahereh B, Aliakbar J, Ali K S. H_∞ filtering for descriptor systems with strict LMI conditions[J]. Automatica, 2017, 80: 88-94.
[188] Aiss H E, Zoulagh T, Hmamed A, et al. An input-output approach to H_∞ reduced filter design for poly topic time-varying delay systems[J]. Journal of the Franklin Institute, 2018, 50(1): 35-49.
[189] Zoulagh T, Aiss H E, Hmamed A, et al. H_∞ filter design for discrete time varying delay systems: Three-term approximation approach[J]. IET Control Theory and Applications, 2017, 12(2): 254-262.
[190] Wei Y L, Qiu J B, Karimi H R. A novel approach to sampled-data filter design for piecewise-affine systems[J]. Automatica, 2019, 109: 108481.
[191] Wei Y L, Qiu J B, Karimi H R, et al. A novel memory filtering design for Semi-Markovian jump time-delay systems[J]. IEEE Transactions on Systems, Man, and Cybernetics: Systems, 2018, 48(12): 2229-2241.
[192] Li H, Wang T S, Zhang T, et al. H_∞ gain scheduled filtering for polytopic discrete-time linear parameter-varying systems[C]. Proceedings of the 2009 International Conference on Computer and Automation Engineering, 2009: 31-35.
[193] Pan Y N, Yang G H. Event-triggered fault detection filter design for nonlinear networked systems[J]. IEEE Transactions on Systems, Man and Cybernetics: Systems, 2018, 48(11): 1851-1862.
[194] Nguyen D H, Narikiyo T, Kawanishi M. Robust consensus analysis and design under relative state constraints or uncertainties[J]. IEEE Transactions on Automatic Control, 2018, 63(6): 1784-1790.
[195] Meng W C, Yang Q M, Sun Y X. Adaptive neural control of nonlinear MIMO systems with time-varying output constraints[J]. IEEE Transactions on Neural Networks and Learning Systems, 2015, 26(5): 1074-1085.
[196] Chen T, Zhu M, Zheng Z W. Adaptive path following control of a stratospheric airship with full-state constraint and actuator saturation[J]. Aerospace Science and Technology, 2019, 95: 105457.
[197] Sakthivel R, Ramya L S, Ma Y K, et al. Stabilization of uncertain switched discrete-time systems against actuator faults and input saturation[J]. Nonlinear Analysis: Hybrid Systems,

2020, 35: 100827.
[198] Liu J L, Gu Y Y, Xie X P, et al. Hybrid-driven-based H_∞ control for networked cascade control systems with actuator saturations and stochastic cyber attacks[J]. IEEE Transactions on Systems, Man, and Cybernetics: Systems, 2019, 49(12): 2452-2463.
[199] Yu J P, Zhao L, Yu H S, et al. Fuzzy finite-time command filtered control of nonlinear systems with input saturation[J]. IEEE Transactions on Cybernetics, 2018, 48(8): 2378-2387.
[200] Huang H, Li D W, Lin Z L, et al. An improved robust model predictive control design in the presence of actuator saturation[J]. Automatica, 2011, 47(4): 861-864.
[201] Wang Y C, Zheng Y, Xie X P, et al. An improved reduction method based networked control against false data injection attacks and stochastic input delay[J]. Applied Mathematics and Computation, 2020, 385: 125421.
[202] Yang H J, Li Y, Dai L, et al. MPC-based defense strategy for distributed networked control systems under DoS attacks[J]. Systems and Control Letters, 2019, 128: 9-18.
[203] Song H Y, Shi P, Zhang W A, et al. Distributed H_∞ estimation in sensor networks with two-channel stochastic attacks[J]. IEEE Transactions on Cybernetics, 2020, 50(2): 465-475.
[204] Liu J L, Wang Y D, Zha L J, et al. Event-based control for networked T-S fuzzy cascade control systems with quantization and cyber attacks[J]. Journal of the Franklin Institute, 2019, 356(16): 9451-9473.
[205] Rotondo D, Sanchez H S, Puig V, et al. A virtual actuator approach for the secure control of networked LPV systems under pulse-width modulated DoS attacks[J]. Neurocomputing, 2019, 365: 21-30.
[206] Cetinkaya A, Ishii H, Hayakawa T. Analysis of stochastic switched systems with application to networked control under jamming attacks[J]. IEEE Transactions on Automatic Control, 2018, 64(5): 2013-2028.
[207] Li Y H, Bo P, Qi J. Asynchronous H_∞ fixed-order filtering for LPV switched delay systems with mode-dependent average dwell time[J]. Journal of the Franklin Institute, 2019, 356(18): 11792-11816.
[208] Xue M Q, Tang Y, Ren W, et al. Practical output synchronization for asynchronously switched multi-agent systems with adaption to fast-switching perturbations[J]. Automatica, 2020, 116: 108917.
[209] Mao J, Xiang Z R, Zhai G S, et al. Sampled-data control of a class of switched nonlinear systems under asynchronous switching[J]. Journal of the Franklin Institute, 2019, 356(4): 1924-1943.
[210] Shi S, Shi Z P, Fei Z Y. Asynchronous control for switched systems by using persistent dwell time modeling[J]. Systems and Control Letters, 2019, 133: 104523.
[211] Xiao X Q, Zhou L, Ho D W C, et al. Event-triggered control of continuous-time switched linear systems[J]. IEEE Transactions on Automatic Control, 2019, 64(4): 1710-1717.
[212] Mu R, Wei A R, Li H T, et al. Event-triggered leader-following consensus for multi-agent systems with external disturbances under fixed and switching topologies[J]. IET Control Theory and Applications, 2020, 14(11): 1486-1496.
[213] Zhong Z X, Lin C M, Shao Z H, et al. Decentralized event-triggered control for large-scale networked fuzzy systems[J]. IEEE Transactions on Fuzzy Systems, 2018, 26(1): 29-45.
[214] Huang J H, Chen L D, Xie X H, et al. Distributed event-triggered consensus control for heterogeneous multi-agent systems under fixed and switching topologies[J]. International Journal of Control, Automation and Systems, 2019, 17(8): 1945-1956.

[215] Gao H, Zhang H B, Xia J W. Event-triggered finite-time extended dissipative control for a class of switched nonlinear systems via the T-S fuzzy model[J]. International Journal of Control, Automation and Systems, 2020, 18(11): 2798-2807.
[216] Zhang H, Hong Q Q, Yan H C, et al. Observer-based decentralized event-triggered control for networked systems[J]. Journal of Franklin Institute, 2017, 354(9): 3744-3759.
[217] Zha L J, Tian E G, Xie X P, et al. Decentralized event-triggered H_∞ control for neural networks subject to cyber-attacks[J]. Information Sciences, 2018, 457: 141-155.
[218] Sun Y L, Er M J. Hybrid fuzzy control of robotics systems[J]. IEEE Transactions on Fuzzy Systems, 2004, 12(6): 755-765.
[219] 许允，潘慕绚，黄金泉. 基于智能特征提取的模糊建模及鲁棒控制[J]. 航空动力学报，2021, 36(7): 1545-1555.
[220] Velusamy D, Pugalendhi G K. Fuzzy integrated bayesian dempster-shafer theory to defend cross-layer heterogeneity attacks in communication network of smart grid[J]. Information Sciences, 2019, 479: 542-566.